Differentialgeometrie

von

Dr. phil. Karl Strubecker
o. Professor der Mathematik an der Universität Karlsruhe

III

Theorie der Flächenkrümmung

Zweite, verbesserte Auflage
Mit 38 Figuren

Sammlung Göschen Band 1180/1180a

Walter de Gruyter & Co · Berlin 1969

vormals G. J. Göschen'sche Verlagshandlung · J. Guttentag,
Verlagsbuchhandlung · Georg Reimer · Karl J. Trübner · Veit & Comp.

Die Gesamtdarstellung umfaßt folgende Bände:

Band I: Kurventheorie der Ebene und des Raumes (Band 1113/1113a)

Band II: Theorie der Flächenmetrik (Band 1179/1179a)

Band III: Theorie der Flächenkrümmung (Band 1180/1180a)

– Archiv-Nr. 7 712 699.
Satz und Druck: Walter de Gruyter & Co., Berlin 30.
Printed in Germany.

Inhalt

Formelverweise: Es gelten sinngemäß die schon in Band I und Band II erklärten und angewandten Verweise. Insbesondere bezeichnet (IV) den vorliegenden Abschnitt IV (Flächenkrümmung). — Weiter bedeutet (IV. 12) das Kapitel 12 von Abschnitt IV und (16. 3) die Formel 3 in Kapitel 16 des laufenden Abschnittes IV. Schließlich verweist (7. Bem. 1) auf Bemerkung 1 in Kapitel 7 des laufenden Abschnittes IV und (III. 10. Satz 2) auf Satz 2 in Kapitel 10 von Abschnitt III.

Literaturverzeichnis

Neben der in Band I und Band II dieser „Differentialgeometrie" angeführten Literatur befassen sich mit dem Gegenstande des vorliegenden Bandes III die folgenden Werke und Schriften:

1. Enzyklopädie der Mathematischen Wissenschaften mit Einschluß ihrer Anwendungen III. Band. Geometrie, 3. Teil D. Differentialgeometrie, Leipzig 1902—1927.
2. H. E. Timerding, Repertorium der höheren Mathematik, 2. Aufl., 2. Band: Geometrie, 2. Hälfte: Raumgeometrie, Leipzig und Berlin 1922.
3. Josef Naas — Hermann Ludwig Schmid, Mathematisches Wörterbuch, 2 Bde., 3. Aufl. Berlin—Stuttgart 1968.
4. Alexander Danilovitsch Alexandrow, Die innere Geometrie der konvexen Flächen, Berlin 1955.
5. Richard Baldus, Nichteuklidische Geometrie (Hyperbolische Geometrie der Ebene), 4. Aufl., durchgesehen und herausgegeben von Frank Löbell, Sammlung Göschen Band 970, Berlin 1964.
6. Eugenio Beltrami, Opere matematiche, vol. 1, Milano 1902.
7. Roberto Bonola, Die nichteuklidische Geometrie, deutsch von Heinrich Liebmann, 3. Aufl., Leipzig und Berlin 1921.
8. Richard Courant, Dirichlets principle, Conformal Mapping and Minimal surfaces, New York 1950.
9. Nikolaj Vladimirovitsch Efimow, Flächenverbiegung im Großen (mit einem Nachtrag von E. Rembs und K. P. Grotemeyer), Berlin 1957.
10. J. Favard, Cours de géométrie différentielle locale, Paris 1957.
11. Felix Klein, Vorlesungen über höhere Geometrie, 3. Aufl., bearbeitet von Wilhelm Blaschke, Berlin 1926.
12. Felix Klein, Vorlesungen über Nichteuklidische Geometrie, für den Druck neu bearbeitet von W. Rosemann, Berlin 1928.
13. Felix Klein, Vorlesungen über die Entwicklung der Mathematik im 19. Jahrhundert, Teil I, bearbeitet von R. Courant und O. Neugebauer, Berlin 1926; Teil II, bearbeitet von R. Courant und St. Cohn-Vossen, Berlin 1927.
14. Erwin Kruppa, Analytische und konstruktive Differentialgeometrie, Wien 1957.
15. Hanfried Lenz, Nichteuklidische Geometrie, B.I.—Hochschultaschenbücher Nr. 123/123a, Mannheim 1967.
16. Max Pinl, 100 Jahre Differentialgeometrie, Mathematisch-Physikalische Semesterberichte, 5 (1956) S. 34—48.
17. A. W. Pogorelow, Die eindeutige Bestimmung allgemeiner konvexer Flächen, Berlin 1956.
18. Tibor Radó, On the Problem of Plateau, Ergebnisse der Mathematik und ihrer Grenzgebiete, 2. Band, Berlin 1933.
19. Bernhard Riemann, Über die Hypothesen, welche der Geometrie zu Grunde liegen, Göttinger Abhandlungen 13 (1868) S. 1—20, oder Ges. Werke 2. Aufl. S. 272—287, oder Physikalische Blätter 10 (1954) S. 296 bis 313 (mit Erläuterungen von Karl Strubecker).
20. Hermann Amandus Schwarz, Gesammelte mathematische Abhandlungen, Band I, Berlin 1890.
21. Hermann Weyl, Mathematische Analyse des Raumproblems, Berlin 1922.
22. Hermann Weyl, Raum, Zeit, Materie, Vorlesungen über Allgemeine Relativitätstheorie, 5. Aufl., Berlin 1923.

Einleitung

Während sich Band II dieser Einführung in die Differentialgeometrie mit den Elementen der inneren Flächentheorie befaßte, die allein von der ersten Grundform der Fläche beherrscht wird und außer der Flächenmetrik und der Vektoranalysis auf Flächen noch die Theorie der Abbildungen von Flächen und die Theorie der geodätischen Linien umfaßt, entwickelt der vorliegende Band III die Elemente der von der zweiten Grundform abhängigen äußeren Flächentheorie, d. h. die Krümmungstheorie der Flächen, sowie jene höheren Teile der inneren Flächentheorie, welche sich an den Begriff der Gaußschen Krümmung anschließen. Neben den klassischen Fragen der Differentialgeometrie im Kleinen werden dabei auch einige neuere Fragen der Differentialgeometrie im Großen erörtert.

IV. Theorie der Flächenkrümmung

A. Streifentheorie

1. Theorie der Streifen. Ordnet man den Punkten P einer (stetig gekrümmten und nicht isotropen) Raumkurve $\mathfrak{x} = \mathfrak{x}(s)$, die auf ihren Bogen s als Parameter bezogen ist, eine (nicht isotrope) Tangentenebene π zu, so erhält man einen zur Raumkurve $\mathfrak{x}(s)$ gehörigen Streifen. Man nennt $\mathfrak{x}(s)$ die Leitkurve des Streifens oder die Streifenkurve. Dieser Streifen heißt stetig gekrümmt, wenn außer der Kurventangente $\mathfrak{t} = \mathfrak{x}'(s)$ auch noch der (zu ihr orthogonale) Normalenvektor $\mathfrak{n} = \mathfrak{n}(s)$ der Streifenebene $\pi(s)$ stetig ableitbar ist. $\mathfrak{t}(s)$ und $\mathfrak{n}(s)$ sind Einheitsvektoren: $|\mathfrak{t}| = |\mathfrak{n}| \equiv 1$. Wegen der Orthogonalität von $\mathfrak{n}(s)$ und $\mathfrak{t}(s)$ ist $\mathfrak{n}\mathfrak{x}' \equiv 0$.

Beispiel 1: Flächenstreifen. Auf jeder stetig gekrümmten (d. h. zweimal stetig ableitbaren) Fläche $\mathfrak{x} = \mathfrak{x}(u, v)$ bilden die Tangentenebenen $\pi(s)$ längs einer beliebigen stetig gekrümmten

Flächenkurve $\mathfrak{x}(s) = \mathfrak{x}(u(s), v(s))$ einen stetig gekrümmten Streifen (Flächenstreifen); Normalenvektor $\mathfrak{n}(s)$ des Streifens an der Stelle s ist die im Punkte s von $\mathfrak{x}(s)$ errichtete Flächennormale $\mathfrak{n}(s) = \mathfrak{n}(u(s), v(s))$.

Mit dem durch die Vektoren

$$(1.1)\qquad \mathfrak{x} = \mathfrak{x}(s) \text{ und } \mathfrak{n} = \mathfrak{n}(s) \quad (|\mathfrak{n}(s)| \equiv 1,\ \mathfrak{n}(s)\mathfrak{x}'(s) \equiv 0)$$

($\mathfrak{x}(s)$ = Ortsvektor der Streifenkurve und $\mathfrak{n}(s)$ = Einheitsvektor der Streifennormalen) gekennzeichneten **Streifen** ist ein (rechtshändiges) **begleitendes Dreibein** verbunden, bestehend aus 1. dem Tangentenvektor $\mathfrak{t} = \mathfrak{t}(s) = \mathfrak{x}'(s)$ der Streifenkurve ($|\mathfrak{t}(s)| \equiv 1$) und 2. ihrem Seitenvektor

$$(1.2)\qquad \mathfrak{s} = \mathfrak{s}(s) = [\mathfrak{n}(s), \mathfrak{t}(s)], \quad |\mathfrak{s}(s)| \equiv 1,$$

der in der Streifenebene $\pi(s)$ zur Kurventangente $\mathfrak{t}$ normal und ein Einheitsvektor ist, und 3. dem Normalenvektor $\mathfrak{n} = \mathfrak{n}(s)$ mit $|\mathfrak{n}(s)| \equiv 1$.

Mit der Streifenkurve $\mathfrak{x}(s)$ ist überdies das aus (II. 6) bekannte, ebenfalls rechtshändige begleitende Dreibein

$$(1.3)\qquad \mathfrak{t} = \mathfrak{t}(s),\ \mathfrak{h} = \mathfrak{h}(s),\ \mathfrak{b} = \mathfrak{b}(s)$$

der Tangente, Hauptnormalen und Binormalen verbunden, das aus dem begleitenden Dreibein

$$(1.4)\qquad \mathfrak{t} = \mathfrak{t}(s),\ \mathfrak{s} = \mathfrak{s}(s),\ \mathfrak{n} = \mathfrak{n}(s)$$

des Streifens entsteht, indem man es um die Kurventangente $\mathfrak{t}$ um den Winkel $\varphi = \sphericalangle(\mathfrak{n}, \mathfrak{b}) = \sphericalangle(\mathfrak{s}, \mathfrak{h})$ dreht (Bild 1). Es folgt

$$(1.5)\qquad \begin{aligned} (\mathfrak{n}\mathfrak{b}) &= (\mathfrak{s}\mathfrak{h}) = \cos\varphi, \\ (\mathfrak{h}\mathfrak{n}) &= \cos(\pi/2 - \varphi) = +\sin\varphi, \\ (\mathfrak{s}\mathfrak{b}) &= \cos(\pi/2 + \varphi) = -\sin\varphi. \end{aligned}$$

Im Nullpunkt O angeheftet, beschreiben die Endpunkte T, S, N der Vektoren (4) auf der Einheitskugel das (sphärische) Tangentenbild $\mathfrak{t}(s)$, das Seitenbild $\mathfrak{s}(s)$ und das Normalenbild $\mathfrak{n}(s)$ des Streifens (1).

Wandert man auf der Streifenkurve $\mathfrak{x}(s)$ mit der festen Geschwindigkeit $|\mathfrak{x}'| = 1$ vom Punkte s zum Nachbarpunkte $s + ds$, so erleidet das begleitende Dreibein (4), abgesehen von einer Parallelverschiebung, eine Drehung, deren Drehvektor $\mathfrak{d} = \mathfrak{d}(s)$ in dem begleitenden Dreibein $(\mathfrak{t}, \mathfrak{s}, \mathfrak{n})$ des Streifens folgendermaßen geschrieben werden kann:

$$(1.6) \qquad \mathfrak{d} = \mathfrak{d}(s) = \alpha(s)\,\mathfrak{t}(s) + \beta(s)\,\mathfrak{s}(s) + \gamma(s)\,\mathfrak{n}(s).$$

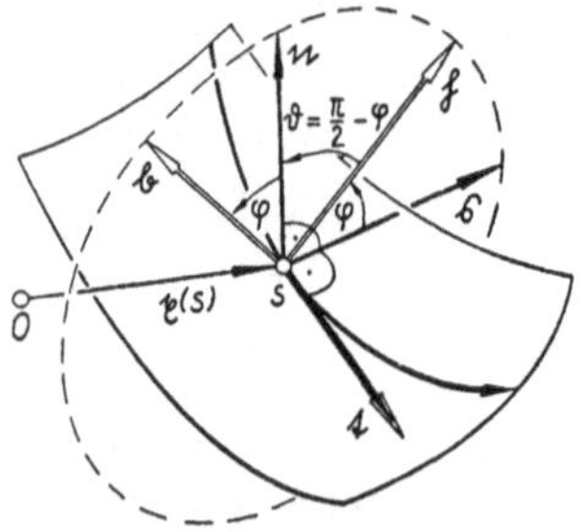

Bild 1. Flächenstreifen. Der längs der Streifenkurve (Leitlinie) $\mathfrak{x}(s)$ mit dem begleitenden Dreibein $\mathfrak{t}$ (Tangente), $\mathfrak{h}$ (Hauptnormale) und $\mathfrak{b}$ (Binormale) der Fläche umschriebene Streifen besitzt in s ein begleitendes Dreibein, bestehend aus $\mathfrak{t}$ (Tangente), $\mathfrak{s}$ (Seitentangente) und $\mathfrak{n}$ (Streifennormale).

Die Richtung von $\mathfrak{d}$ gibt dabei nach (II.12. Bem. 3) die Achse der Drehung, die Länge $|\mathfrak{d}|$ die Winkelgeschwindigkeit ω und der Sinn von $\mathfrak{d}$ den Drehsinn an.

Bei der Drehung (6) verändern sich, wenn s als Zeit gedeutet wird, die drei sphärischen Bilder $\mathfrak{t}(s)$, $\mathfrak{s}(s)$ und $\mathfrak{n}(s)$ des Streifens mit Geschwindigkeiten, deren Vektoren $\mathfrak{t}'(s)$, $\mathfrak{s}'(s)$ und $\mathfrak{n}'(s)$ nach der aus (II. 12. 16) bekannten Eulerschen Formel lauten

$$(1.7) \qquad \mathfrak{t}' = [\mathfrak{d}\mathfrak{t}],\ \mathfrak{s}' = [\mathfrak{d}\mathfrak{s}],\ \mathfrak{n}' = [\mathfrak{d}\mathfrak{n}].$$

Ausführlich folgen, wegen

$$(1.8) \qquad [\mathfrak{t}\mathfrak{s}] = \mathfrak{n},\ [\mathfrak{s}\mathfrak{n}] = \mathfrak{t},\ [\mathfrak{n}\mathfrak{t}] = \mathfrak{s} \text{ und } [\mathfrak{t}\mathfrak{s}\mathfrak{n}] = 1,$$

durch Eintragen von $\mathfrak{d}$ aus (6) in (7), die schiefsymmetrischen Formeln

$$(1.9)\qquad \boxed{\begin{array}{l} \mathfrak{t}' = \qquad\qquad + \gamma(s)\mathfrak{s} - \beta(s)\mathfrak{n} \\ \mathfrak{s}' = -\gamma(s)\mathfrak{t} \qquad\qquad + \alpha(s)\mathfrak{n} \\ \mathfrak{n}' = +\beta(s)\mathfrak{t} - \alpha(s)\mathfrak{s} \end{array}}\,.$$

In diesen meistens nach Cesare Burali-Forti (1912) benannten, aber z. B. schon Ernest Vessiot (1905) bekannten **Ableitungsgleichungen der Streifentheorie** treten als bewegungs- und parameterinvariante **Fundamentalgrößen des Streifens** (1) die drei Größen

$$(1.10)\qquad \alpha = \alpha(s),\ \beta = \beta(s),\ \gamma = \gamma(s)$$

auf. Man nennt $\alpha(s)$ die **geodätische Windung**, $-\beta(s)$ die **Normalkrümmung** und $\gamma(s)$ die **geodätische Krümmung** des Streifens und schreibt dafür häufig auch

$$(1.10^*)\qquad \alpha = \tau_g(s),\quad -\beta = \varkappa_n(s),\quad \gamma = \varkappa_g(s).$$

Man kann diese drei grundlegenden Differentialinvarianten (10) des Streifens (1) durch die Vektoren $\mathfrak{t}(s)$, $\mathfrak{s}(s)$ und $\mathfrak{n}(s)$ und ihre Ableitungen nach s ausdrücken, indem man die Gleichungen (9) reihum innerlich mit diesen Vektoren multipliziert. Wegen

$$(1.11)\qquad (\mathfrak{t}\mathfrak{s}) = (\mathfrak{s}\mathfrak{n}) = (\mathfrak{n}\mathfrak{t}) \equiv 0,\ \mathfrak{t}^2 = \mathfrak{s}^2 = \mathfrak{n}^2 \equiv 1$$

und (8) folgt dann

(1.12)
$$\begin{aligned} \alpha(s) &= (\mathfrak{s}'\mathfrak{n}) = -(\mathfrak{s}\mathfrak{n}') = [\mathfrak{t}\mathfrak{s}\mathfrak{s}'] = [\mathfrak{t}\mathfrak{n}\mathfrak{n}'] = +\tau_g(s), \\ \beta(s) &= (\mathfrak{n}'\mathfrak{t}) = -(\mathfrak{n}\mathfrak{t}') = [\mathfrak{s}\mathfrak{n}\mathfrak{n}'] = [\mathfrak{s}\mathfrak{t}\mathfrak{t}'] = -\varkappa_n(s), \\ \gamma(s) &= (\mathfrak{t}'\mathfrak{s}) = -(\mathfrak{t}\mathfrak{s}') = [\mathfrak{n}\mathfrak{t}\mathfrak{t}'] = [\mathfrak{n}\mathfrak{s}\mathfrak{s}'] = +\varkappa_g(s). \end{aligned}$$

Da die Streifenkurve $\mathfrak{x} = \mathfrak{x}(s)$ nach (II. 15) durch ihre Krümmung $\varkappa = \varkappa(s)$ und Torsion $\tau = \tau(s)$ bis auf ihre Lage im Raum eindeutig bestimmt ist, und da die Streifennormale $\mathfrak{n}(s)$ nach (5) durch ihren Neigungswinkel $\varphi = \varphi(s)$ gegen die Binormale $\mathfrak{b} = \mathfrak{b}(s)$ der Kurve $\mathfrak{x}(s)$ eindeutig festliegt, kann man die drei Gleichungen

$$(1.13)\qquad \varkappa = \varkappa(s),\quad \tau = \tau(s),\quad \varphi = \varphi(s)$$

als natürliche Gleichungen des Streifens bezeichnen. Sie bestimmen den Streifen bis auf seine Lage im Raum eindeutig.

Zwischen den Invarianten (10) und (13) des Streifens bestehen einfache Beziehungen, die man leicht gewinnen kann, indem man in den Formeln (12) die Vektoren $\mathfrak{s}$ und $\mathfrak{n}$ durch $\mathfrak{h}$ und $\mathfrak{b}$ ausdrückt. Wegen

$$(1.14)\qquad \begin{array}{l|l} \mathfrak{s} = \mathfrak{h}\cos\varphi - \mathfrak{b}\sin\varphi & \mathfrak{h} = +\mathfrak{s}\cos\varphi + \mathfrak{n}\sin\varphi \\ \mathfrak{n} = \mathfrak{h}\sin\varphi + \mathfrak{b}\cos\varphi & \mathfrak{b} = -\mathfrak{s}\sin\varphi + \mathfrak{n}\cos\varphi\,, \end{array}$$

folgt dann auf Grund der Frenetschen Formeln (II. 8.14) und aus $[\mathfrak{t}\mathfrak{h}\mathfrak{b}] = +1$

$$(1.15)\qquad \begin{aligned} \alpha &= [\mathfrak{t}\mathfrak{n}\mathfrak{n}'] = (\tau - \varphi')[\mathfrak{t}\mathfrak{h}\mathfrak{b}] &&= \tau - \varphi', \\ \beta &= [\mathfrak{s}\mathfrak{t}\mathfrak{t}'] = [\mathfrak{h}\cos\varphi - \mathfrak{b}\sin\varphi, \mathfrak{t}, \varkappa\mathfrak{h}] &&= -\varkappa\sin\varphi, \\ \gamma &= [\mathfrak{n}\mathfrak{t}\mathfrak{t}'] = [\mathfrak{b}\cos\varphi + \mathfrak{h}\sin\varphi, \mathfrak{t}, \varkappa\mathfrak{h}] &&= +\varkappa\cos\varphi, \end{aligned}$$

und daraus umgekehrt

$$(1.16)\qquad \begin{gathered} \varkappa^2 = \beta^2 + \gamma^2,\quad \tau = \alpha + \frac{\beta\gamma' - \gamma\beta'}{\beta^2 + \gamma^2}, \\ \cos\varphi = \gamma/\sqrt{\beta^2 + \gamma^2},\ \sin\varphi = -\beta/\sqrt{\beta^2 + \gamma^2}. \end{gathered}$$

Daraus ergibt sich

Satz 1: *Der Streifen* (1) *ist durch die drei Funktionen* (*Fundamentalgrößen, Invarianten*) $\alpha(s)$, $\beta(s)$, $\gamma(s)$ *d. h. durch die drei natürlichen Gleichungen* (10) *bis auf seine Lage im Raum eindeutig festgelegt.*

Die Schar der Tangentenebenen $\pi(s)$ des Streifens mit der Gleichung

$$(1.17)\qquad \mathfrak{n}(s)\cdot(\mathfrak{X} - \mathfrak{x}(s)) = 0$$

umhüllt insgesamt eine die Leitkurve $\mathfrak{x}(s)$ enthaltende abwickelbare Fläche (Ebene, Kegel, Zylinder, Torse). Deren Mantellinien (Erzeugenden, Charakteristiken), die man als die zu den Kurventangenten $\mathfrak{t}$ **konjugierten Streifentangenten** $\mathfrak{k}$ bezeichnet, genügen nach (II. 17) außer der Gleichung (17) noch der aus (17) durch Ableiten nach s entstehenden Gleichung, d. h. wegen $\mathfrak{n}\mathfrak{x}' = 0$ der Gleichung

$$(1.18) \qquad \mathfrak{n}'(s) \cdot (\mathfrak{X} - \mathfrak{x}(s)) = 0.$$

Aus (17) und (18) folgt als Vektor $\mathfrak{k} = \mathfrak{X} - \mathfrak{x}(s)$ der zu $\mathfrak{t}$ konjugierten Streifentangente

$$(1.19) \qquad \mathfrak{k} = \mathfrak{k}(s) = [\mathfrak{n}(s), \mathfrak{n}'(s)].$$

Aus den Ableitungsformeln (9) erhält man somit

$$\mathfrak{k}(s) = [\mathfrak{n}, \beta\mathfrak{t} - \alpha\mathfrak{s}] = \beta[\mathfrak{n}\mathfrak{t}] + \alpha[\mathfrak{s}\mathfrak{n}]$$

oder wegen (8) schließlich

$$(1.20) \qquad \mathfrak{k} = \mathfrak{k}(s) = \alpha(s)\mathfrak{t}(s) + \beta(s)\mathfrak{s}(s).$$

Es folgt

Satz 2: *Schreitet man auf dem Streifen längs der Streifenkurve $\mathfrak{x}(s)$, d. h. in der Richtung $\mathfrak{t}(s)$ vorwärts, so dreht sich die Streifenebene $\pi(s)$ um die zu $\mathfrak{t}(s)$ konjugierte Richtung* $\mathfrak{k}(s) = \alpha(s)\mathfrak{t}(s) + \beta(s)\mathfrak{s}(s)$.

Damit ist auch eine einfache **geometrische Deutung der Invarianten** $\alpha(s)$ **und** $\beta(s)$ als Koordinaten der Komponentenzerlegung von $\mathfrak{k}(s)$ in den Richtungen $\mathfrak{t}(s)$ des Tangentenvektors und $\mathfrak{s}(s)$ des Seitenvektors gewonnen.

Bemerkung 1: Man entnimmt den Formeln (12) noch die folgende wichtige Tatsache. Ändert man gleichzeitig die Richtungen (Vorzeichen) des Normalenvektors $\mathfrak{n}$ und des Seitenvektors $\mathfrak{s}$ des Streifens (1), so bleibt das begleitende Dreibein $(\mathfrak{t}, \mathfrak{s}, \mathfrak{n})$ nach wie vor rechtshändig; dabei bleibt die geodätische Windung $\alpha(s) = \tau_g(s)$ ungeändert, die Normalkrümmung $-\beta(s) = \varkappa_n(s)$ und die geodätische Krümmung $\gamma(s) = \varkappa_g(s)$ des Streifens ändern jedoch ihr Vorzeichen. *Während also das Vorzeichen der geodätischen Windung geometrische Bedeutung hat, kommt den Vorzeichen der Normalkrümmung und der geodätischen*

Krümmung, die von der Orientierung der Streifennormalen abhängen, keine geometrische Bedeutung zu.

Man kann daher durch geeignete Wahl der Orientierung von $\mathfrak{n}$ (und $\mathfrak{s}$) das Vorzeichen der Normalkrümmung $\varkappa_n$ (oder der geodätischen Krümmung $\varkappa_g$) des Streifens nach Belieben einrichten.

2. Geodätische Streifen, Schmiegstreifen und Krümmungsstreifen. Von den Invarianten (1. 12) ist uns die Größe

$$\gamma(s) = [\mathfrak{n}\mathfrak{t}\mathfrak{t}'] = [\mathfrak{n}\mathfrak{x}'\mathfrak{x}''] = [\mathfrak{x}'\mathfrak{x}''\mathfrak{n}] = \varkappa_g(s) \tag{2.1}$$

schon in (III. 34. 6) begegnet. $\gamma(s)$ ist mit der geodätischen Krümmung oder Abwickelkrümmung $\varkappa_g(s)$ des Streifens identisch und bleibt bei allen Biegungen des Streifens ungeändert, insbesondere auch bei der Abwicklung des Streifens in die Ebene. Nach (III. 34. Satz 1) ist die geodätische Krümmung $\varkappa_g$, die man nach (1. 15) auch durch die Formel

$$\varkappa_g = \varkappa \cos \varphi = \varkappa^* \tag{2.2}$$

darstellen kann, zugleich die Krümmung $\varkappa^* = \varkappa^*(s)$ jener ebenen Kurve $\mathfrak{x}^*(s)$, die man erhält, wenn man die Streifenkurve $\mathfrak{x}(s)$ normal auf die Tangentenebene $\pi(s)$ des Streifens an der Stelle s projiziert.

Streifen mit verschwindender geodätischer Krümmung $\gamma = \varkappa_g \equiv 0$ heißen **geodätische Streifen.** Ihre Streifenkurve $\mathfrak{x}(s)$ wird bei Verebnung des Streifens gerade gestreckt ($\varkappa^* \equiv 0$). Geradlinige Streifen ($\varkappa \equiv 0$) sind nach (2) stets geodätisch.

Für krumme geodätische Streifen ($\varkappa \not\equiv 0$, $\varkappa_g \equiv 0$) sind nach (2) die Streifennormale $\mathfrak{n}$ und die Binormale $\mathfrak{b}$ stets rechtwinkelig ($\varphi = \pm \pi/2$). Ein krummer geodätischer Streifen ist also durch die Eigenschaft gekennzeichnet, daß die Schmiegebene $\sigma(s)$ seiner Streifenkurve $\mathfrak{x}(s)$ überall zu seiner Tangentenebene $\pi(s)$ normal ist. Die Hauptnormale $\mathfrak{h}$ und die Streifennormale $\mathfrak{n}$ fallen in dieselbe Gerade ($\mathfrak{h} = \pm \mathfrak{n}$).

Wegen $\varphi \equiv \pm \pi/2$ und $\varphi' \equiv 0$ ist nach (1. 12) und (1. 15) für krumme geodätische Streifen

$$\alpha = \tau_g = \tau, \quad -\beta = \varkappa_n = \pm\varkappa, \quad \gamma = \varkappa_g \equiv 0, \tag{2.3}$$

d. h. ihre geodätische Windung τ_g ist mit der Windung τ und ihre Normalkrümmung $\varkappa_n$ dem Betrage nach mit der Krümmung $\varkappa$ der Streifenkurve $\mathfrak{x}(s)$ identisch.

Die Normalkrümmung eines Streifens

$$(2.4)\qquad -\beta(s) = -[\mathfrak{z}\mathfrak{t}\mathfrak{t}'] = \varkappa \sin\varphi = \varkappa_n$$

verschwindet ($-\beta = \varkappa_n \equiv 0$) für alle geradlinigen Streifen ($\varkappa \equiv 0$), ebenso für krumme Streifen ($\varkappa \not\equiv 0$), wenn $\varphi \equiv 0$ oder π ist, d. h. dann und nur dann, wenn die Schmiegebene σ der Streifenkurve mit der Tangentenebene π des Streifens identisch ist. Solche von den Punkten $\mathfrak{x}$ und Schmiegebenen σ der Kurve $\mathfrak{x}(s)$ gebildete Streifen heißen **Schmiegstreifen.** Geradlinige Streifen sollen wegen $\beta \equiv 0$ gleichfalls als Schmiegstreifen bezeichnet werden.

Für krumme Schmiegstreifen ($\varkappa \not\equiv 0$, $\varphi \equiv 0$ oder π) gilt nach (1. 15) wegen $\varphi' \equiv 0$

$$(2.5)\qquad \alpha = \tau_g = \tau, \quad -\beta = \varkappa_n \equiv 0, \quad \gamma = \varkappa_g = \pm\varkappa,$$

d. h. die geodätische Krümmung $\varkappa_g$ eines Schmiegstreifens ist dem Betrage nach gleich der Krümmung $\varkappa$ der Streifenkurve $\mathfrak{x}(s)$, und seine geodätische Windung τ_g ist gleich der Windung τ der Streifenkurve. Nach (1. 20) ist bei einem Schmiegstreifen ($\beta \equiv 0$)

$$(2.6)\qquad \mathfrak{k}(s) = \alpha(s)\mathfrak{t}(s),$$

d. h. im Falle $\alpha(s) \not\equiv 0$ gilt wegen (1. Satz 2) der

Satz 1: *Bei einem Schmiegstreifen mit* $\alpha(s) \not\equiv 0$ *fallen die Tangente* $\mathfrak{t}$ *der Streifenkurve* $\mathfrak{x}(s)$ *und ihre konjugierte Tangente* $\mathfrak{k}$ *zusammen. Die Tangentenebene* π *des Schmiegstreifens dreht sich beim Fortschreiten längs der Streifenkurve* $\mathfrak{x}(s)$ *stets um die Kurventangente* $\mathfrak{t}$.

Ein Streifen verschwindender geodätischer Windung

$$(2.7)\qquad \alpha(s) = [\mathfrak{t}\mathfrak{n}\mathfrak{n}'] = \tau - \varphi' = \tau_g \equiv 0$$

wird als **Krümmungsstreifen** bezeichnet. Nach (1. 20) ist bei einem Krümmungsstreifen ($\alpha \equiv 0$)

$$(2.8)\qquad \mathfrak{k}(s) = \beta(s)\mathfrak{z}(s),$$

d. h. im Falle $\beta(s) \not\equiv 0$ gilt

Satz 2: *Bei einem Krümmungsstreifen mit* $\beta(s) \not\equiv 0$ *sind die Tangente* $\mathfrak{t}$ *der Streifenkurve* $\mathfrak{x}(s)$ *und ihre konjugierte Tangente* $\mathfrak{k}$ *zueinander normal.*

Bemerkung 1: Ist $\mathfrak{x}(s)$ eine ebene Kurve mit $\alpha = 0$ (ebene Krümmungslinie), also $\tau(s) \equiv 0$, so folgt aus (7), daß $\varphi' \equiv 0$, also $\varphi \equiv$ const ist. Somit gilt, weil die Schmiegebene σ einer ebenen Kurve mit der Kurvenebene identisch ist, der

Satz 3: *Bei einer ebenen Krümmungslinie (einem Krümmungsstreifen mit ebener Leitkurve $\mathfrak{x}(s)$) ist die (feste) Ebene σ der Krümmungslinie $\mathfrak{x}(s)$ gegen alle Tangentenebenen $\pi(s)$ des Streifens unter festem Winkel φ = const geneigt. Diese Bedingung φ = const ist für ebene Krümmungsstreifen sowohl notwendig als auch hinreichend.*

Die von den Normalen $\mathfrak{n}(s)$ eines Krümmungsstreifens gebildete Fläche (Normalenfläche des Krümmungsstreifens) mit der Darstellung

$$\mathfrak{y}(s, t) = \mathfrak{x}(s) + t\mathfrak{n}(s) \tag{2.9}$$

ist wegen $\tau_g = [\mathfrak{x}'\mathfrak{n}\mathfrak{n}'] = [\mathfrak{t}\mathfrak{n}\mathfrak{n}'] \equiv 0$ nach (III. 20. 14) eine abwickelbare Regelfläche (Ebene, Kegel, Zylinder, Torse). Diese Eigenschaft ist für Krümmungsstreifen kennzeichnend. Soll nämlich umgekehrt die Normalenfläche (9) eines Streifens abwickelbar sein, so muß $[\mathfrak{x}'\mathfrak{n}\mathfrak{n}'] = [\mathfrak{t}\mathfrak{n}\mathfrak{n}'] = \tau_g \equiv 0$ sein, und der Streifen ist notwendig ein Krümmungsstreifen.

Zusammenfassend gilt also

Satz 4: *Die Normalenfläche (9) eines Streifens ist dann und nur dann abwickelbar (d. h. Ebene, Kegel, Zylinder oder Torse), wenn der Streifen Krümmungsstreifen ist.*

Bemerkung 2: Vergrößert man bei einem beliebigen Streifen den Winkel $\varphi(s)$ zwischen der Streifennormalen $\mathfrak{n}(s)$ und der Binormalen $\mathfrak{b}(s)$ um einen konstanten Wert φ_0, so ändert sich $\varphi'(s)$ nicht, und man erhält einen neuen Streifen der nämlichen geodätischen Windung

$$\alpha(s) = \tau_g = \tau - \varphi'. \tag{2.10}$$

Daraus folgt, wenn $\tau_g \equiv 0$ ist, der

Satz von F. Joachimsthal (1846): *Dreht man alle Tangentenebenen $\pi(s)$ eines Krümmungsstreifens um die Kurventangente $\mathfrak{t}(s)$ um einen beliebigen festen Winkel φ_0, so erhält man wieder einen Krümmungsstreifen.*

Beispiel 1: Umschreibt man einer Kugel (Radius r = const) längs einer ihrer Linien $\mathfrak{x}(s)$ den berührenden Streifen, so entsteht ein sphärischer Streifen. Läßt man die Kugelnormale $\mathfrak{n}$ ins Innere der Kugel zeigen, indem man $\mathfrak{n} = -\mathfrak{x}/r$ setzt, so ist

$\mathfrak{n}' = -\mathfrak{x}'/r = -\mathfrak{t}/r$. Die Normalkrümmung des sphärischen Streifens hat dann den konstanten positiven Wert

$$(2.11)\qquad \varkappa_n = -\beta = -(\mathfrak{n}'\mathfrak{t}) = (\mathfrak{t}/r, \mathfrak{t}) = (\mathfrak{t}\mathfrak{t})/r = 1/r.$$

Die geodätische Windung des sphärischen Streifens verschwindet wegen

$$(2.12)\qquad \alpha = \tau_g = [\mathfrak{t}\mathfrak{n}\mathfrak{n}'] = -[\mathfrak{t}, \mathfrak{n}, \mathfrak{t}/r] \equiv 0.$$

Es folgt

Satz 5: *Alle sphärischen Streifen sind Krümmungsstreifen.*

Beispiel 2: Längs einer ebenen Kurve $\mathfrak{x}(s)$ bilden die Flächenelemente der (festen) Kurvenebene π einen ebenen oder planen Streifen. Wegen $\mathfrak{n} = \text{const}$, $\mathfrak{n}' \equiv \mathfrak{o}$ gilt dann nach (1.12)

$$\alpha = -(\mathfrak{s}\mathfrak{n}') \equiv 0 \quad \text{und} \quad \beta = (\mathfrak{n}'\mathfrak{t}) \equiv 0.$$

Also folgt

Satz 6: *Alle planen Streifen sind sowohl Krümmungsstreifen* ($\alpha \equiv 0$) *als auch Schmiegstreifen* ($\beta \equiv 0$).

Bemerkung 3: Man kann sich den Streifen $\{\mathfrak{x}(s), \mathfrak{n}(s)\}$ als eine Fahrbahn (Straße) denken mit der Leitkurve $\mathfrak{x}(s)$ als Achse (Mittellinie), deren Normalen $\mathfrak{n}(s)$ nach oben weisen. Bewegt sich dann ein Massenpunkt (Schwerpunkt eines Wagens) mit konstanter Geschwindigkeit $v = 1$ reibungsfrei auf der Mittellinie $\mathfrak{x}(s)$ des Streifens, so ist $\mathfrak{x}'(s) = \mathfrak{t}$ sein Geschwindigkeitsvektor ($v = |\mathfrak{t}| = 1$) und $\mathfrak{x}''(s) = \mathfrak{t}' = \varkappa\mathfrak{h}$ sein Beschleunigungsvektor. Nach (1.14) und (1.15) kann man den zur Krümmung $\varkappa$ der Straßenachse $\mathfrak{x}(s)$ proportionalen und in Richtung ihrer Hauptnormalen $\mathfrak{h}$ weisenden Beschleunigungsvektor $\mathfrak{x}''$ (also auch den Kraftvektor) wie folgt zerlegen:

$$(2.13)\qquad \mathfrak{x}'' = \varkappa\cos\varphi\cdot\mathfrak{s} + \varkappa\sin\varphi\cdot\mathfrak{n} = \gamma(s)\mathfrak{s} - \beta(s)\mathfrak{n}.$$

Die erste Komponente, die Querbeschleunigung $\gamma(s)\mathfrak{s}$, welche den Massenpunkt in Richtung des Seitenvektors $\mathfrak{s}$ (d. h. quer zur Fahrtrichtung nach links für $\gamma > 0$, nach rechts für $\gamma < 0$) aus der Bahn zu drängen sucht, verschwindet nur für geodätische Streifen ($\gamma \equiv 0$). Die zweite Komponente, die Normalbeschleunigung $-\beta(s)\mathfrak{n}$, welche den Massenpunkt in Richtung der Streifennormalen nach oben ($\beta < 0$) oder nach unten ($\beta > 0$) drückt, also den Normaldruck des Wagens zu verkleinern oder zu vergrößern sucht, verschwindet nur für Schmiegstreifen ($\beta \equiv 0$).

Die wirkliche Bewegung eines Kraftwagens auf einer Fahrbahn ist weder reibungs- noch kräftefrei. Die Reibung der Räder wirkt der gefährlichen Querdrift des Wagens auf nichtgeodätischer Bahn entgegen, die Schwerkraft (und der Luftwiderstand) drücken den Wagen von oben fest auf die Bahn und verhindern sein Ablösen von der Fahrbahn.

Bemerkung 4: Ein Massenpunkt, der sich, einmal angestoßen, reibungs- und kräftefrei auf einer Fläche bewegt, beschreibt auf ihr mit konstanter Geschwindigkeit eine geodätische Linie $\mathfrak{x} = \mathfrak{x}(t)$. Dabei soll t die Zeit bedeuten. Der Geschwindigkeitsvektor $\mathfrak{V}$ des Massenpunktes ist nämlich allgemein, wenn s die Bogenlänge bezeichnet,

$$(2.14) \qquad \mathfrak{V} = \frac{d\mathfrak{x}}{dt} = \frac{d\mathfrak{x}}{ds} \cdot \frac{ds}{dt} = v\mathfrak{t},$$

wobei $v = ds/dt$ die Geschwindigkeit des Massenpunktes bedeutet. Sein (zum Kraftvektor proportionaler) Beschleunigungsvektor $\mathfrak{B}$ lautet dann

$$(2.15) \qquad \mathfrak{B} = \frac{d^2\mathfrak{x}}{dt^2} = \frac{d\mathfrak{V}}{dt} = \frac{dv}{dt}\mathfrak{t} + v\frac{d\mathfrak{t}}{dt} = \dot{v}\mathfrak{t} + v^2\mathfrak{t}' = \dot{v}\mathfrak{t} + v^2\varkappa\mathfrak{h}.$$

Darin ist $\dot{v}\mathfrak{t}$ die (in Richtung der Bahntangente wirkende) Tangentialbeschleunigung und $v^2\varkappa\mathfrak{h}$ die (in Richtung der Hauptnormalen der Bahn wirkende) Hauptnormalbeschleunigung.

Zerlegt man in (15) den Vektor $\mathfrak{h}$ nach (1. 14), so folgt

$$(2.16) \qquad \mathfrak{B} = \dot{v}\mathfrak{t} + v^2\varkappa(\cos\varphi\,\mathfrak{s} + \sin\varphi\,\mathfrak{n}) = \dot{v}\mathfrak{t} + v^2(\varkappa_g\mathfrak{s} + \varkappa_n\mathfrak{n}).$$

Darin ist $v^2\varkappa_g\mathfrak{s}$ die Seitenkomponente und $v^2\varkappa_n\mathfrak{n}$ die flächennormale Komponente der Beschleunigung.

Im Falle einer kräftefreien Bewegung des Massenpunktes auf der Fläche wirkt die Beschleunigung $\mathfrak{B}$ in Richtung der Flächennormalen $\mathfrak{n}$ und es gilt nach (16)

$$(2.17) \qquad \dot{v}(t) = 0, \quad v^2\varkappa_g = 0, \quad \mathfrak{B} = v^2\varkappa_n\mathfrak{n},$$

d. h. $v = \text{const} \neq 0$ und $\varkappa_g = 0$. *Der kräftefreie Massenpunkt beschreibt daher auf der Fläche tatsächlich mit fester Geschwindigkeit $v = const \neq 0$ eine geodätische Linie ($\varkappa_g = 0$)*, w. z. b. w.

Weil bei einer solchen kräftefreien Bewegung keine Querdrift vorhanden ist ($\gamma = \varkappa_g \equiv 0$), hat ein mit dem Massenpunkt verbundener Beobachter tatsächlich den Eindruck, sich immer „geradeaus" zu bewegen.

Verglichen mit allen anderen Flächenkurven, die den Punkt $P(u, v)$ in derselben Richtung (u', v') passieren, hat die geodätische Bahn die kleinste Krümmung, d. h. für sie ist nach (1.16)

$$\varkappa^2(s) = \beta^2(s) + \gamma^2(s) = \text{Minimum}. \tag{2.18}$$

Nach (1.12) hat nämlich

$$\beta = (\mathfrak{n}'\mathfrak{t}) = (\mathfrak{n}'\mathfrak{x}') = (\mathfrak{n}_u u' + \mathfrak{n}_v v')(\mathfrak{x}_u u' + \mathfrak{x}_v v') \tag{2.19}$$

in jedem Flächenpunkte $P(u, v)$ für jede feste Flächenrichtung (u', v') einen festen Wert. Daher hat $\varkappa^2$ in (18) dann und nur dann in allen Punkten der Flächenkurve den kleinsten Wert, wenn $\gamma(s) \equiv 0$ ist, d. h. für geodätische Linien.

Damit ist das von Heinrich Hertz (1894) aufgestellte Prinzip der geradesten Bahn bestätigt, nach dem *ein kräftefreier Massenpunkt sich stets gleichförmig (d. h. mit fester Geschwindigkeit) auf einer Bahn mit kleinster Krümmung ($\varkappa^2 = $ Minimum) bewegt.*

B. Elementare Theorie der Flächenkrümmung

3. Die zweite Grundform der Flächentheorie. Satz von Meusnier. Wir betrachten auf der metrisch regulären, zweimal stetig ableitbaren Fläche

$$\mathfrak{x} = \mathfrak{x}(u, v) \tag{3.1}$$

eine auf ihren Bogen s bezogene (also nichtisotrope) zweimal stetig ableitbare Flächenkurve k mit der Gaußschen Parameterdarstellung

$$u = u(s), \quad v = v(s) \tag{3.2}$$

und dem Ortsvektor

$$\mathfrak{x} = \mathfrak{x}\big(u(s), v(s)\big) = \mathfrak{x}(s). \tag{3.3}$$

Die Funktionen (2) sollen also in einem gewissen Intervall $a \leqq s \leqq b$ zweimal stetig nach s und der Vektor (1) in einem gewissen zulässigen (regulären) Parameterbereich $\mathfrak{B}(u, v)$ zweimal stetig nach u und v ableitbar sein. Die Fläche (1) heißt dann stetig gekrümmt, ebenso die Flächenkurve (3). Wegen der angenommenen metrischen Regularität der Fläche und ihres Parameternetzes ist der Normalenvektor

$$\mathfrak{n} = \frac{[\mathfrak{x}_u \mathfrak{x}_v]}{W} \qquad (W^2 = EG - F^2) \tag{3.4}$$

weder der Nullvektor noch isotrop, sondern $\mathfrak{n}^2 \equiv 1$.

Differenziert man dann den (nichtisotropen) Tangentenvektor der Flächenkurve

$$\mathfrak{x}' = \mathfrak{x}'(s) = \frac{d\mathfrak{x}(s)}{ds} = \mathfrak{t}(s) = \mathfrak{t} \qquad (\mathfrak{t}^2(s) \equiv 1) \tag{3.5}$$

nach dem Bogen s, so erhält man nach der ersten Frenetschen Formel (II. 8. 14)

$$\mathfrak{x}'' = \frac{d^2\mathfrak{x}}{ds^2} = \mathfrak{t}' = \varkappa\mathfrak{h}, \tag{3.6}$$

wobei $\varkappa = \varkappa(s)$ die Krümmung der Flächenkurve (3) und $\mathfrak{h} = \mathfrak{h}(s)$ mit $\mathfrak{h}^2(s) \equiv 1$ den (ebenfalls nichtisotropen) Hauptnormalenvektor der Raumkurve (3) bedeutet. Wir schließen durch die Annahme $\mathfrak{h}^2 \equiv 1$ nach (II. 7. 1) ebene Schnitte der Fläche mit isotropen Ebenen aus, für die $\mathfrak{x}''^2(s) \equiv 0$ gilt.

Weil die Tangentenvektoren (5) in allen Punkten s der Flächenkurve (3) zur Flächennormalen $\mathfrak{n} = \mathfrak{n}(u(s), v(s)) = \mathfrak{n}(s)$ rechtwinklig sind, gilt die Identität

$$\mathfrak{n}\frac{d\mathfrak{x}}{ds} \equiv 0 \qquad \{s\} \tag{3.7}$$

und die daraus durch Ableiten nach s entstehende Identität

$$\frac{d\mathfrak{n}}{ds} \cdot \frac{d\mathfrak{x}}{ds} + \mathfrak{n}\frac{d^2\mathfrak{x}}{ds^2} \equiv 0 \qquad \{s\} \tag{3.8}$$

oder wegen (6)

$$(3.9)\quad \frac{(\mathfrak{n}_u du + \mathfrak{n}_v dv)}{ds} \cdot \frac{(\mathfrak{x}_u du + \mathfrak{x}_v dv)}{ds} + \varkappa(\mathfrak{n}\mathfrak{h}) \equiv 0 \quad \{s\}.$$

Führt man zur Abkürzung mit Gauß die **Fundamentalgrößen zweiter Art**

$$(3.10)\quad L = -\mathfrak{n}_u\mathfrak{x}_u,\ M = -\tfrac{1}{2}(\mathfrak{n}_u\mathfrak{x}_v + \mathfrak{n}_v\mathfrak{x}_u),\ N = -\mathfrak{n}_v\mathfrak{x}_v$$

ein [diese Bezeichnungen L, M, N stammen von Reinhold Hoppe (1816—1900), Gauß selbst schrieb dafür D/W, D'/W, D''/W], so lautet die Identität (9) mit Rücksicht auf (III. 6. 11)

$$(3.11)\quad \frac{L(u,v)du^2 + 2\,M(u,v)du\,dv + N(u,v)dv^2}{E(u,v)du^2 + 2\,F(u,v)du\,dv + G(u,v)dv^2} = \varkappa(\mathfrak{n}\mathfrak{h}).$$

Links steht der Quotient zweier quadratischer Differentialformen. Der Zähler

$$(3.12)\quad \boxed{II = -d\mathfrak{n}\,d\mathfrak{x} = L(u,v)du^2 + 2\,M(u,v)du\,dv + N(u,v)dv^2}$$

ist die ebenfalls von C. F. Gauß (1827) eingeführte **zweite Grundform** (zweite Fundamentalform) der Flächentheorie; sie beherrscht zusammen mit der aus (III. 6. 11) bekannten **ersten Grundform** (ersten oder metrischen Fundamentalform)

$$(3.13)\quad \boxed{\begin{aligned} I &= ds^2 = d\mathfrak{x}^2 = \\ &= E(u,v)du^2 + 2F(u,v)du\,dv + G(u,v)dv^2 \end{aligned}}$$

die **Krümmungstheorie der Fläche.**

Bemerkung 1: Ist die Fläche $\mathfrak{x} = \mathfrak{x}(u, v)$ eine Ebene, so ist sie Schmiegebene aller ihrer (krummen, ebenen) Flächenkurven. Weil dann $(\mathfrak{n}\mathfrak{h}) \equiv 0$ ist, gilt für alle Richtungen $(du : dv)$

$$(3.14)\quad II \equiv 0,\ \text{d. h.}\ L(u,v) \equiv 0,\ M(u,v) \equiv 0,\ N(u,v) \equiv 0.$$

Wir werden in (19. Anwendung 1) beweisen, daß durch die Gleichungen (14) umgekehrt die Ebenen gekennzeichnet sind.

Da wir die Krümmungstheorie der ebenen Kurven schon in (I) ausführlich entwickelt haben, soll der Fall der Ebene fortan ausgeschlossen werden.

Wir studieren daher in Hinkunft nur die Krümmungstheorie der krummen Flächen des Raumes, für die also

(3. 15) $II \not\equiv 0$ d. h. $(L(u, v), M(u, v), N(u, v)) \not\equiv (0, 0, 0)$

ist.

Man kann die Fundamentalgrößen (10) noch auf andere Art darstellen. Weil der Normalenvektor $\mathfrak{n}$ der Fläche zu den Tangentenvektoren $\mathfrak{x}_u$ und $\mathfrak{x}_v$ der Parameterlinien rechtwinklig ist, gelten für alle u und v die Identitäten

$$1)\ \mathfrak{n}\mathfrak{x}_u \equiv 0 \text{ und } 2)\ \mathfrak{n}\mathfrak{x}_v \equiv 0$$

und die daraus durch Ableiten nach u und v hervorgehenden Identitäten

$$1)\ \mathfrak{n}_u\mathfrak{x}_u + \mathfrak{n}\mathfrak{x}_{uu} \equiv 0, \quad \mathfrak{n}_v\mathfrak{x}_u + \mathfrak{n}\mathfrak{x}_{uv} \equiv 0,$$
$$2)\ \mathfrak{n}_u\mathfrak{x}_v + \mathfrak{n}\mathfrak{x}_{uv} \equiv 0, \quad \mathfrak{n}_v\mathfrak{x}_v + \mathfrak{n}\mathfrak{x}_{vv} \equiv 0.$$

Mit ihrer Hilfe und aus (4) erhält man die folgenden wichtigen Darstellungen der Fundamentalgrößen zweiter Art

$$(3.16)\quad \boxed{\begin{aligned} L &= -(\mathfrak{n}_u\mathfrak{x}_u) &&= \mathfrak{n}\mathfrak{x}_{uu} = \frac{[\mathfrak{x}_u\mathfrak{x}_v\mathfrak{x}_{uu}]}{W}, \\ M &= -\frac{\mathfrak{n}_u\mathfrak{x}_v + \mathfrak{n}_v\mathfrak{x}_u}{2} &&= \mathfrak{n}\mathfrak{x}_{uv} = \frac{[\mathfrak{x}_u\mathfrak{x}_v\mathfrak{x}_{uv}]}{W}, \\ N &= -(\mathfrak{n}_v\mathfrak{x}_v) &&= \mathfrak{n}\mathfrak{x}_{vv} = \frac{[\mathfrak{x}_u\mathfrak{x}_v\mathfrak{x}_{vv}]}{W}. \end{aligned}}$$

In der Formel (11) sind die Größen E, F, G, L, M, N und der Normalenvektor $\mathfrak{n}$ nur vom Flächenpunkte $P(u, v)$ abhängig; das homogene Größenpaar $(du : dv)$ hängt von der Kurventangente t im Punkte P ab und der Vektor $\mathfrak{h}$ der Hauptnormalen von der Schmiegebene σ der Kurve (3) in P. Aus (11) folgt somit der

Satz 1: *Alle Flächenkurven* (3), *welche den Punkt* $P(u,v)$ *in derselben Tangentenrichtung* $(du : dv)$ *und mit derselben Schmiegebene* σ *passieren, haben in* P *dieselbe Krümmung* $\varkappa$.

Diese Krümmung $\varkappa$ *der Flächenkurve* (3) *ist daher gleich der Krümmung* $\varkappa_\sigma$ *jenes ebenen Schnittes der Fläche im Punkte P, den die durch die Tangente* $(du:dv)$ *laufende Schmiegebene* σ *der Kurve* (3) *aus der Fläche ausschneidet.*

Wir denken uns nun (Bild 2) die Ebene σ dieses ebenen Flächenschnittes um die (zur Bildebene normale) feste Tangente $\mathfrak{t}$ oder $(du:dv)$ des festen Flächenpunktes $P(u, v)$ gedreht. Eine dieser Ebenen enthält die Flächennormale $\mathfrak{n}$; sie heiße ν, ihr Schnitt ist der zu der Tangente $\mathfrak{t}$ gehörige Normalschnitt der Fläche. Die übrigen, von der Tangentenebene π der Fläche in P verschiedenen Ebenen σ durch die Tangente $\mathfrak{t}$ erzeugen Schiefschnitte der Fläche. Den von π erzeugten Tangentialschnitt schließen wir aus der Betrachtung aus.

Ist dann ϑ der Winkel, unter dem die in σ liegende Hauptnormale $\mathfrak{h}$ des Schiefschnittes σ gegen die Flächennormale $\mathfrak{n}$ geneigt ist, so ist $(\mathfrak{n}\mathfrak{h}) = \cos\vartheta$ und die Formel (11) liefert für die Krümmung $\varkappa = \varkappa_\sigma$ bzw. für den Krümmungsradius $r_\sigma = 1/\varkappa_\sigma$ des Schiefschnittes σ die Formel

$$(3.\,17)\quad \varkappa_\sigma \cos\vartheta = \frac{\cos\vartheta}{r_\sigma} = \frac{L\,du^2 + 2M\,du\,dv + N\,dv^2}{E\,du^2 + 2F\,du\,dv + G\,dv^2} = \frac{II}{I}\,.$$

Weil dann die rechte Seite nur noch vom Flächenpunkt $P(u,v)$ und von der Tangentenrichtung $(du:dv)$ abhängt, hat die linke Seite einen von dem Winkel ϑ unabhängigen Wert. Hat insbesondere (Bild 2) der Normalschnitt ν, für den (bei passender Orientierung der Flächennormalen $\mathfrak{n}$) $\vartheta = 0$ ist, die Krümmung $\varkappa_\nu = 1/r_\nu = 1/R$, die man als die zur Tangente $\mathfrak{t}$ gehörige **Normalkrümmung** der Fläche bezeichnet, so folgt die von Jean Baptiste Marie Meusnier de la Place (1754–1793) gefundene **Formel von Meusnier**

$$(3.\,18)\quad \boxed{\frac{\cos\vartheta}{r_\sigma} = \frac{1}{r_\nu} = \frac{1}{R} \quad \text{oder} \quad r_\nu \cos\vartheta = r_\sigma\,.}$$

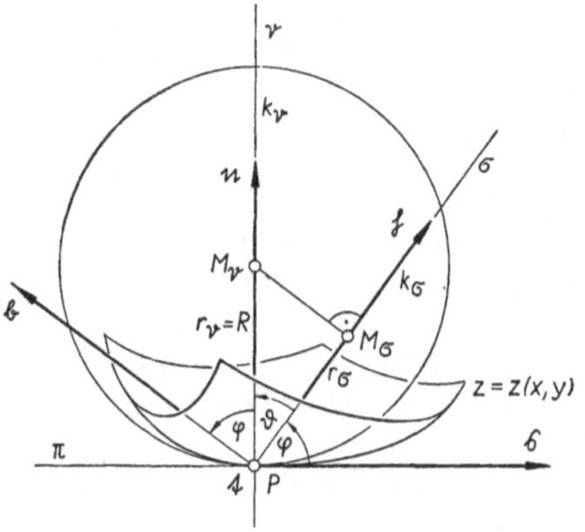

Bild 2. Satz von Meusnier und Meusniersche Kugel der (zur Bildebene normalen) Flächentangente $\mathfrak{t}$ im Punkte P der Fläche $z = z(x, y)$.

Diese Formel (18) enthält (Bild 2) den

Satz von Meusnier (1776): *Aus dem Krümmungsmittelpunkt M_ν des zur Flächentangente $\mathfrak{t}$ gehörigen Normalschnittes ν erhält man den Krümmungsmittelpunkt M_σ eines durch dieselbe Flächentangente $\mathfrak{t}$ gelegten Schiefschnittes σ der Fläche, indem man M_ν normal auf die Ebene σ des Schiefschnittes projiziert.*

Die Krümmungskreise k_σ der im Punkte P zur Flächentangente $\mathfrak{t}$ gehörigen Schiefschnitte σ der Fläche bilden daher insgesamt eine Kugel $\varkappa_{\mathfrak{t}}$ mit dem Krümmungskreis k_ν des Normalschnittes von $\mathfrak{t}$ als Großkreis, die man als die zur Flächentangente $\mathfrak{t}$ gehörige **Meusniersche Kugel** *bezeichnet.*

Bemerkung 2: Wir haben den Begriff der Normalkrümmung einer Flächenkurve im wesentlichen schon in der Theorie der Streifen kennengelernt. Ist auf der Fläche $\mathfrak{x} = \mathfrak{x}(u, v)$ durch $u = u(s)$, $v = v(s)$ eine Leitkurve $\mathfrak{x} = \mathfrak{x}(u(s), v(s)) = \mathfrak{x}(s)$ gegeben, so bilden ihre durch den Normalenvektor $\mathfrak{n} = \mathfrak{n}(s)$ gekennzeichneten Tangentenebenen $\pi(s)$ den der Fläche $\mathfrak{x}(u, v)$ längs der Kurve $\mathfrak{x}(s)$ umschriebenen Flächenstreifen (Streifen). Nach (1. 12) und (1. 15) ist die Normalkrümmung $\varkappa_n = -\beta(s)$ dieses Streifens

$$\varkappa_n = -\beta(s) = (\mathfrak{t}'\mathfrak{n}) = \varkappa(\mathfrak{h}\mathfrak{n}), \tag{3. 19}$$

wobei $\varkappa$ die Krümmung der Flächenkurve und $(\mathfrak{h}\mathfrak{n}) = \cos\vartheta = \sin\varphi$ ist. Somit gilt nach (3. 11)

$$\varkappa_n = \varkappa(\mathfrak{n}\mathfrak{h}) = \frac{II}{I} = \frac{1}{R}. \tag{3. 20}$$

Die Normalkrümmung $\varkappa_n = -(\mathfrak{n}'\mathfrak{x}')$ des Flächenstreifens ist daher gleich der Normalkrümmung $\varkappa_\nu = 1/R$ der Fläche in der Richtung $\mathfrak{t}$.

Es folgt

Satz 2: *Alle Flächenstreifen* $\{\mathfrak{x}(s), \mathfrak{n}(s)\}$ *(Flächenkurven* $\mathfrak{x}(s)$*), welche den festen Flächenpunkt* $P(u, v)$ *in der festen Tangentenrichtung* $\mathfrak{t} = \mathfrak{x}'$ *passieren, besitzen in* P *dieselbe Normalkrümmung* $\varkappa_n = -(\mathfrak{n}'\mathfrak{x}') = 1/R = \varkappa_\nu$.

Beispiel 1: Schneidet man (Bild 3) den Drehzylinder ζ (Radius R) mit einer Ebene σ, welche gegen die Ebene ν des Basiskreises k unter dem Winkel $\vartheta \neq \pi/2$ geneigt ist, so erhält man eine Ellipse mit den Halbachsen $a = OA = R/\cos\vartheta$ und $b = R$. Um in deren tiefstem Punkt (Scheitel A, Scheiteltangente $\mathfrak{t}$, Mitte O) den Schmiegkreisradius r_σ zu bestimmen, bemerken wir, daß der Krümmungsmittelpunkt M_ν des zu $\mathfrak{t}$ gehörigen Normalschnittes ν von ζ (Basiskreis vom Radius $r_\nu = R$)

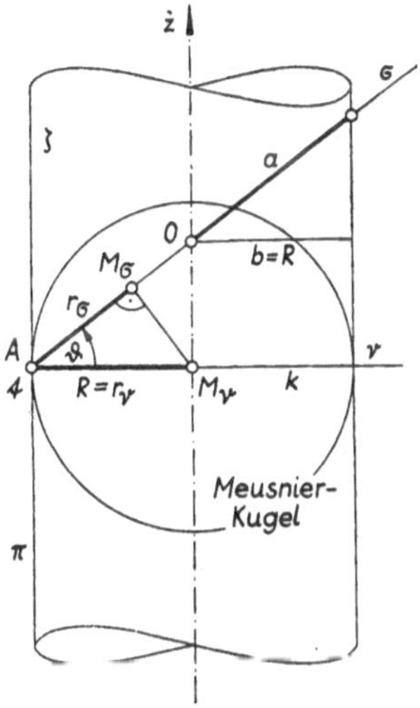

Bild 3. Bestimmung des Scheitelschmiegkreises einer Ellipse, die als schiefer Schnitt eines Drehzylinders gegeben ist, mittels des Satzes von Meusnier.

auf der Zylinderachse z liegt. Nach dem Satze von Meusnier hat daher der Krümmungsradius r_σ des schiefen Ellipsenschnittes im Scheitel A die Länge

$$r_\sigma = R\cos\vartheta = b\cdot\frac{b}{a} = \frac{b^2}{a} = p, \tag{3.21}$$

die, wie in (I. 15. Beisp. 1), gleich dem Parameter p der Ellipse ist. Die zur Parallelkreistangente $\mathfrak{t}$ gehörige Meusnier-Kugel besitzt den Basiskreis k des Zylinders als Großkreis.

Bemerkung 3: Führt man durch die reguläre Parametertransformation

$$\bar{u} = \bar{u}(u, v),\ \bar{v} = \bar{v}(u, v) \mid u = u(\bar{u}, \bar{v}),\ v = v(\bar{u}, \bar{v}) \tag{3.22}$$

mit nichtverschwindender Funktionaldeterminante $D = \dfrac{\partial(u, v)}{\partial(\bar{u}, \bar{v})}$ auf der Fläche

$$\mathfrak{x} = \mathfrak{x}(u, v) = \mathfrak{x}(u(\bar{u}, \bar{v}), v(\bar{u}, \bar{v})) = \mathfrak{x}(\bar{u}, \bar{v}) = \bar{\mathfrak{x}} \tag{3.23}$$

statt (u, v) neue zulässige Parameter $(\bar{u}, \bar{v})$ ein, so sind (wegen der bekannten Parameterinvarianz der ersten Differentiale $d\bar{\mathfrak{x}} = d\mathfrak{x}$ und $d\bar{\mathfrak{n}} = d\mathfrak{n}$) sowohl die erste Grundform I, wie schon in (III. 8. 10) bewiesen, als auch die zweite Grundform II invariant (parameterinvariant). Es ist nämlich

$$\bar{I} = d\bar{\mathfrak{x}}^2 = d\mathfrak{x}^2 = I \text{ und } \overline{II} = -d\bar{\mathfrak{n}}\,d\bar{\mathfrak{x}} = -d\mathfrak{n}\,d\mathfrak{x} = II. \tag{3.24}$$

Die Bewegungsinvarianz der beiden Grundformen I und II folgt aus der Bewegungsinvarianz des Innenproduktes zweier Vektoren. Die Fundamentalgrößen L, M, N selbst gehorchen dabei nach ihrer Definition (16) genau denselben Transformationsformeln wie die Fundamentalgrößen E, F, G, die in (III. 8. 8) berechnet wurden. Alle sechs Fundamentalgrößen sind (als Innenprodukte von Vektoren) Bewegungsinvarianten.

Die Diskriminanten $W^2 = EG - F^2$ und $LN - M^2$ der beiden Grundformen sind gegenüber Parametertransformationen relative Invarianten vom Gewichte 2, d. h. es gilt

$$\bar{E}\bar{G} - \bar{F}^2 = D^2(EG - F^2),\ \bar{L}\bar{N} - \bar{M}^2 = D^2(LN - M^2), \tag{3.25}$$

ebenso ihre bilineare Invariante

(3. 26) $\overline{EN} - 2\overline{FM} + \overline{GL} = D^2(EN - 2FM + GL)$.

Die Quotienten

(3. 27) $K = \dfrac{LN - M^2}{EG - F^2}$ und $2H = \dfrac{EN - 2FM + GL}{EG - F^2}$

sind daher absolute Parameterinvarianten und Bewegungsinvarianten; sie beschreiben daher geometrische Eigenschaften der Fläche $\mathfrak{x}(u, v)$, die wir noch genau kennenlernen werden. Man nennt K die **Gaußsche Krümmung** und H die **mittlere Krümmung** der Fläche $\mathfrak{x}(u, v)$ im Punkte $P(u, v)$.

4. Normalkrümmung. Schmiegtangenten. Schmieglinien. Durch den Satz von Meusnier wird die Untersuchung der Flächenkrümmung im Punkte $P(u, v)$ der reellen Fläche $\mathfrak{x} = \mathfrak{x}(u, v)$ auf das Studium der Krümmung $1/R$ der durch P in den verschiedenen Richtungen $(du : dv)$ laufenden Normalschnitte ν der Fläche zurückgeführt. Für diese Normalkrümmung $1/R$ der Fläche in der Richtung $(du : dv)$ gilt nach (3. 17) und (3.18) die grundlegende Formel

(4. 1) $$\boxed{\frac{1}{R} = \frac{L\,du^2 + 2M\,du\,dv + N\,dv^2}{E\,du^2 + 2F\,du\,dv + G\,dv^2} = \frac{II}{I}}.$$

Bemerkung 1: Das Vorzeichen der Normalkrümmung $1/R$ und des Krümmungsradius R des Normalschnittes ν hängt nach (3. 12) von der Orientierung der Flächennormalen $\mathfrak{n}$, d. h. nach (3.16) von der Wahl des Vorzeichens von $W = \sqrt{EG - F^2}$ ab. Man kann daher stets annehmen, daß die Normalkrümmung $1/R$ für einen vorgegebenen Normalschnitt (für den $1/R \neq 0$ ist) positiv $(1/R > 0)$ ausfällt. Das Vorzeichen der Normalkrümmung aller anderen Normalschnitte desselben Flächenpunktes $P(u, v)$ ist dadurch eindeutig festgelegt.

Für reelle Flächen $\mathfrak{x} = \mathfrak{x}(u, v)$ mit reellem Parameternetz (u, v) und reelle Tangentenrichtungen $(du : dv) \neq (0 : 0)$ ist in allen Flächenpunkten $P(u, v)$ die erste Grundform $I = ds^2 > 0$; daher stimmt in (1) das Vorzeichen von $1/R$ mit dem Vorzeichen des Zählers II überein, dessen Wertevorrat von dem Vorzeichen der Diskriminante $LN - M^2$ abhängt.

Wenn wir Flächenpunkte $P(u, v)$, in denen gleichzeitig $L(u, v) = M(u, v) = N(u, v) = 0$ ist (sogenannte **Flachpunkte** der Fläche) ausschließen, in denen nach (1) die Normalkrümmungen $1/R$ aller Flächenrichtungen $(du : dv)$ verschwinden, so sind **drei Fälle** möglich:

1. $LN - M^2 > 0$, **elliptische Flächenpunkte.** Die quadratische Form II ist definit. Die Normalkrümmung $1/R$ hat für alle Richtungen $(du : dv)$ nur positive (oder nur negative) Werte.

Beispiel 1: Alle eiförmigen Flächen wie Kugel oder Ellipsoid und der Wulst der Ringfläche besitzen nur elliptische Punkte.

2. $LN - M^2 = 0$, **parabolische Flächenpunkte.** Die quadratische Form II ist semidefinit. Die Normalkrümmung $1/R$ hat nur positive (oder nur negative) Werte und für genau eine Richtung den Wert Null.

Beispiel 2: Zylinder, Kegel, Torsen besitzen nur parabolische Punkte; nur für die Normalschnitte ν durch die Erzeugenden dieser Flächen ist $1/R = 0$. Parabolisch sind auch die Punkte des höchsten und tiefsten Parallelkreises der Ringfläche, wobei die Normalkrümmung der Parallelkreistangente $1/R = 0$ ist.

3. $LN - M^2 < 0$, **hyperbolische Flächenpunkte.** Die quadratische Form II ist bei veränderlichem $(du : dv)$ indefinit. Für zwei verschiedene reelle Richtungen ist die Normalkrümmung $1/R = 0$, dazwischen ist in dem einen Winkelraum $1/R > 0$, im anderen $1/R < 0$.

Beispiel 3: Alle Sattelflächen, wie einschaliges Hyperboloid, hyperbolisches Paraboloid, Kehle der Ringfläche.

Die (nicht isolierten) parabolischen Punkte $P(u,v)$ einer Fläche bilden i. a. ihre parabolische Kurve, deren Gleichung somit

$$(4.2) \qquad L(u, v) \cdot N(u, v) - M^2(u, v) = 0$$

ist. Die parabolische Kurve (2) trennt das Gebiet der elliptischen und der hyperbolischen Flächenpunkte, d. h. den elliptisch gekrümmten vom hyperbolisch gekrümmten Teil der Fläche. Daneben kann es noch isolierte parabolische Punkte geben, in deren Umgebung keine weiteren parabolischen Punkte liegen.

Die beiden im Punkte $P(u,v)$ vorhandenen Richtungen $(du : dv)$ verschwindender Normalkrümmung $1/R = 0$ ergeben sich aus der quadratischen Gleichung

$$(4.3)\quad II = L(u,v)\,du^2 + 2M(u,v)\,du\,dv + N(u,v)\,dv^2 = 0,$$

deren Lösungen $(du_1 : dv_1)$ und $(du_2 : dv_2)$ für

$$LN - M^2 \begin{cases} > 0 & \text{konjugiert komplex,} \\ = 0 & \text{reell zusammenfallend,} \\ < 0 & \text{reell verschieden sind.} \end{cases}$$

Man bezeichnet diese beiden aus (3) folgenden Tangentenrichtungen

$$(4.4)\qquad d\mathfrak{x}_i = \mathfrak{x}_u du_i + \mathfrak{x}_v dv_i$$

als die **Schmiegtangenten** des Flächenpunktes $P(u, v)$. Weil nämlich die zugehörigen Normalschnitte ν_i nach (1) in P die Krümmung $1/R = 0$ haben, berühren ihre Tangenten $(du_i : dv_i)$ in P den Normalschnitt (also auch die Fläche) mindestens dreipunktig und sind daher Schmiegtangenten (Wendetangenten oder Flachtangenten) des Normalschnittes und der Fläche. Der Normalschnitt ν_i einer Schmiegtangente $d\mathfrak{x}_i$ besitzt also den Punkt P als (gewöhnlichen oder höheren) Wendepunkt bzw. Flachpunkt oder er enthält die ganze Schmiegtangente $d\mathfrak{x}_i$ als geradlinige Flächenerzeugende (so bei Kegel, Zylinder und Torse).

Die beiden in hyperbolischen Punkten (Sattelpunkten) reell verschiedenen Schmiegtangenten fallen in parabolischen Punkten zusammen und sind in elliptischen Punkten konjugiert komplex.

Bemerkung 2: Man bezeichnet die Schmiegtangenten nach Joseph Diaz Gergonne (1813) auch als Haupttangenten oder nach Charles Dupin (1813) als Asymptotenrichtungen der Fläche.

Durch Integration der Differentialgleichung (3) erhält man auf einem hyperbolisch gekrümmten Flächenstück zwei reelle Scharen von Kurven, welche das Netz der **Schmieglinien** (Haupttangentenkurven, Asymptotenlinien) der Fläche bilden. Alle Tangenten dieser Linien sind Schmiegtangenten der Fläche.

Bemerkung 3: Kegel, Zylinder und Torsen sind in allen regulären Punkten parabolisch gekrümmt. Wie sich zeigen wird, sind dies die einzigen überall parabolisch gekrümmten Flächen. Ihre einzige Schar von Schmieglinien besteht (nach Beispiel 2) aus den Erzeugenden dieser Flächen.

Bemerkung 4: Ist auf einer Fläche $L(u, v) \equiv 0$, so lautet die Differentialgleichung ihrer Schmieglinien

$$(2M\,du + N\,dv)\,dv = 0. \tag{4.5}$$

Die u-Linien ($dv = 0$) bilden dann die eine Schar der Schmieglinien. Ebenso sind im Falle $N(u, v) \equiv 0$ alle v-Linien ($du = 0$) Schmieglinien.

$L(u, v) \equiv 0$ und $N(u, v) \equiv 0$ bedeutet, daß alle Parameterlinien Schmieglinien sind. Die Parameter (u, v) heißen dann Schmiegparameter oder Asymptotenparameter.

Bemerkung 5: Kennzeichnend für die **krummen Schmieglinien** k einer Fläche ist die Eigenschaft, daß ihre **Schmiegebenen** σ stets **Tangentenebenen** der Fläche sind. Der einer Fläche längs **einer** Schmieglinie umschriebene Streifen ist daher nach (IV. 2) ein Schmiegstreifen.

Beweis: Wählt man die k enthaltende Schar der Schmieglinien als u-Linien, so ist $L(u, v) \equiv 0$; nach (3. 16) ist also $[\mathfrak{x}_u \mathfrak{x}_v \mathfrak{x}_{uu}] \equiv 0$ oder $\mathfrak{x}_{uu} = \alpha \mathfrak{x}_u + \beta \mathfrak{x}_v$. Weil die Schmieglinie krumm, nach (II. 3. Satz 2) also $[\mathfrak{x}_u \mathfrak{x}_{uu}] \neq \mathfrak{o}$ ist, gilt dabei notwendig $\beta \neq 0$. Folglich sind die von $\mathfrak{x}_u$ und $\mathfrak{x}_{uu}$ aufgespannten Schmiegebenen σ von k und die von $\mathfrak{x}_u$ und $\mathfrak{x}_v$ aufgespannten Tangentenebenen π der Fläche identisch, w. z. b. w.

Aus der eben bewiesenen rein projektiven Kennzeichnung der Schmieglinien folgt, daß die Eigenschaft einer Flächenkurve, Schmieglinie der Fläche zu sein, bei projektiven Transformationen der Fläche (Kollineationen) erhalten bleibt, also projektiver Natur ist.

Bemerkung 6: Jede auf einer Fläche liegende **gerade Linie** ist stets **Schmieglinie** der Fläche.

Beweis: Identifiziert man die Gerade nämlich mit der Parameterlinie $v = 0$ eines sie enthaltenden Systems von u-Linien, so ist für sie nach (II. 3. Satz 2) sicher $[\mathfrak{x}_u(u, 0), \mathfrak{x}_{uu}(u, 0)] \equiv \mathfrak{o}$ also nach (3. 16) auch $L(u, 0) \equiv 0$. Die gerade Linie $v = 0$ ist daher nach (Bem. 4) tatsächlich Schmieglinie, w. z. b. w.

Bemerkung 7: Besitzt eine metrisch reguläre analytische Fläche eine Schar von isotropen Schmieglinien, so besteht diese Schar aus isotropen Geraden. Wählt man nämlich diese Schar als u-Linien der Fläche, so gilt $E(u, v) \equiv 0$, $L(u, v) \equiv 0$ und, weil die Fläche metrisch regulär ist, $W^2 = -F^2 \not\equiv 0$, also $F(u, v) \not\equiv 0$. Aus $L \equiv 0$ folgt wieder $\mathfrak{x}_{uu} \equiv \alpha \mathfrak{x}_u + \beta \mathfrak{x}_v$, und daraus, wenn man mit $\mathfrak{x}_u$ innerlich multipliziert, $(\mathfrak{x}_u \mathfrak{x}_{uu}) \equiv \alpha E + \beta F$, also wegen $E = \mathfrak{x}_u^2 \equiv 0$ und $E_u = 2(\mathfrak{x}_u \mathfrak{x}_{uu}) \equiv 0$ und $F \not\equiv 0$ schließlich $\beta \equiv 0$. Daher ist $\mathfrak{x}_{uu} = \alpha \mathfrak{x}_u$, also $[\mathfrak{x}_u \mathfrak{x}_{uu}] \equiv \mathfrak{o}$, woraus nach (II. 3. Satz 2) folgt, daß die Schar der isotropen Schmieglinien tatsächlich aus lauter geraden Linien besteht.

Metrisch reguläre Flächen mit einer Schar isotroper Schmieglinien sind daher entweder *isotrope Zylinder*, wenn $M(u, v) \equiv 0$ ist, oder *windschiefe Regelflächen mit einer Schar isotroper Erzeugenden*, wenn $M(u, v) \not\equiv 0$ ist. Solche windschiefen Flächen heißen Mongesche Flächen, weil Gaspard Monge (1795) sie erstmals studiert hat. Wir werden sie in (IV. 17) ausführlicher behandeln.

Bemerkung 8: In Flachpunkten $P(u, v)$ der Fläche ist wegen $L(u, v) = M(u, v) = N(u, v) = 0$ die Gleichung (3) für alle Richtungen $(du : dv)$ erfüllt. *Flachpunkte sind daher singuläre Punkte des Netzes der Schmieglinien der Fläche.*

5. Beispiele: Windschiefe Regelflächen, Drehflächen, Flächen $z = z(x, y)$, Nabelpunkte. Wir erläutern die bisherigen Ergebnisse noch an einigen wichtigen Beispielen.

Beispiel 1: Für eine **windschiefe Regelfläche** mit der Leitkurve $\mathfrak{y} = \mathfrak{y}(u)$ und den Erzeugendenrichtungen $\mathfrak{z} = \mathfrak{z}(u)$ gilt nach (III. 20. 3) und (III. 20. 34)

(5. 1) $$\mathfrak{x} = \mathfrak{y}(u) + v\mathfrak{z}(u) \quad \text{mit } [\mathfrak{y}'\mathfrak{z}'\mathfrak{z}] \not\equiv 0.$$

Daher ist

$$(5.2)\qquad \begin{cases} \mathfrak{x}_u = \mathfrak{y}' + v\mathfrak{z}', & \mathfrak{x}_v = \mathfrak{z}, \quad W \neq 0, \\ \mathfrak{x}_{uu} = \mathfrak{y}'' + v\mathfrak{z}'', & \mathfrak{x}_{uv} = \mathfrak{z}', \quad \mathfrak{x}_{vv} = \mathfrak{o}, \end{cases}$$

folglich

$$L = \frac{1}{W}[\mathfrak{y}' + v\mathfrak{z}', \mathfrak{z}, \mathfrak{y}'' + v\mathfrak{z}''] =$$

$$= \frac{1}{W}([\mathfrak{y}'\mathfrak{z}\mathfrak{y}''] + v([\mathfrak{y}'\mathfrak{z}\mathfrak{z}''] + [\mathfrak{z}'\mathfrak{z}\mathfrak{y}'']) + v^2[\mathfrak{z}'\mathfrak{z}\mathfrak{z}''])$$

$$(5.3)\qquad = \frac{1}{W}(A(u) + vB(u) + v^2C(u)),$$

$$M = \frac{1}{W}[\mathfrak{y}' + v\mathfrak{z}', \mathfrak{z}, \mathfrak{z}'] = \frac{1}{W}[\mathfrak{y}'\mathfrak{z}\mathfrak{z}'] = \frac{1}{W}D(u) \not\equiv 0,$$

$$N = \frac{1}{W}[\mathfrak{y}' + v\mathfrak{z}', \mathfrak{z}, \mathfrak{o}] \equiv 0.$$

Somit lautet die Differentialgleichung (4.3) der Schmieglinien der windschiefen Regelfläche (1)

$$(5.4)\qquad (A(u) + v\cdot B(u) + v^2\cdot C(u))\,du^2 + 2D(u)\,du\,dv = 0.$$

Eine erste Schar von Lösungen, aus $du = 0$ folgend, besteht aus den geradlinigen Erzeugenden (v-Linien $u = \text{const}$) der Regelfläche, die somit die eine Schar der Schmieglinien bilden.

Daraus folgt z. B., daß auf einer regulären (algebraischen) Fläche zweiter Ordnung die beiden geradlinigen Erzeugendenscharen das Netz der Schmieglinien bilden.

Ist die (windschiefe) Regelfläche nicht von zweiter Ordnung, so besteht die zweite Schar der Schmieglinien aus krummlinigen Raumkurven. Deren Differentialgleichung ergibt sich aus (4), indem man durch $du \neq 0$ kürzt und durch $2D(u) \neq 0$ dividiert; setzt man dann noch $-A/2D = \alpha(u)$, $-B/2D \equiv \beta(u)$, $-C/2D = \gamma(u)$, so genügen diese krummen Schmieglinien der Riccatischen Differentialgleichung

$$(5.5)\qquad \frac{dv}{du} = \alpha(u) + v\cdot\beta(u) + v^2\cdot\gamma(u).$$

Wie schon in (II. 15. Bem. 2) erwähnt, ist diese Differentialgleichung i. a. nicht elementar lösbar.

Weil je vier Lösungen $v_1(u)$, $v_2(u)$, $v_3(u)$, $v_4(u)$ der Riccatischen Differentialgleichung konstantes (von u unabhängiges) Doppelverhältnis haben, folgt der

Satz 1: *Irgend vier krumme Schmieglinien v_1, v_2, v_3, v_4 schneiden alle geradlinigen Erzeugenden einer windschiefen Regelfläche in vier Punkten P_1, P_2, P_3, P_4 festen Doppelverhältnisses:*

$$DV(P_1 P_2, P_3 P_4) = DV(v_1 v_2, v_3 v_4) = \text{const.} \tag{5.6}$$

Kennt man also drei dieser Schmieglinien, so kennt man nach (6) *auch alle übrigen.*

Bemerkung 1: Hat die Regelfläche z. B. zwei (alle Erzeugenden treffende) Leitgeraden l_1, l_2, so sind diese Geraden Schmieglinien; kennt man dann noch eine krumme Schmieglinie, so kennt man alle; sie hängen nämlich durch die windschiefen Kollineationen mit l_1 und l_2 als Achsen untereinander zusammen.

Bemerkung 2: Ist in (1) jedoch $[\mathfrak{y}' \mathfrak{z}' \mathfrak{z}] \equiv 0$, so liegt nach (III. 20) für $[\mathfrak{z}' \mathfrak{z}] \not\equiv \mathfrak{o}$ ein Kegel oder eine Torse vor, bzw. für $[\mathfrak{z}' \mathfrak{z}] \equiv \mathfrak{o}$ ein Zylinder, wenn $[\mathfrak{y}' \mathfrak{z} \mathfrak{y}''] \not\equiv 0$ ist. In allen diesen Fällen ist nach (3)

$$L(u, v) \not\equiv 0, \quad M(u, v) \equiv 0, \quad N(u, v) \equiv 0. \tag{5.7}$$

Die Differentialgleichung (4) der Schmieglinien lautet dann

$$(A(u) + v B(u) + v^2 C(u)) \cdot du^2 = 0. \tag{5.8}$$

Alle geradlinigen Erzeugenden (v-Linien $du = 0$) dieser Flächen sind Schmieglinien. Dazu tritt noch als singuläre Schmieglinie das durch die in v quadratische Gleichung

$$A(u) + v \cdot B(u) + v^2 \cdot C(u) = 0 \tag{α}$$

dargestellte Gebilde. Für Zylinder ist dabei nach (III. 20. 11) stets $A(u) = [\mathfrak{y}' \mathfrak{z} \mathfrak{y}''] \not\equiv 0$, aber (wegen $[\mathfrak{z}' \mathfrak{z}] \equiv \mathfrak{o}$, also auch $[\mathfrak{z}'' \mathfrak{z}] \equiv \mathfrak{o}$) immer $B(u) = C(u) \equiv 0$. Daher stellt (α) nur für Kegel und Torsen ein eigentliches Gebilde dar, nämlich beim Kegel die Spitze und bei der Torses die Gratlinie.

Um das einzusehen, beweisen wir zuerst, daß die in v quadratische Gleichung (α) eine Doppelwurzel v_0 hat. Multipliziert man nämlich die für Kegel und Torsen bestehende Identität (III. 20. 31) innerlich mit $[\mathfrak{z} \mathfrak{z}'']$, so folgt

$$[\mathfrak{z} \mathfrak{y}'' \mathfrak{z}'] \, [\mathfrak{y}' \mathfrak{z} \mathfrak{z}''] + [\mathfrak{y}' \mathfrak{y}'' \mathfrak{z}] \, [\mathfrak{z}' \mathfrak{z} \mathfrak{z}''] \equiv 0. \tag{β}$$

Nun ergibt sich weiter aus $[\mathfrak{y}'\mathfrak{z}'\mathfrak{z}] \equiv 0$ durch Ableiten nach u die Identität

$$(\gamma) \qquad [\mathfrak{y}''\mathfrak{z}'\mathfrak{z}] + [\mathfrak{y}'\mathfrak{z}''\mathfrak{z}] \equiv 0 \text{ oder } [\mathfrak{z}\mathfrak{y}''\mathfrak{z}'] \equiv [\mathfrak{y}'\mathfrak{z}\mathfrak{z}''].$$

Damit folgt aus (β)

$$(\delta) \qquad [\mathfrak{y}'\mathfrak{z}\mathfrak{z}'']^2 - [\mathfrak{y}'\mathfrak{z}\mathfrak{y}''][\mathfrak{z}'\mathfrak{z}\mathfrak{z}''] \equiv 0$$

und die quadratische Gleichung (α) lautet

$$(\varepsilon) \qquad [\mathfrak{y}'\mathfrak{z}\mathfrak{y}''] + 2v \cdot [\mathfrak{y}'\mathfrak{z}\mathfrak{z}''] + v^2 \cdot [\mathfrak{z}'\mathfrak{z}\mathfrak{z}''] = 0.$$

Wegen (δ) hat sie tatsächlich die Doppelwurzel

$$(\zeta) \qquad v_0 = -\frac{B}{2C} = -\frac{2A}{B} = \frac{[\mathfrak{y}'\mathfrak{y}''\mathfrak{z}]}{[\mathfrak{z}\mathfrak{y}''\mathfrak{z}']},$$

welche, in (5. 1) eingetragen, nach (III. 20. 24) und (III. 20. 26) wirklich die Gratlinie der Torse bzw. die Spitze des Kegels liefert.

Somit folgt insgesamt der

Satz 2: *Kegel, Zylinder und Torsen besitzen nur parabolische Punkte. Die Schar ihrer geradlinigen Erzeugenden bildet das einzige System von Schmieglinien dieser parabolischen Flächen. Bei den Torsen tritt zu den Erzeugenden (als regulären Schmieglinien) noch die Gratlinie (als singuläre Schmieglinie) hinzu.*

Beispiel 2: Bei der **Drehfläche**

$$(5.9) \qquad \mathfrak{x} = \mathfrak{x}(r, \varphi) = r\cos\varphi\, \mathfrak{e}_1 + r\sin\varphi\, \mathfrak{e}_2 + f(r)\mathfrak{e}_3 \qquad (r > 0)$$

mit der (reellen, nicht isotropen) z-Achse als Drehachse und dem Hauptmeridian $m\{x = r,\ y = 0,\ z = f(r)\}$ haben wegen

$$(5.10) \qquad \begin{gathered} \mathfrak{x}_r = (\cos\varphi, \sin\varphi, f'(r)), \quad \mathfrak{x}_\varphi = (-r\sin\varphi, r\cos\varphi, 0), \\ \mathfrak{x}_{rr} = (0, 0, f''(r)), \quad \mathfrak{x}_{r\varphi} = (-\sin\varphi, \cos\varphi, 0), \\ \mathfrak{x}_{\varphi\varphi} = (-r\cos\varphi, -r\sin\varphi, 0) \end{gathered}$$

und

$$W^2 = r^2(1 + f'^2(r))$$

die Fundamentalgrößen 2. Art die von φ unabhängigen Werte

$$(5.11) \qquad \begin{gathered} L = \frac{[\mathfrak{x}_r\mathfrak{x}_\varphi\mathfrak{x}_{rr}]}{W} = \frac{rf''(r)}{W}, \quad M = \frac{[\mathfrak{x}_r\mathfrak{x}_\varphi\mathfrak{x}_{r\varphi}]}{W} = 0, \\ N = \frac{[\mathfrak{x}_r\mathfrak{x}_\varphi\mathfrak{x}_{\varphi\varphi}]}{W} = \frac{r^2 f'(r)}{W}. \end{gathered}$$

Die Punkte $r = 0$ (Schnittpunkte der Drehfläche mit der Drehachse) sind (wegen $W = 0$) singuläre Punkte des Gaußschen Parametersystems (r, φ). Wir setzen daher $r > 0$ voraus.

Die Normalkrümmung der Drehfläche im Punkte (r, φ) in der Tangentenrichtung $(dr : d\varphi)$ ist mit Rücksicht auf (4. 1) und (III. 12. 6)

$$\frac{1}{R} = \frac{1}{\sqrt{1+f'^2(r)}} \cdot \frac{f''(r)\,dr^2 + rf'(r)\,d\varphi^2}{(1+f'^2(r))\,dr^2 + r^2 d\varphi^2}\,. \tag{5.12}$$

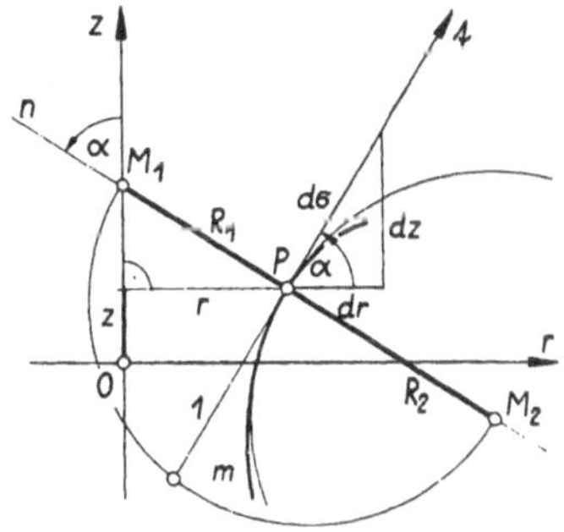

Bild 4. Drehfläche (Drehachse z, Meridian m) mit den Krümmungsmitten M_1 und M_2 der Normalschnitte durch die Parallelkreis- und Meridiantangente des Punktes P. (M_1 liegt auf der Drehachse z, und M_2 ist die Schmiegkreismitte der Meridiankurve m in P.) Im Bilde ist P ein hyperbolischer Flächenpunkt mit $K = 1/R_1 R_2 = -1$.

Bemerkung 3: Flachpunkte der Drehfläche (9), d. h. Flächenpunkte, welche in allen Richtungen $(dr : d\varphi)$ verschwindende Normalkrümmung $1/R = 0$ aufweisen, ergeben sich nach (12) in zwei Fällen: 1. für $f'(r) = f''(r) = 0$, d. h. in Meridianpunkten mit achsennormalen Wendetangenten oder Flachtangenten, und 2. für $r = 0$, $f''(0) = 0$, d. h. in jenen Punkten der Drehachse, in denen der Meridian einen Wende- oder Flachpunkt hat.

Für die Parallelkreistangente $(dr_1 : d\varphi_1) = (0 : 1)$ und die Meridiantangente $(dr_2 : d\varphi_2) = (1 : 0)$ ergeben sich aus (12) die Normalkrümmungen

$$\frac{1}{R_1} = \frac{f'(r)}{r\sqrt{1+f'^2(r)}}, \quad \frac{1}{R_2} = \frac{f''(r)}{\sqrt{(1+f'^2(r))^3}}\,. \tag{5.13}$$

Wenn wir Flachpunkte ausschließen, sind $1/R_1$ und $1/R_2$ nicht beide Null, also R_1 und R_2 nicht beide unendlich groß. $R_1 = PM_1$ reicht dabei nach dem Satz von Meusnier vom Meridianpunkt

P bis zur Drehachse der Fläche (z-Achse), $R_2 = PM_2$ ist der Krümmungsradius und M_2 der Krümmungsmittelpunkt der Meridiankurve m im Punkte P (Bild 4).

Der Krümmungsmittelpunkt M_1 des durch eine Parallelkreistangente $\mathfrak{t}_1$ gelegten Normalschnittes einer Drehfläche ist also der Schnittpunkt der Flächennormalen n mit der Drehachse.

Die Drehfläche in Bild 4 ist **hyperbolisch gekrümmt**, denn M_1 und M_2 liegen auf der Flächennormalen n auf verschiedenen Seiten von P, d. h. R_1 und R_2 haben verschiedene Vorzeichen. Daher ist das Produkt

$$(5.14) \qquad \frac{1}{R_1 R_2} = \frac{f'(r) f''(r)}{r\,(1 + f'^2(r))^2} < 0 \text{ oder } f'(r) \cdot f''(r) < 0.$$

Man findet aus den Formeln (3. 27) und (14), daß bei Drehflächen die Gaußsche Krümmung $K = 1/R_1 R_2$ ist.

Bemerkung 4: Die Schmieglinien der Drehfläche (9) ergeben sich nach (4. 3) und (12) aus der Differentialgleichung

$$(5.15) \qquad f''(r) dr^2 + r f'(r) d\varphi^2 = 0.$$

Wegen $r > 0$ und $f'(r) \not\equiv 0$ (wodurch die Ebenen $z = f(r) = \text{const}$ ausgeschlossen werden) erhält man daraus durch Integration für die Normalrisse der Schmieglinien auf die Ebene $z = 0$ durch Trennen der Veränderlichen die Polargleichung

$$(5.16) \qquad \varphi - \varphi_0 = \pm \int_{r_0}^{r} \sqrt{-\frac{f''(r)}{r f'(r)}}\, dr.$$

Es gibt also, wenn $f''(r) \not\equiv 0$ ist (d. h. die Drehfläche kein Kegel $z = ar + b$ und keine Ebene $z = b$ ist), auf dem hyperbolisch gekrümmten Teil der Drehfläche ($f'(r) \cdot f''(r) < 0$) zwei reelle, bezüglich der Meridianebenen symmetrische Drehscharen von Schmieglinien.

Die Gleichung (15) ist nach (5. Bem. 3) in Flachpunkten der Drehfläche identisch, d. h. für alle Richtungen $(dr : d\varphi)$ erfüllt. *Die Flachpunkte der Drehfläche sind daher singuläre Punkte des Netzes ihrer Schmieglinien.*

Für parabolische Punkte der Drehfläche (9) ist

$$(5.17) \qquad LN - M^2 = \frac{r f' f''}{1 + f'^2} = 0 \qquad (r > 0).$$

Wenn wir von den Flachpunkten der Drehfläche absehen, die nach (5. Bem. 3) stets parabolische Punkte sind, ist also in (17) entweder $f'(r) = 0$ oder $f''(r) = 0$. Im Falle $f'(r) = 0$ ist die Meridiantangente horizontal und die Fläche besitzt eine längs des ganzen zugehörigen Parallelkreises berührende feste Tangentenebene (plane parabolische Kurve, Beispiel: höchster und tiefster Kreis der Ringfläche). Im Falle $f''(r) = 0$ liegt ein Wendepunkt (Flachpunkt) des Meridians vor und die Tangentenebenen bilden einen Drehkegel (konische parabolische Kurve), wenn $f'(r) \neq 0$ ist, oder fallen wieder in eine horizontale Ebene zusammen (plane parabolische Kurve), wenn $f'(r) = 0$ ist.

Beispiel 3: Ist die stetig gekrümmte Fläche nach Leonhard Euler explizit durch ihre cartesische Gleichung

$$z = z(x, y) \tag{5.18}$$

gegeben, wobei $z(x, y)$ eine reelle, eindeutige, zweimal stetig ableitbare Funktion von x und y bedeutet, so ist ihr Ortsvektor nach (III. 11. 2)

$$\mathfrak{x}(x, y) = x\mathfrak{e}_1 + y\mathfrak{e}_2 + z(x, y)\mathfrak{e}_3 . \tag{5.19}$$

Seine Ableitungen an der Stelle (x, y) lauten mit den Eulerschen Bezeichnungen

$$p = z_x(x,y), q = z_y(x,y); r = z_{xx}(x,y), s = z_{xy}(x,y), t = z_{yy}(x,y) \tag{5.20}$$

wie folgt:

$$\begin{aligned} \mathfrak{x}_x &= (1, 0, p), \quad \mathfrak{x}_y = (0, 1, q), \\ \mathfrak{x}_{xx} &= (0, 0, r), \quad \mathfrak{x}_{xy} = (0, 0, s), \quad \mathfrak{x}_{yy} = (0, 0, t). \end{aligned} \tag{5.21}$$

Daher ist mit $W^2 = 1 + p^2 + q^2$

$$L = \frac{r}{W}, \quad M = \frac{s}{W}, \quad N = \frac{t}{W} . \tag{5.22}$$

Für die Normalkrümmung $1/R$ der Fläche (18) im Punkte $P(x, y)$ in der Tangentenrichtung $(dx : dy)$ ergibt sich nach (4.1) und (III. 11. 7) die Formel von Euler:

(5. 23)

$$\frac{1}{R} = \frac{II}{I} = \frac{1}{\sqrt{1+p^2+q^2}} \cdot \frac{r\,dx^2 + 2s\,dx\,dy + t\,dy^2}{(1+p^2)dx^2 + 2pq\,dx\,dy + (1+q^2)dy^2} .$$

Die Ableitungen sind dabei an der Stelle (x, y) zu nehmen.

Der Punkt $P(x, y)$ der Fläche (18) ist für

$rt - s^2 > 0$	$rt - s^2 = 0$	$rt - s^2 < 0$
elliptisch	parabolisch	hyperbolisch.

Die in (3. 27) erklärte Gaußsche Krümmung K und mittlere Krümmung H der Fläche (18) im Punkt $P(x, y)$ lauten

$$(5.24)\begin{cases} K = \dfrac{LN - M^2}{EG - F^2} = \dfrac{rt - s^2}{(1 + p^2 + q^2)^2}, \\ 2H = \dfrac{EN - 2FM + GL}{EG - F^2} = \dfrac{(1+p^2)t - 2pqs + (1+q^2)r}{(1 + p^2 + q^2)^{3/2}}. \end{cases}$$

Bemerkung 5: Da für die Ebene $z = \alpha x + \beta y + \gamma$ in jedem Punkte $r = s = t = 0$ ist, so ist nach (23) überall und in allen Richtungen $(dx : dy)$ ihre Normalkrümmung $1/R = 0$. Jede Richtung der Ebene ist daher Schmiegrichtung und alle Kurven der Ebene sind für sie Schmieglinien. Weil überall $rt - s^2 = 0$ ist, sind alle Punkte $P(x, y)$ der Ebene parabolisch.

Bemerkung 6: Flächenpunkte $P(u, v)$, deren Fundamentalgrößen 1. und 2. Art proportional sind, d h für welche

$$(5.25)\quad L(u, v) : M(u, v) : N(u, v) = E(u, v) : F(u, v) : G(u, v)$$

gilt, haben nach (4. 1) in allen Richtungen $(du : dv)$ dieselbe Normalkrümmung

$$(5.26)\quad \frac{1}{R} = \frac{L(u, v)}{E(u, v)} = \frac{M(u, v)}{F(u, v)} = \frac{N(u, v)}{G(u, v)}.$$

Alle Normalschnitte von $P(u, v)$ haben dann denselben Krümmungsradius $R = R(u, v)$. Man nennt solche besondere Punkte **Nabelpunkte** der Fläche. Auf reellen Flächen sind Nabelpunkte mit $1/R \neq 0$ stets elliptische Punkte; nach (26) ist nämlich

$$(5.27)\quad (LN - M^2) = (EG - F^2)/R^2 = W^2/R^2 > 0.$$

Flachpunkte, für die $L = M = N = 0$ ist und die in allen Richtungen $(du : dv)$ verschwindende Normalkrümmung $1/R = 0$ aufweisen, sind ein Grenzfall der Nabelpunkte (parabolische Nabelpunkte).

Alle Punkte der Kugel sind Nabelpunkte, weil für alle Normalschnitte (Großkreise) $1/R = \text{const} \neq 0$ ist. In einem trivialen Sinne, nämlich mit $1/R = 0$, sind auch alle Punkte der Ebene Nabelpunkte (nämlich Flachpunkte).

Beispiel 4: Für die Nabelpunkte der Drehfläche (9) folgt aus (12) und (25) die notwendige und hinreichende Bedingung

$$(5.28)\qquad \frac{f''(r)}{1+f'^2(r)} = \frac{rf'(r)}{r^2} \quad \text{oder } rf''(r) = (1+f'^2)f'(r),$$

die gewiß erfüllt ist, wenn gleichzeitig $r = 0$ und $f'(r) = 0$ ist. Solche Punkte heißen Scheitel der Drehfläche (Schnittpunkte mit der lotrechten Drehachse $r = 0$, deren Meridiantangenten horizontal sind).

Scheitel sind auch trivialerweise alle Punkte der Ebene $z = f(r) = \text{const}$, für die $f'(r) = f''(r) \equiv 0$ ist, und alle Punkte der Kugel $z = f(r) = z_0 + \sqrt{a^2 - r^2}$, für die (28) für alle r erfüllt ist. Schließen wir diese Fälle aus, so ergeben sich Nabelpunkte der Drehfläche nach (28) und (13) nur, wenn $1/R_1 = 1/R_2$ ist, d. h. wenn der Krümmungsmittelpunkt M_2 des Meridians m der Drehfläche auf der Drehachse liegt und folglich mit dem Krümmungsmittelpunkt M_1 des Normalschnittes ν durch die Parallelkreistangente identisch ist. Der ganze Parallelkreis k eines solchen Meridianpunktes P besteht dann aus Nabelpunkten. Es gibt dann eine Kugel (Mitte $M_1 = M_2$, Radius $R_1 = R_2$), welche die Drehfläche in allen Punkten P des Parallelkreises k oskuliert.

6. Formel von Euler. Nach (III. 2) kann man die reelle, stetig gekrümmte Fläche $\mathfrak{x} = \mathfrak{x}(u, v)$ in der nächsten Umgebung der auf ihre Krümmungseigenschaften zu untersuchenden Stelle $P(u, v)$ in der expliziten cartesischen Gestalt

$$(6.1)\qquad z = z(x, y)$$

darstellen, wobei $z(x, y)$ eine reelle Funktion von x und y ist, die in einer gewissen Umgebung $\mathfrak{B}(x, y)$ des Punktes P eindeutig und zweimal stetig ableitbar ist. Man kann dabei sogar annehmen, daß der Flächenpunkt P der Nullpunkt $\{x = 0, y = 0, z = z(0, 0) = 0\}$ des Koordinatensystems ist und daß seine Tangentenebene π mit der Ebene $z = 0$ zusammenfällt, also auch $p(0, 0) = 0$, $q(0, 0) = 0$ ist. Die z-Achse ist dann die Flächennormale von (1) im Punkte $P(0, 0)$.

Ist die Fläche (1) in der Umgebung des Punktes $P(0, 0)$ zweimal stetig ableitbar, so beginnt ihre Taylorentwicklung mit den Gliedern 2. Ordnung

(6. 2) $2z = r(0, 0)x^2 + 2s(0, 0)xy + t(0, 0)y^2 + \cdots.$

Der Flächenpunkt $P(0, 0)$ soll kein Flachpunkt sein, d. h. der Fall $r(0, 0) = s(0, 0) = t(0, 0) = 0$ wird ausgeschlossen. Die Normalkrümmung der Fläche (1) im Punkte $P(0, 0)$ in der Richtung $(dx : dy)$ ist dann nach (5. 23)

$$(6.3) \qquad \frac{1}{R} = \frac{r(0, 0)dx^2 + 2s(0, 0)dx\,dy + t(0, 0)dy^2}{dx^2 + dy^2}.$$

Weil diese Formel nur die Größen $r(0, 0)$, $s(0, 0)$, $t(0, 0)$ enthält, haben die Fläche (2) und das Paraboloid

$$(6.4) \qquad 2z = r(0, 0)x^2 + 2s(0, 0)xy + t(0, 0)y^2$$

im Punkte $P(0, 0)$ dieselben Krümmungseigenschaften. Jeder Normalschnitt ν durch den Punkt $P(0, 0)$ (und nach Meusnier auch jeder Schiefschnitt σ) besitzt für beide Flächen (2) und (4) dieselbe Krümmung $\varkappa_\nu$ (bzw. $\varkappa_\sigma$) und denselben Krümmungsradius $r_\nu = 1/\varkappa_\nu$ (bzw. $r_\sigma = 1/\varkappa_\sigma$). Weil der Nullpunkt $P(0, 0)$ ein **Scheitel** des Paraboloids (4) ist, heißt die Fläche (4) das die Fläche (2) im Punkt $P(0, 0)$ **oskulierende Scheitelparaboloid.** Die z-Achse ist die Hauptachse und die Ebene $z = 0$ Scheiteltangentenebene π dieses für die Untersuchung der Krümmungseigenschaften der Fläche (2) bedeutsamen Paraboloids, das zuerst Meusnier (1776) eingeführt hat.

Wir setzen zur Abkürzung $r_0 = r(0, 0)$, $s_0 = s(0, 0)$, $t_0 = t(0, 0)$. Das im Flächenpunkte $P_0 = P(0, 0)$ oskulierende Scheitelparaboloid (4) ist dann für

$r_0 t_0 - s_0^2$
- > 0 ein **elliptisches Paraboloid** und P ein elliptischer Punkt,
- $= 0$ ein **parabolischer Zylinder** und P ein parabolischer Punkt,
- < 0 ein **hyperbolisches Paraboloid** und P ein hyperbolischer Punkt.

Bemerkung 1: Der Punkt P_0 ist nach (5. 25) ein Nabelpunkt der Fläche, wenn $r_0 = t_0 \neq 0$ und $s_0 = 0$ ist. Das oskulierende Scheitelparaboloid (4) ist dann ein Drehparaboloid vom Parameter $p = 1/r_0 = 1/t_0$. Alle Normalschnitte in P_0 haben denselben Krümmungsradius $R = p$.

Wir drehen noch das Koordinatensystem (x, y, z) um die z-Achse um einen Winkel α solange, bis das gemischte Glied s_0^* in der dabei neu entstehenden Darstellung der Fläche (2) und des oskulierenden Scheitelparaboloids (4) verschwindet. Der Winkel α ist dann modulo $\pi/2$ durch die bekannte Formel

$$\text{(6. 5)} \qquad \operatorname{tg} 2\alpha = \frac{2s_0}{r_0 - t_0}$$

bestimmt, die nur im Falle eines Nabelpunktes ($s_0 = 0$, $r_0 - t_0 = 0$) versagt, in dem die Drehung aber (wegen $s_0 = 0$) unnötig ist.

Die Gleichung (2) der Fläche erhält dann in den neuen Koordinaten, die wir wieder (x, y, z) nennen, die einfache Gestalt

$$\text{(6. 6)} \qquad 2z = r_0^* x^2 + t_0^* y^2 + \cdots .$$

Das oskulierende Scheitelparaboloid

$$\text{(6. 7)} \qquad 2z = r_0^* x^2 + t_0^* y^2$$

hat jetzt die Ebenen $y = 0$ und $x = 0$ zu Symmetrieebenen. Die **Normalkrümmung** der Fläche im Punkte P_0 in der Richtung $(dx : dy)$ lautet nach (3)

$$\text{(6. 8)} \qquad \frac{1}{R} = \frac{r_0^* dx^2 + t_0^* dy^2}{dx^2 + dy^2} .$$

Man nennt die diesen Gleichungen zugrunde liegenden ausgezeichneten, zueinander rechtwinkligen Richtungen der neuen x- und y-Achse, welche für jeden regulären Flächenpunkt $P = P_0$ (der kein Nabelpunkt ist) eindeutig bestimmt sind, die beiden **Hauptkrümmungsrichtungen** der Fläche im Punkt P. Die zu diesen ausgezeichneten Richtungen $(dx : dy) = (1 : 0)$ bzw. $(0 : 1)$ gehörigen Normalkrümmungen

$$\frac{1}{R_1} = r_0^* \text{ und } \frac{1}{R_2} = t_0^* \tag{6.9}$$

heißen die beiden **Hauptnormalkrümmungen** der Fläche in P. Mit ihrer Hilfe kann man schließlich die Fläche (2) in der Form

$$2z = \frac{x^2}{R_1} + \frac{y^2}{R_2} + \cdots \tag{6.10}$$

und ihr oskulierendes Scheitelparaboloid (4) in der Gestalt

$$2z = \frac{x^2}{R_1} + \frac{y^2}{R_2} \tag{6.11}$$

schreiben. R_1 und R_2 sind die Krümmungsradien der beiden **Hauptnormalschnitte** ν_1 und ν_2 der Fläche (10) im Punkte P (und der beiden Hauptparabeln des oskulierenden Scheitelparaboloids (11)). Man bezeichnet R_1 und R_2 als die beiden **Hautkrümmungsradien** der Fläche in dem regulären Flächenpunkte $P = P_0$.

Schließt dann noch die beliebige Flächenrichtung $(dx : dy)$ mit der *x-Richtung* (ersten Hauptkrümmungsrichtung) den Winkel φ ein, und ist $ds^2 = dx^2 + dy^2$ das Bogenelementquadrat dieser Richtung, so wird

$$\frac{dx^2}{ds^2} = \frac{dx^2}{dx^2 + dy^2} = \cos^2 \varphi, \quad \frac{dy^2}{ds^2} = \frac{dy^2}{dx^2 + dy^2} = \sin^2 \varphi. \tag{6.12}$$

Die Formel (8) erhält damit nach (9) die Gestalt der grundlegenden **Formel von Euler** (1760)

$$\boxed{\frac{1}{R} = \frac{\cos^2 \varphi}{R_1} + \frac{\sin^2 \varphi}{R_2}}, \tag{6.13}$$

welche die einfache Beziehung angibt, die im Punkte P zwischen den beiden (zu $\varphi = 0$, und $\varphi = \pi/2$ gehörenden) Hauptnormalkrümmungen $1/R_1$ und $1/R_2$ und der Normalkrümmung $1/R$ einer beliebigen Flächenrichtung besteht, die gegen die erste Hauptkrümmungsrichtung unter dem Winkel φ geneigt ist.

Bemerkung 2: In einem Nabelpunkte ist $r_0^* = t_0^* \neq 0$, nach (9) somit $1/R_1 = 1/R_2$, folglich nach der Eulerschen Gleichung (13)

$$\frac{1}{R} = \frac{1}{R_1} = \frac{1}{R_2}, \tag{6.14}$$

wie schon in Bem. 1 erwähnt wurde. Das oskulierende Scheitelparaboloid (11) ist dann ein Drehparaboloid.

Bemerkung 3: Für die Gaußsche Krümmung $K = K(0,0)$ und die mittlere Krümmung $H = H(0,0)$ der Fläche (10) und ihres oskulierenden Scheitelparaboloids (11) im Punkte (Scheitel) $P(0,0)$ erhält man aus (5. 24) wegen

$$p(0,0) = 0, \quad q(0,0) = 0; \quad r(0,0) = 1/R_1, \quad s(0,0) = 0, \quad t(0,0) = 1/R_2$$

die Werte

$$K = \frac{1}{R_1 R_2}, \quad H = \frac{1}{2}\left(\frac{1}{R_1} + \frac{1}{R_2}\right). \tag{6.15}$$

Die Gaußsche Krümmung der Fläche im Punkte P entscheidet durch ihr Vorzeichen über die Art des oskulierenden Scheitelparaboloids (11) und damit auch über die Art des Flächenpunktes P. Für 1) $K > 0$, 2) $K = 0$, 3) $K < 0$ ist das oskulierende Scheitelparaboloid 1) ein elliptisches Paraboloid, 2) ein parabolischer Zylinder, 3) ein hyperbolisches Paraboloid, und der Flächenpunkt ist demgemäß 1) elliptisch, 2) parabolisch, 3) hyperbolisch.

Zusammenfassend folgt der

Satz 1: *Kennt man die beiden (zueinander orthogonalen) Hauptkrümmungsrichtungen* $\mathfrak{t}_1$ *und* $\mathfrak{t}_2$ *eines regulären Flächenpunktes* P *und die Werte ihrer Hauptkrümmungen* $1/R_1$ *und* $1/R_2$, *so kennt man durch die Eulersche Formel* (13) *die Krümmungen* $1/R = 1/r_\nu$ *aller Normalschnitte* ν *der Fläche in* P. *Der Satz von Meusnier liefert sodann die Krümmungen* $1/r_\sigma$ *aller Schiefschnitte* σ *und damit überhaupt die Krümmung* $1/r = 1/r_\sigma$ *aller den Punkt* P *passierenden stetig gekrümmten Flächenkurven mit der Schmiegebene* σ.

7. Indikatrix von Dupin. Wir geben nun eine einfache geometrische Deutung der Eulerschen Formel. Der Flächenpunkt P soll dabei nach wie vor kein Flachpunkt sein, d. h. der Fall $1/R_1 = 1/R_2 = 0$ soll ausgeschlossen werden.

Nach (4. Bem. 1) kann man durch geeignete Orientierung der Flächennormalen $\mathfrak{n}$ erreichen, daß zu einer beliebig gewählten Tangente (die keine Schmiegrichtung ist: $1/R \neq 0$) positive Normalkrümmung $1/R > 0$ gehört. Da $1/R_1$ und $1/R_2$ nicht gleichzeitig verschwinden sollen, können wir folglich $1/R_1 > 0$ wählen. Da die Fläche (6. 10) nach (6.15) im Nullpunkt P die Gaußsche Krümmung $K = 1/R_1 R_2$ hat, gilt 1) für einen elliptischen Flächenpunkt P überdies noch $1/R_2 > 0$ und $1/R > 0$, 2) für einen hyperbolischen Flächenpunkt $1/R_2 < 0$ und $1/R \gtreqless 0$, schließlich 3) für einen parabolischen Flächenpunkt $1/R_2 = 0$ und $1/R \geqq 0$.

Im **Falle 1)** eines **elliptischen Flächenpunktes** P kann man daher die Eulersche Gleichung (6. 13) stets in der Form schreiben:

$$\frac{R\cos^2\varphi}{R_1} + \frac{R\sin^2\varphi}{R_2} = 1. \tag{7. 1}$$

Trägt man dann (Bild 5) mit Charles Dupin (1813) auf allen Tangenten in P (nach beiden Seiten) die (mit φ veränderliche) Strecke $\sqrt{R}$ auf, so entstehen in der Tangentenebene π von P Punkte $T_1(\xi, \eta)$ und $T_2(-\xi, -\eta)$ mit den cartesischen Koordinaten

$$\xi = \sqrt{R}\cos\varphi, \quad \eta = \sqrt{R}\sin\varphi, \tag{7. 2}$$

welche (wegen $R_1 > 0$, $R_2 > 0$, $R > 0$) der **Ellipse**

$$\frac{\xi^2}{R_1} + \frac{\eta^2}{R_2} = 1 \tag{7. 3}$$

angehören. Diese Ellipse mit der Mitte P, deren Halbachsen $\sqrt{R_1}$ und $\sqrt{R_2}$ in den beiden Hauptkrümmungsrichtungen

t_1 und t_2 von P liegen, wird als die **Dupinsche Indikatrix** des elliptischen Flächenpunktes P bezeichnet; sie zeigt in sehr anschaulicher Weise die Krümmungsverhältnisse der Fläche im Punkte P an. Man erkennt z. B., daß, wenn $R_1 > R_2$ ist, der (durch die x-Achse gelegte) erste Hauptnormalschnitt ν_1 den größten Krümmungsradius R_1 (die kleinste Krümmung $1/R_1$) und der (durch die y-Achse laufende) zweite Hauptnormalschnitt ν_2 den kleinsten Krümmungsradius R_2 (die größte Krümmung $1/R_2$) besitzt.

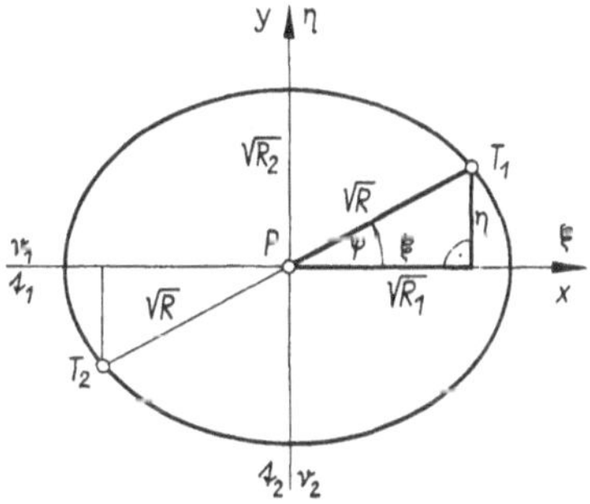

Bild 5. Dupinsche Indikatrix eines elliptischen Flächenpunktes P.

Bemerkung 1: Die Dupinsche Indikatrix eines Nabelpunktes ($1/R_1 = 1/R_2 = 1/R > 0$) ist ein Kreis $\xi^2 + \eta^2 = R$ mit dem Radius $a = \sqrt{R}$. Deshalb werden Nabelpunkte bisweilen auch als Kreispunkte der Fläche bezeichnet.

Im **Falle 2)** eines **hyperbolischen Flächenpunktes** P ($1/R_1 > 0$, $1/R_2 < 0$, $1/R \gtreqless 0$) setzen wir allgemein

$$\xi = \sqrt{|R|}\cos\varphi, \quad \eta = \sqrt{|R|}\sin\varphi \tag{7.4}$$

und erhalten aus der Eulerschen Gleichung (1) auf den Tangenten von P Punkte $T_1(\xi, \eta)$ und $T_2(-\xi, -\eta)$, welche (Bild 6) den beiden **konjugierten Hyperbeln**

$$\frac{\xi^2}{R_1} - \frac{\eta^2}{|R_2|} = \pm 1 \tag{7.5}$$

mit der Mitte P angehören; sie bilden die **Dupinsche Indikatrix** des hyperbolischen Flächenpunktes P. Rechts gilt dabei nach (1) das Zeichen $+1$, wenn $1/R > 0$, und -1, wenn $1/R < 0$ ist.

Für die beiden reellen Schmiegrichtungen $(1/R = 0)$ der Fläche (6. 10) in P folgt dann

$$\eta/\xi = \pm \sqrt{|R_2|/R_1}; \tag{7. 6}$$

diese Richtungen a_1, a_2 sind mit den gemeinsamen Asymptotenrichtungen der beiden konjugierten Hyperbeln der

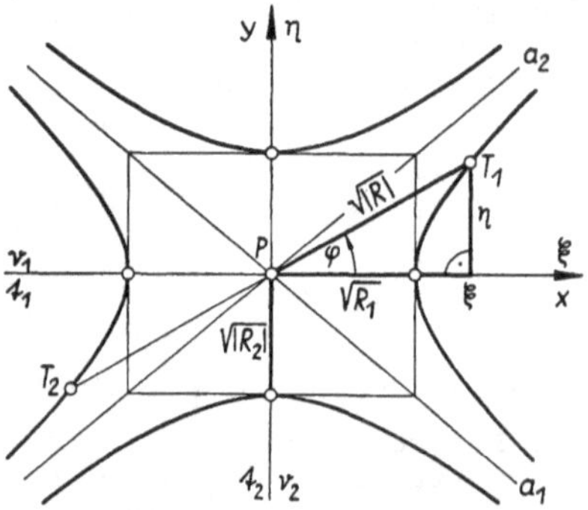

Bild 6. Dupinsche Indikatrix eines hyperbolischen Flächenpunktes P.

Dupinschen Indikatrix (5) identisch. (Damit erklärt sich nun auch die Dupinsche Bezeichnung „Asymptotenrichtungen" für die Schmiegrichtungen.)

Die in dem hyperbolischen Punkt P sattelförmige Fläche ist in dem einen der beiden, von den Asymptotenrichtungen a_1, a_2 begrenzten Winkelraum nach oben gekrümmt $(1/R > 0)$, in dem anderen Winkelraum nach unten $(1/R < 0)$, wobei die jeweils stärkste Krümmung für die beiden, in die Hyperbelachsen fallenden, Hauptkrümmungsrichtungen $\mathfrak{t}_1$ und $\mathfrak{t}_2$ auftritt.

Bemerkung 2: Man erkennt aus der Indikatrix (Bild 6), daß die beiden (zueinander normalen) Hauptkrümmungsrichtungen

$\mathfrak{t}_1, \mathfrak{t}_2$ den Winkel der beiden Asymptotenrichtungen (Schmiegrichtungen) $\mathfrak{a}_1, \mathfrak{a}_2$ halbieren, d. h. daß die beiden Schmiegtangenten bezüglich der beiden Hauptkrümmungsrichtungen symmetrisch liegen.

Bemerkung 3: Die beiden Schmiegrichtungen $\mathfrak{a}_1, \mathfrak{a}_2$ sind dann und nur dann rechtwinkelig, wenn $R_1 + R_2 = 0$ oder

$$2H = \frac{1}{R_1} + \frac{1}{R_2} = 0 \tag{7.7}$$

ist, d. h. dann und nur dann, wenn die **mittlere Krümmung** H der Fläche im Punkte P verschwindet. Die Dupinsche Indikatrix besteht dann aus einem konjugierten Paar gleichseitiger Hyperbeln.

Flächen mit $H \equiv 0$ heißen **Minimalflächen.** Eine (krumme) Fläche ist also dann und nur dann eine Minimalfläche, wenn ihre Schmieglinien (Asymptotenlinien) ein Orthogonalsystem bilden.

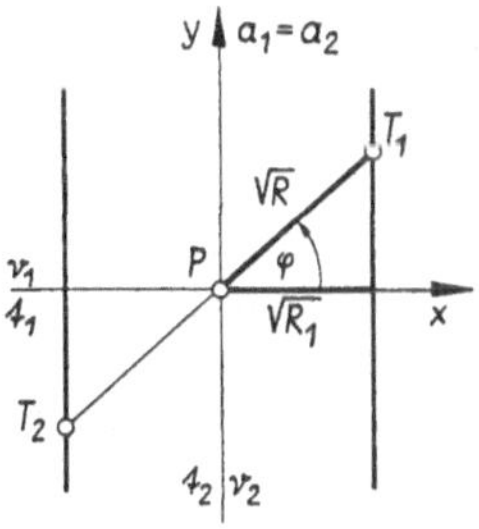

Bild 7. Dupinsche Indikatrix eines parabolischen Flächenpunktes P.

Im **Falle 3)** eines **parabolischen Flächenpunktes** P ($1/R_1 > 0$, $1/R_2 = 0$, $1/R \geqq 0$) bilden die Punktepaare $T_1(\xi, \eta)$ und $T_2(-\xi, -\eta)$ der **Dupinschen Indikatrix** (Bild 7) nach (1) und (2) das **Paar reeller** (nicht zusammenfallender) **paralleler Geraden**

$$\frac{\xi^2}{R_1} = 1 \quad \text{oder} \quad \xi = \pm\sqrt{R_1}. \tag{7.8}$$

Es gibt nur eine Asymptotenrichtung (Schmiegtangente) $\mathfrak{a}_1 = \mathfrak{a}_2$, die mit jener Hauptkrümmungsrichtung $\mathfrak{t}_2$ zusammenfällt, für die $1/R_2 = 0$ ist. Zu der zweiten (dazu normalen) Hauptkrümmungsrichtung $\mathfrak{t}_1$ gehört der Normalschnitt ν_1 stärkster Krümmung $1/R_1$ der Fläche.

Zusammenfassend folgt:

Satz 1: *Die Kenntnis der beiden zueinander rechtwinkeligen Hauptkrümmungsrichtungen* $\mathfrak{t}_1$, $\mathfrak{t}_2$ *und der zugehörigen Hauptkrümmungen* $1/R_1$, $1/R_2$ *(samt Vorzeichen!) gestattet, die Dupinsche Indikatrix des Flächenpunktes P zu zeichnen, die für einen elliptischen Flächenpunkt P eine Ellipse, für einen hyperbolischen Punkt P ein konjugiertes Hyperbelpaar und für einen parabolischen Punkt P ein Parallelenpaar mit* $\mathfrak{t}_1$ *und* $\mathfrak{t}_2$ *als Hauptachsenrichtungen ist, und deren Halbachsen die Längen* $\sqrt{|R_1|}$ *und* $\sqrt{|R_2|}$ *haben. Ist dann R der Krümmungsradius eines beliebigen Normalschnittes* ν *der Fläche in P, so hat der auf der Tangente von* ν *liegende Halbmesser der Dupinschen Indikatrix die Länge* $\sqrt{|R|}$.

Die Asymptoten a_1, a_2 *der hyperbolischen Indikatrix (bzw. die Halbierende des Parallelenpaares der parabolischen Indikatrix) sind dabei die Schmiegtangenten (Asymptotenrichtungen) des hyperbolischen (bzw. parabolischen) Flächenpunktes; ihr Winkel wird von den beiden Hauptkrümmungsrichtungen* $\mathfrak{t}_1$, $\mathfrak{t}_2$ *der Fläche im Punkte P halbiert.*

Kennt man also in einem Punkte P die beiden rechtwinkeligen Hauptkrümmungsrichtungen $\mathfrak{t}_1$ und $\mathfrak{t}_2$ und die zugehörigen Hauptkrümmungen $1/R_1$, $1/R_2$ der Fläche, so beherrscht man mittels der Sätze von Euler und Meusnier das gesamte Krümmungsverhalten der Fläche im Punkte P. Tatsächlich kennt man dann ja auch das die Krümmungsverhältnisse der Fläche genau wiedergebende oskulierende Scheitelparaboloid.

Bemerkung 4: Schneidet man mit Charles Dupin (1813), der ein Schüler von Gaspard Monge war, das oskulierende Scheitelparaboloid (6. 11), wenn der Punkt P ein elliptischer oder parabolischer Punkt ist, mit der zur Tangentenebene π parallelen Ebene $z = 1/2$, bzw., wenn P hyperbolisch ist, mit den beiden zur Tangentenebene π symmetrischen Ebenen $z = \pm 1/2$, und projiziert man die entstehenden Schichtenlinien des Scheitelparaboloids (6. 11) senkrecht in die Tangentenebene π, so erhält man genau die Dupinsche Indikatrix von P, nämlich 1. wenn P elliptisch ist, die Ellipse (3), 2. wenn P parabolisch ist, das Parallelenpaar (8), und 3. wenn P hyperbolisch ist, das konjugierte Hyperbelpaar (5).

Bemerkung 5: Zur geometrischen Konstruktion der Größen $\sqrt{|R_1|}$, $\sqrt{|R_2|}$, $\sqrt{|R|}$ benötigt man nach Bild 8 die Einheitsstrecke $e = 1$, die man beliebig wählen kann. Zu verschiedenen Einheitsstrecken e und e' erhält man dann Indikatrizen, deren lineare Dimensionen sich wie $\sqrt{e}$ und $\sqrt{e'}$ verhalten, die also zueinander zentrisch ähnlich (homothetisch) sind.

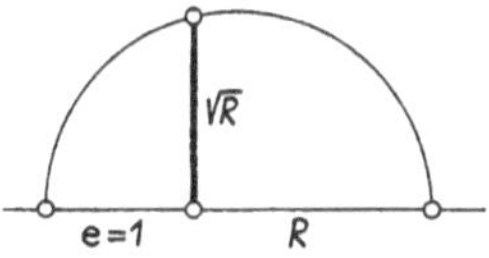

Bild 8. Konstruktion von $\sqrt{R}$ aus $R > 0$ und der Einheitsstrecke $e = 1$.

Nach (Bem. 4) gehören zu solchen homothetischen Indikatrizen zur Tangentenebene π parallele Schichtenschnitte des oskulierenden Scheitelparaboloids (6. 11), in den Höhen $e/2$ und $e'/2$.

Bemerkung 6: Die Tangentenebene $\pi(z = 0)$ schneidet die Fläche (6. 10) in einer ebenen Kurve mit der Gleichung

$$0 = \frac{x^2}{R_1} + \frac{y^2}{R_2} + \cdots. \tag{7. 9}$$

Dieser Tangentialschnitt der Fläche hat im Berührpunkte $P(0, 0)$ einen Doppelpunkt, dessen Doppelpunktstangentenpaar die Gleichung

$$\frac{x^2}{R_1} + \frac{y^2}{R_2} = 0 \tag{7. 10}$$

hat und daher mit den beiden Schmiegtangenten der Fläche im Punkte P zusammenfällt. Ist der Flächenpunkt P elliptisch ($1/R_1 R_2 > 0$) bzw. hyperbolisch ($1/R_1 R_2 < 0$), so ist er folglich für den Tangentialschnitt (9) ein isolierter Doppelpunkt bzw. ein gewöhnlicher Doppelpunkt, und die beiden konjugiert-komplexen bzw. reell-verschiedenen Schmiegtangenten a_1, a_2 sind seine Doppelpunktstangenten.

Im elliptischen Falle liegt die Fläche (ebenso wie ihr oskulierendes elliptisches Scheitelparaboloid) in der nächsten Umgebung des Punktes P ganz auf der einen Seite der Tangentenebene π, die außer dem Berührpunkt P keinen weiteren Nachbarpunkt von P enthält. Im hyperbolischen Falle durchsetzt die

Fläche (ebenso wie ihr oskulierendes Scheitelparaboloid) die Tangentenebene π in einem Tangentialschnitt, der in P die beiden reellen Schmiegtangenten a_1, a_2 als Doppelpunktstangenten besitzt (bzw. mit ihnen zusammenfällt); die Fläche liegt in der nächsten Umgebung von P auf beiden Seiten der Tangentenebene π.

Bemerkung 7: In einem **parabolischen Punkte** P $(1/R_1 R_2 = 0)$, der kein Flachpunkt ist, wird die Fläche durch ihren oskulierenden parabolischen Zylinder zwar hinsichtlich ihrer Krümmungsverhältnisse vollkommen, hinsichtlich ihrer Lagenverhältnisse zur Tangentenebene $\pi (z = 0)$ und hinsichtlich ihres Tangentialschnittes aber nur unvollkommen ersetzt. Die genauere, erstmals von Paul Stäckel (1916) durchgeführte Analyse der (bis zu den Gliedern dritter Ordnung getriebenen) Potenzreihenentwicklung (6. 10) der Flächengleichung lehrt nämlich, daß dann **vier Grundfälle** möglich sind:

1. Die Fläche liegt (in der nächsten Umgebung des parabolischen Punktes $P(0, 0, 0)$) ganz auf der einen Seite der Tangentenebene π und hat mit ihr nur den Punkt P gemeinsam. (Beispiel: die Fläche $z = y^2 + x^4$.)

2. Die Fläche liegt ganz auf der einen Seite der Tangentenebene π von P und hat mit ihr eine (durch P laufende) Kurve gemeinsam. (Beispiel: $z = (y - x^2)^2$.)

3. Die Fläche durchsetzt die Tangentenebene π von P in einer Kurve, die aus zwei sich in P berührenden Zweigen besteht; P ist dann Selbstberührungspunkt des Tangentialschnittes. (Beispiel: $z = y^2 - x^4$.)

4. Die Fläche durchsetzt die Tangentenebene π von P in einer Kurve, die in P eine Spitze hat (Beispiel: $z = y^2 - x^3$).

Nur in den drei letzten Fällen ist die (einzige) Schmiegtangente des parabolischen Punktes P zugleich Tangente des Tangentialschnittes.

Beispiel 1: Die zur Bildebene normale Ebene ν schneidet den Kreiszylinder ζ (Radius R_1) in Bild 9 in einer Ellipse mit den Halbachsen $a = R_1/\cos \varphi$ und $b = R_1$. Hauptnormalschnitte von ζ im Scheitel P der Ellipse sind der Parallelkreis ν_1 und die Mantellinie m (Normalschnitt ν_2). Die Hauptkrümmungen von ζ in P sind $1/R_1$ und $1/R_2 = 0$. Aus der Formel (6. 13) von

Euler folgt daher für die Normalkrümmung $1/R$ von ν bzw. für den Krümmungsradius R der Schnittellipse in P

$$(7.11)\qquad \frac{1}{R} = \frac{\cos^2\varphi}{R_1} = \frac{R_1}{a^2} = \frac{b}{a^2} \quad \text{bzw.} \quad R = \frac{a^2}{b}.$$

Beispiel 2: Um die Dupinsche Indikatrix des Zylinders ζ im Punkte P zu zeichnen (Bild 9), wählt man am besten den Zylinderradius R_1 als Einheitsstrecke e. Dann besteht die Indikatrix aus dem in der Tangentenebene π von P liegenden Parallelenpaar zur Mantellinie m, das von P den Abstand $\sqrt{e R_1} = \sqrt{R_1^2} = R_1$ hat, d. h. aus den Normalrissen der beiden Konturerzeugenden (u_1, u_2) des Zylinders ζ. Für die Tangente t der Ellipse im Scheitel P kann man dann aus der Strecke

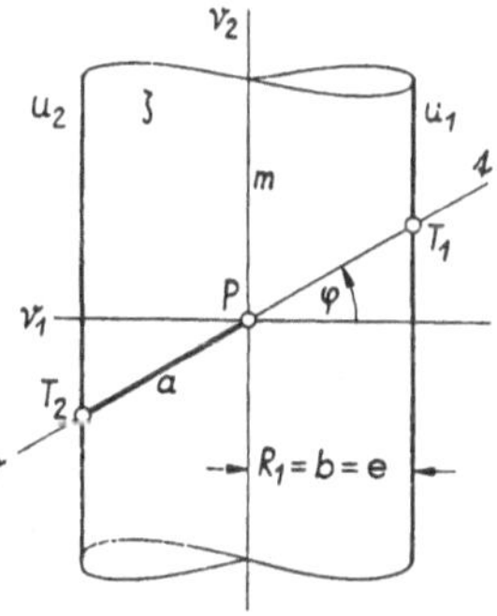

Bild 9. Dupinsche Indikatrix des Drehzylinders ζ im Punkte P.

$$(7.12)\qquad PT_1 = a = \sqrt{eR} = \sqrt{RR_1} = \sqrt{Rb}$$

wieder den Scheitelschmiegkreisradius $R = a^2/b$ der Ellipse in P ablesen.

Beispiel 3: Um die Dupinsche Indikatrix im Kehlpunkt P des Torus (Bild 10) zu zeichnen, bemerken wir, daß aus Symmetriegründen dessen beide Hauptnormalschnitte ν_1 und ν_2 der Kehlkreis (Radius k) und der Meridiankreis (Radius m) der Ringfläche sind. Wenn die Flächennormale n nach der Ringmitte weist, ist $R_1 = k > 0$, $R_2 = -m < 0$, und die Eulersche Gleichung (6.13) lautet

$$(7.13)\qquad \frac{1}{R} = \frac{\cos^2\varphi}{k} - \frac{\sin^2\varphi}{m}.$$

Die Dupinsche Indikatrix des Kehlpunktes P ist daher ein konjugiertes Hyperbelpaar mit den Gleichungen

$$(7.14)\qquad \frac{x^2}{k} - \frac{z^2}{m} = \pm e, \quad y = k,$$

wenn e die gewählte Einheitsstrecke bedeutet.

Es ist zweckmäßig $e = k$ zu wählen. Dann haben die beiden Hyperbelhalbachsen die Längen

$$a = \sqrt{e R_1} = \sqrt{e k} = \sqrt{k^2} = k, \qquad b = \sqrt{e \,|\, R_2 \,|} = \sqrt{e m} = \sqrt{k m},$$

und man erhält als Dupinsche Indikatrix von P die in Bild 10 gezeichneten konjugierten Hyperbeln. Die Asymptoten der Hyperbeln sind die Schmiegtangenten a_1, a_2 der Fläche in P.

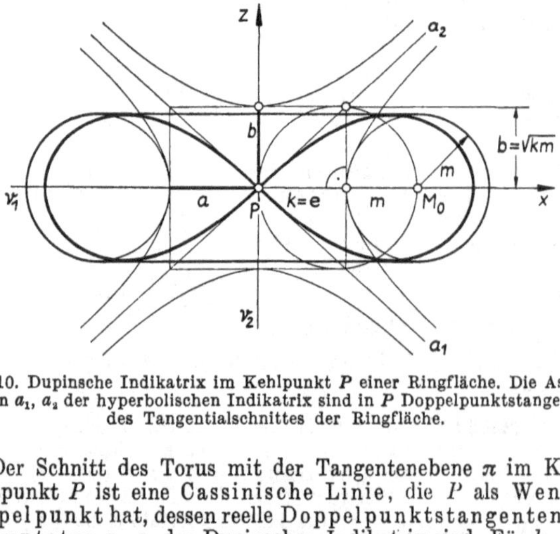

Bild 10. Dupinsche Indikatrix im Kehlpunkt P einer Ringfläche. Die Asymptoten a_1, a_2 der hyperbolischen Indikatrix sind in P Doppelpunktstangenten des Tangentialschnittes der Ringfläche.

Der Schnitt des Torus mit der Tangentenebene π im Kehlkreispunkt P ist eine Cassinische Linie, die P als Wendedoppelpunkt hat, dessen reelle Doppelpunktstangenten die Asymptoten a_1, a_2 der Dupinschen Indikatrix sind. Für $k = m$ sind die Doppelpunktstangenten rechtwinkelig, und die Schnittlinie ist eine Bernoullische Lemniskate (= „Bandlinie").

8. Konjugierte Flächentangenten. Zueinander konjugiert heißen nach Charles Dupin (1813) solche Tangentenpaare (t, t') der Fläche $\mathfrak{x} = \mathfrak{x}(u, v)$ im Punkte $P(u, v)$, welche konjugierte Durchmesser der Dupinschen Indikatrix von P sind. Die Paare konjugierter Flächentangenten (t, t') werden daher von den (zu sich selbst konjugierten) Asymptoten (a_1, a_2) der Dupinschen Indikatrix harmonisch getrennt:

$$DV(a_1 a_2, t\,t') = -1. \tag{8.1}$$

Die Paare konjugierter Flächentangenten (t, t') bilden folglich eine **Involution,** deren Doppelstrahlen die beiden Asymptotenrichtungen, d. h. die beiden reell-verschiedenen, reell-zusammenfallenden oder konjugiert-komplexen Schmiegrichtungen (a_1, a_2) des Flächenpunktes P sind.

Bemerkung 1: In einem Nabelpunkt sind (wegen der kreisförmigen Indikatrix) alle Paare konjugierter Flächentangenten rechtwinkelig. Die Schmiegrichtungen eines Nabelpunktes sind die (zu sich selbst normalen) isotropen Tangenten.

Ist der Flächenpunkt kein Nabelpunkt, so gibt es ein einziges rechtwinkliges Paar konjugierter Tangenten, nämlich die beiden Hauptachsenrichtungen der Dupinschen Indikatrix, d. h. die beiden Hauptkrümmungsrichtungen.

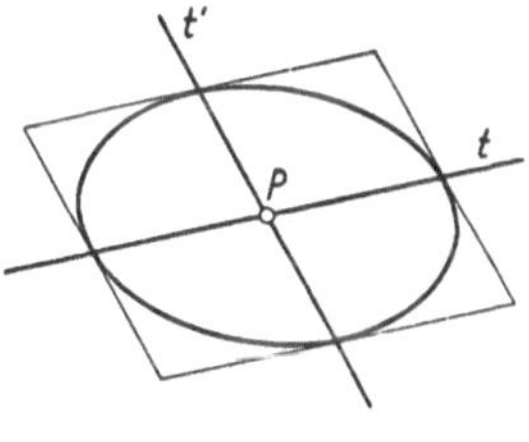

Bild 11a. Dupinsche Indikatrix eines elliptischen Flächenpunktes P mit einem Paar konjugierter Flächentangenten (t, t'). Die beiden Schmiegtangenten fallen in die (zueinander konjugiert-komplexen) Asymptoten der Ellipse.

Die Involution konjugierter Tangenten ist *a*) in einem elliptischen Flächenpunkt elliptisch (gleichläufig) mit zwei konjugiert komplexen Doppelstrahlen a_1, a_2 (Bild 11a), *b*) in einem hyperbolischen Flächenpunkt hyperbolisch (gegenläufig) mit zwei reell verschiedenen Doppelstrahlen a_1, a_2 (Bild 11b) und *c*) in einem parabolischen Flächenpunkt parabolisch (ausgeartet) mit einem reellen

Doppelstrahl $a_1 = a_2$, der zu sich selbst, aber auch zu allen anderen Flächentangenten t konjugiert ist (Bild 11c).

Die zu sich selbst konjugierten Doppelstrahlen der Involution konjugierter Durchmesser (Asymptotenrichtun-

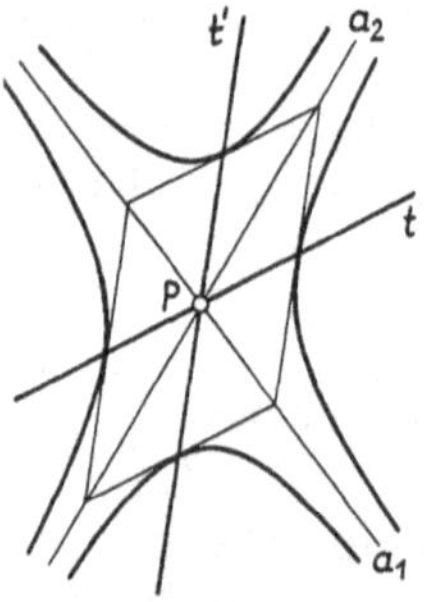

Bild 11b.
Dupinsche Indikatrix eines hyperbolischen Flächenpunktes P mit einem Paare konjugierter Flächentangenten (t, t') und den beiden reellen selbstkonjugierten Schmiegrichtungen a_1, a_2 (Hyperbelasymptoten).

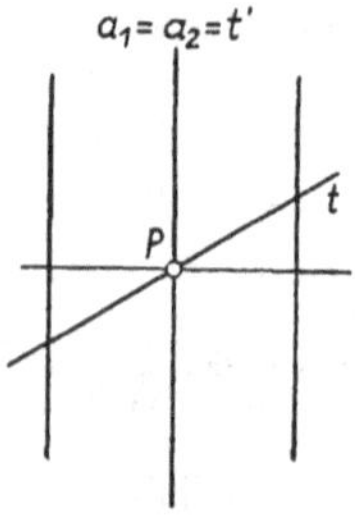

Bild 11c.
Dupinsche Indikatrix eines parabolischen Flächenpunktes P mit einem Paar konjugierter Flächentangenten (t, t'). Die Tangente t' fällt mit der einzigen selbstkonjugierten Schmiegrichtung $a_1 = a_2$ zusammen.

gen $(du_1 : dv_1)$ und $(du_2 : dv_2)$) sind nach (4. 3) die Nullrichtungen der quadratischen Form

$$(8.2)\quad II \equiv L(u,v)du^2 + 2M(u,v)du\,dv + N(u,v)dv^2 = 0.$$

Nach den Lehren der projektiven Geometrie genügen daher die Paare konjugierter Flächenrichtungen $(du : dv)$ und $(du' : dv')$ der durch Polarisieren aus (2) entstehenden symmetrischen bilinearen Relation

$$(8.3)\quad L\,du\,du' + M(du\,dv' + du'\,dv) + N\,dv\,dv' = 0.$$

Bemerkung 2: Sind in jedem Flächenpunkte $P(u, v)$ die Richtungen der u-Linien $(du \neq 0, dv = 0)$ und der v-Linien $(du' = 0, dv' \neq 0)$ zueinander konjugiert, so ist nach (3) für alle (u, v)

$$M(u, v) \equiv 0 \quad \{u, v\} \tag{8.4}$$

(und umgekehrt). Die Parameterlinien bilden dann auf der Fläche ein Netz konjugierter Flächenkurven.

Zu einer grundlegenden Eigenschaft der Paare konjugierter Flächenkurven führt die folgende Betrachtung. Wir denken uns auf der Fläche $\mathfrak{x} = \mathfrak{x}(u, v)$ eine glatte Kurve mit der Parameterdarstellung

$$u = u(t), \; v = v(t) \tag{8.5}$$

und dem Ortsvektor

$$\mathfrak{x} = \mathfrak{x}(u(t), v(t)) = \mathfrak{x}(t) \tag{8.6}$$

sowie die Schar der Tangentenebenen τ der Fläche in den Punkten P dieser Kurve. Diese umhüllen die längs der Kurve $\mathfrak{x}(t)$ der Fläche umschriebene Torse. Diese Torse kann im Sonderfall (wenn die Kurve geradlinig ist) auch ein Ebenenbüschel sein, ebenso ein Kegel oder ein Zylinder (dann liegt eine konische oder zylindrische Flächenkurve vor). In allen diesen Fällen gilt wie in (1. Satz 2) der

Satz 1: *Die Tangenten t der Flächenkurve $\mathfrak{x}(t)$ und die Erzeugenden t' der längs $\mathfrak{x}(t)$ der Fläche umschriebenen Torse sind stets zueinander konjugierte Flächentangenten.*

Man kann diesen Sachverhalt auch so aussprechen

Satz 2: *Wandert ein Flächenpunkt P in Richtung der Tangente t, so dreht sich seine Tangentenebene τ um die in P zu t konjugierte Flächentangente t'.*

Beweis: Nach (III. 4. 10) und (III. 5. 17) lautet die Gleichung der Tangentenebene π der Fläche $\mathfrak{x}(u, v)$ im Punkte $P(u, v)$ $\mathfrak{n}(\mathfrak{X} - \mathfrak{x}) = 0$; dabei bedeutet $\mathfrak{X}$ den Ortsvektor eines in π laufenden Punktes und $\mathfrak{n} = \mathfrak{n}(u, v)$ die Flächennormale in $P(u, v)$. Die Ebenenschar $\pi(t)$ der längs der Kurve (6) umschriebenen Torse lautet daher

$$\mathfrak{n}(u, v) \cdot (\mathfrak{X} - \mathfrak{x}(u, v)) = 0, \text{ mit } u = u(t), v = v(t). \tag{8.7}$$

Für die Erzeugende der Torse (Charakteristik der Ebenenschar) verschwindet nach (II. 18. Satz 1) auch die Ableitung von (7) nach dem Scharparameter t

$$(8.8) \qquad d\mathfrak{n}(\mathfrak{X}-\mathfrak{x})-\mathfrak{n}\,d\mathfrak{x}=0$$

oder, weil die Flächennormale $\mathfrak{n}$ zur Kurventangente $d\mathfrak{x}$ normal, also $(\mathfrak{n}\,d\mathfrak{x})=0$ ist,

$$(8.9) \qquad d\mathfrak{n}(u,v)\cdot(\mathfrak{X}-\mathfrak{x}(u,v))=0.$$

Die aus (7) und (9) folgende Erzeugendenrichtung $d\mathfrak{x}'=\mathfrak{X}-\mathfrak{x}(u,v)$ der umschriebenen Torse genügt also den Gleichungen

$$(8.10) \qquad \begin{cases} \mathfrak{n}(u,v)\cdot d\mathfrak{x}'(u,v)=0, \; d\mathfrak{n}(u,v)\cdot d\mathfrak{x}'(u,v)=0 \\ u=u(t), \; v=v(t). \end{cases}$$

Setzen wir darin die Bedeutungen $d\mathfrak{x}'=\mathfrak{x}_u du'+\mathfrak{x}_v dv'$ und $d\mathfrak{n}=\mathfrak{n}_u du+\mathfrak{n}_v dv$ ein, so ist die erste Gleichung identisch erfüllt, und die zweite gibt die Beziehung

$$(8.11) \qquad (\mathfrak{n}_u du+\mathfrak{n}_v dv)(\mathfrak{x}_u du'+\mathfrak{x}_v dv')=0$$

oder nach (3. 16)

$$(8.12) \qquad L\,du\,du'+M(du\,dv'+du'\,dv)+N\,dv\,dv'=0.$$

Die Kurventangente $d\mathfrak{x}$ und die Erzeugendenrichtung $d\mathfrak{x}'$ der umschriebenen Torse sind also nach (3) tatsächlich zueinander konjugierte Flächentangenten, w. z. b. w.

Bemerkung 3: Weil jede Asymptotenrichtung a einer Fläche zu sich selbst konjugiert ist, dreht sich die Tangentenebene τ eines in der Richtung a fortschreitenden Flächenpunktes P ebenfalls um a. Die längs einer Asymptotenlinie k_a der Fläche umschriebene Torse hat folglich diese Asymptotenlinie k_a zur Gratlinie. Daraus folgt nochmals nach (II. 19), daß die Schmiegebenen der Asymptotenlinien zugleich Tangentenebenen der Fläche sind. Dies steht in Einklang mit den in (2. Satz 1) gefundenen Eigenschaften eines Schmiegstreifens.

Beispiel 1: Ein besonderes Netz konjugierter Kurven auf der Fläche $\mathfrak{x}=\mathfrak{x}(u,v)$ wird nach O. Böklen (1861) und G. Koenigs (1882) gebildet von den beiden folgenden Kurvenscharen: 1. von den Berührkurven k der Tangentenkegel, die man aus den Punkten G einer Geraden g der Fläche umschreiben kann, und 2. von den Schnittkurven k' der Fläche mit den Ebenen γ des Ebenenbüschels mit g als Achse (Bild 12).

Beweis: In jedem Punkt P der Fläche sind die Tangentenrichtung t der (konischen) Berührungslinie k eines solchen Kegels $\varkappa$

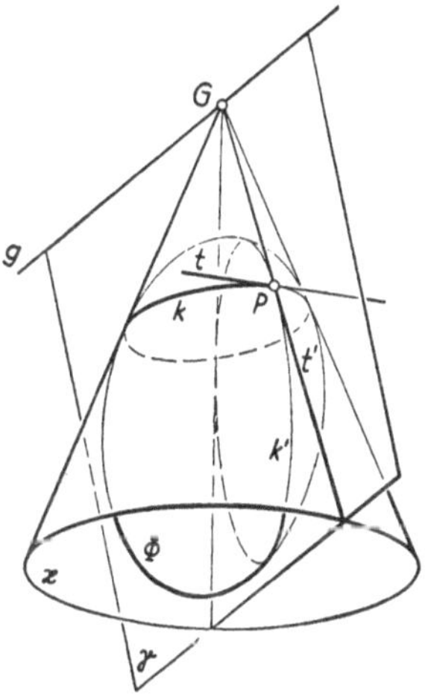

Bild 12. Netz konjugierter Linien auf der Fläche Φ, bestehend aus den Berührkurven k der Tangentenkegel $\varkappa$ an Φ, deren Scheitel G der Geraden g angehören, und den Schnittkurven k' von Φ mit den Ebenen γ des Büschels mit der Achse g.

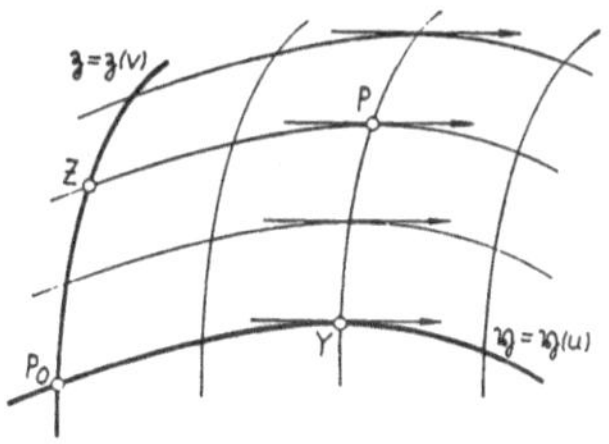

Bild 13. Schiebfläche mit zwei Scharen zylindrischer Schiebkurven.

und die Mantellinie t' des längs k der Fläche umschriebenen Kegels $\varkappa$ konjugiert; t' berührt stets die ebene Kurve k', welche die Ebene $\gamma = [gt']$ aus der Fläche ausschneidet.

Folglich bilden auf einer Drehfläche (Drehachse g) die Meridiane und Parallelkreise ein Netz konjugierter Flächenkurven (ein konjugiertes Netz).

9. Schiebflächen. Verschiebt man nach dem Vorgange von Karl Peterson (1868) und Sophus Lie (1877) zwei glatte Raumkurven $\mathfrak{y} = \mathfrak{y}(u)$ und $\mathfrak{z} = \mathfrak{z}(v)$, die sich im Nullpunkt $P_0(u_0, v_0)$ mit dem Ortsvektor $\mathfrak{y}(u_0) = \mathfrak{z}(v_0) = \mathfrak{o}$ schneiden, so parallel aneinander, daß 1. der Punkt P_0 von $\mathfrak{y}(u)$ dabei längs $\mathfrak{z}(v)$ wandert, oder so, daß 2. der Punkt P_0 von $\mathfrak{z}(v)$ längs $\mathfrak{y}(u)$ wandert, so entsteht (wegen der Vertauschbarkeit der Parallelverschiebungen) beide Male dieselbe Schiebfläche

$$(9.1) \qquad \mathfrak{x} = \mathfrak{x}(u, v) = \mathfrak{y}(u) + \mathfrak{z}(v),$$

auf der die zu den Grundkurven $\mathfrak{y} = \mathfrak{y}(u)$ bzw. $\mathfrak{z} = \mathfrak{z}(v)$ schiebungskongruenten Parameterlinien $v = \text{const}$ bzw. $u = \text{const}$ das Netz der Schiebkurven bilden (Bild 13).

Umgekehrt ist jede Fläche, auf der es zwei solche schiebungs-kongruente Kurvenscharen gibt, eine Schiebfläche; bezogen auf die Schiebkurven hat ihre Darstellung die Gestalt (1).

Man kann den Ortsvektor $\mathfrak{x}(u, v)$ des Punktes $P(u, v)$ der Schiebfläche (1) auch in der Form schreiben:

$$\mathfrak{x} = \mathfrak{x}(u, v) = \frac{2\mathfrak{y}(u) + 2\mathfrak{z}(v)}{2}. \tag{9. 2}$$

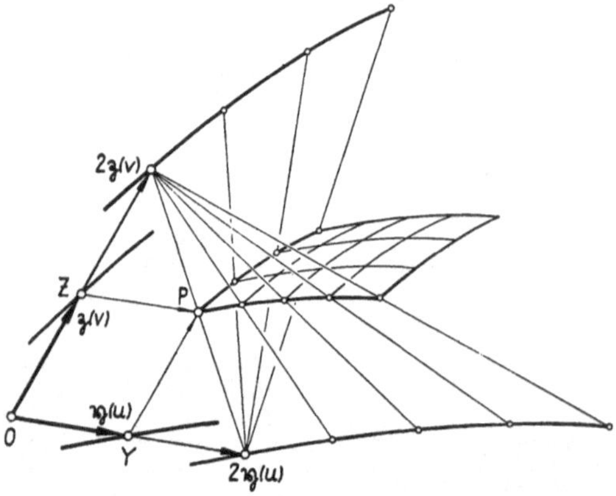

Bild 14. Schiebfläche als Sehnenmittenfläche zweier (zu den Schiebkurven $\mathfrak{y}(u)$ und $\mathfrak{z}(v)$ mit dem Modul 2 ähnlicher) Raumkurven $2\mathfrak{y}(u)$ und $2\mathfrak{z}(v)$.

Zeichnet man also (Bild 14) die Kurven $\mathfrak{Y} = 2\mathfrak{y}(u)$ und $\mathfrak{Z} = 2\mathfrak{z}(v)$, die aus den beiden Grundkurven $\mathfrak{y}(u)$ und $\mathfrak{z}(v)$ durch Streckung mit dem Modul 2 hervorgehen, so bilden die Mitten der ∞^2 Sehnen, die man von irgendeinem Punkte $2\mathfrak{y}(u)$ der einen zu einem beliebigen Punkte $2\mathfrak{z}(v)$ der anderen Kurve ziehen kann, wieder die alte Schiebfläche (1). Also gilt

Satz 1: *Jede Schiebfläche ist Sehnenmittenfläche zweier Raumkurven, die zu den Schiebkurven mit dem Modul 2 ähnlich sind. Umgekehrt ist die Sehnenmittenfläche zweier Raumkurven stets eine Schiebfläche.*

Aus (1) folgt $\mathfrak{x}_{uv}(u, v) \equiv \mathfrak{o}$; nach (3. 16) ist daher $M(u, v) \equiv 0$. Nach (8. Bem. 2) bilden daher auf jeder Schiebfläche die beiden Scharen von Schiebkurven ein konjugiertes Netz. Tatsächlich folgt aus der Erzeugung der Fläche als Schiebfläche, daß die Tangenten, die man in den Punkten einer festen Schiebkurve an die einzelnen Schiebkurven der anderen Schar legen kann, die Mantellinien eines Zylinders bilden (die Schiebkurven sind also zylindrische Flächenkurven). In jedem Punkte P der Schiebfläche sind daher die Tangenten an die beiden Schiebkurven konjugierte Flächentangenten.

Bemerkung 1: Auch durch Verschiebung einer Kurve $\mathfrak{y}(u)$ längs sich selbst entsteht eine Schiebfläche, die auch als Ort der Sehnenmitten der Kurve $2\mathfrak{y}(u)$ erzeugt werden kann und deren Darstellung

$$\mathfrak{x} = \mathfrak{y}(u) + \mathfrak{y}(v) \tag{9.3}$$

lautet. Die Schiebkurven bilden dann auf der Fläche eine einzige, sie doppelt überdeckende Schar. Solche Schiebflächen nennt man nach Sophus Lie auch Doppelflächen.

Beispiel 1: Die Wendelfläche ist Sehnenmittenfläche jeder ihrer Bahnschraublinien k.

Beweis: Sind

$$\begin{aligned} \mathfrak{Y} &= \mathfrak{Y}(u) = a\cos u\,\mathfrak{e}_1 + a\sin u\,\mathfrak{e}_2 + pu\,\mathfrak{e}_3, \\ \mathfrak{Z} &= \mathfrak{Z}(v) = a\cos v\,\mathfrak{e}_1 + a\sin v\,\mathfrak{e}_2 + pv\,\mathfrak{e}_3 \end{aligned} \tag{9.4}$$

zwei Punkte $\mathfrak{Y}$ und $\mathfrak{Z}$ einer (vom Zylinder $r = a$) aus der Wendelfläche $z = p\varphi$ ausgeschnittenen Bahnschraublinie, so ergibt sich als Ort ihrer Sehnenmitten $\mathfrak{x} = \frac{1}{2}(\mathfrak{Y}(u) + \mathfrak{Z}(v))$ die Fläche

$$\begin{aligned} \mathfrak{x} &= \frac{a}{2}(\cos u + \cos v)\mathfrak{e}_1 + \frac{a}{2}(\sin u + \sin v)\mathfrak{e}_2 + \frac{p}{2}(u + v)\mathfrak{e}_3 \\ &= a\cos\frac{u-v}{2}\cos\frac{u+v}{2}\,\mathfrak{e}_1 + a\cos\frac{u-v}{2}\sin\frac{u+v}{2}\,\mathfrak{e}_2 + \\ &\qquad + p\frac{u+v}{2}\,\mathfrak{e}_3, \end{aligned}$$

oder, mit den Polarkoordinaten $r = a\cos\frac{u-v}{2}$ und $\varphi = \frac{u+v}{2}$ als neuen Parametern,

$$\mathfrak{x} = r\cos\varphi\,\mathfrak{e}_1 + r\sin\varphi\,\mathfrak{e}_2 + p\varphi\,\mathfrak{e}_3. \tag{9.5}$$

Das ist die Wendelfläche mit der Gleichung $z = p\varphi$.

Tatsächlich geht (Bild 15) jede Bahnschraublinie k durch Umwendung um jede ihrer Hauptnormalen e in sich über, d. h. jede Erzeugende e der durch k gelegten Wendelfläche ist Mittenort aller zu e normalen Sehnen s von k; umgekehrt liegt die Mitte M jeder Sehne s von k auf der durch k gelegten Wendelfläche.

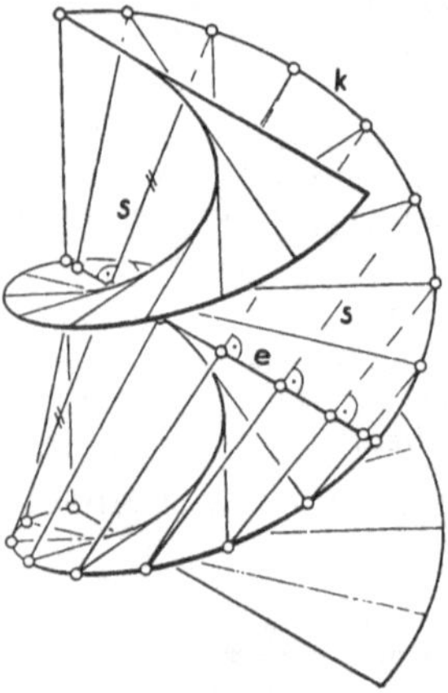

Bild 15. Die Wendelfläche als Sehnenmittenfläche ihrer Bahnschraublinie k.

Man kann daher jede Wendelfläche (sogar auf ∞^1 Arten) als Schiebfläche erzeugen, indem man irgendeine ihrer Bahnschraublinien k aus einem ihrer Punkte mit dem Modul 1/2 streckt und die so entstehende Schraublinie (vom Parameter $p/2$) längs sich selbst verschiebt.

Es gibt also außer den ∞^1 Bahnschraublinien auf jeder Wendelfläche noch ∞^2 andere Schraublinien (die aus ihr von den ∞^2 Drehzylindern ausgeschnitten werden, welche die Schraubachse als Mantellinie enthalten). Diese neuen Schraublinien (vom Parameter $p/2$) sind mit den zylindrischen Kurven der Wendelfläche identisch, d. h. sie sind ihre Eigenschattengrenzen bei Parallelbeleuchtung.

Bemerkung 2: Es gibt nach (II. 11. Bem. 5) im komplexen euklidischen Raum auch Schraubungen mit (komplexen) algebraischen kubischen Raumkurven als Bahnkurven. Die Achse einer solchen kubischen Schraublinie ist eine Tangente t des absoluten Kegelschnittes. Die zugehörigen Wendelflächen sind dann (komplexe) algebraische Regelflächen 3. Ordnung, nämlich Cayleysche Flächen. Sie sind gleichfalls auf ∞^1 Arten Schiebflächen.

Um eine solche kubische Wendelfläche zu konstruieren, gehen wir von der isotropen Kubik aus,

$$(9.6)\qquad \mathfrak{y} = \mathfrak{y}(u) = \left(\frac{u^3}{3} - u\right) e_1 + i\left(\frac{u^3}{3} + u\right) e_2 + u^2 e_3$$

und bilden ihre Sehnenmittenfläche

$$(9.7)\quad \mathfrak{x}(u,v)\begin{cases} x = \dfrac{u^3+v^3}{6} - \dfrac{u+v}{2} = \dfrac{\alpha^3+3\alpha\beta^2}{3} - \alpha \\ y = i\left(\dfrac{u^3+v^3}{6} + \dfrac{u+v}{2}\right) = i\left(\dfrac{\alpha^3+3\alpha\beta^2}{3} + \alpha\right) \\ z = \dfrac{u^2+v^2}{2} = \alpha^2+\beta^2, \end{cases}$$

deren Parameterlinien (Schiebkurven $u = \text{const}$ und $v = \text{const}$) ebenfalls isotrope Kubiken sind, welche die isotrope Bahnkubik (6) einhüllen.

Durch Elimination der Parameter (u, v) findet man aus (7) die cartesische Gleichung dieser algebraischen Wendelfläche 3. Ordnung

$$(9.8)\qquad (x+iy)^3 - 6(x+iy)z - 6(x-iy) = 0.$$

Die parallelen isotropen Ebenen $x + iy = \text{const}$ schneiden diese Cayleysche Regelfläche dritter Ordnung in ihren geradlinigen Erzeugenden; insbesondere enthält die Ebene $x + iy = 0$ die z-Achse als einzige reelle Erzeugende. Die gemeinsame Ferngerade dieser isotropen Ebenen ist die Leitgerade der Cayleyschen Fläche (8) und zugleich die Achse der kubischen Schraubung; sie berührt den absoluten Kegelschnitt im Fernpunkte des Vektors mit der isotropen Richtung $(x:y:z) = (1:i:0)$.

Man findet für die Fläche (7) die Fundamentalgrößen

$$(9.9)\qquad \begin{aligned} &E = 0,\ F = -\frac{(u-v)^2}{2},\ G = 0,\ EG - F^2 = -\frac{(u-v)^4}{4}, \\ &L = -1, \quad M = 0, \quad N = +1, \quad LN - M^2 = -1 \end{aligned}$$

und die Fundamentalformen

$$(9.10)\qquad ds^2 = I = -(u-v)^2 du\,dv,\ II = -(du^2 - dv^2).$$

Außer den Parameterlinien (Schiebkurven) $u = \text{const}$, $v = \text{const}$ ist folglich auch die Bahnschraublinie $u = v$ (wegen $W = 0$ zugleich Hüllkurve der Schiebkurven) isotrop; denn auch für sie ist $ds^2 \equiv 0$.

Die Schmieglinien $u + v = 2\alpha = \text{const}$ und $u - v = 2\beta = \text{const}$ bestehen aus den Erzeugenden ($\alpha = \text{const}$) der Regelfläche (von denen keine isotrop ist) und aus den kubischen Bahnschraublinien ($\beta = \text{const}$), wie man aus der in den Parametern (α, β) in (7) angeschriebenen Darstellung der Fläche erkennt. Nur die Kubik $\beta = 0$, d. h. $u = v$ ist dabei isotrop.

Auch diese kubische Wendelfläche ist Sehnenmittenfläche jeder ihrer kubischen Bahnschraublinien, d. h. auf ∞^1 Arten als Schiebfläche mit kubischen Schiebkurven erzeugbar. Nur eine dieser Erzeugungsweisen hat isotrope Schiebkurven, denn nur eine der kubischen Schmieglinien ist isotrop. Weil nach (II. 27. Beispiel 3) alle isotropen Kubiken zueinander kongruent sind, sind auch alle diese kubischen Wendelflächen untereinander kongruent. Daher kann jede kubische Wendelfläche in einem geeigneten Koordinatensystem durch die Formeln (7) oder durch die Gleichung (8) dargestellt werden.

10. Krümmungslinien. Gaußsche Krümmung K, mittlere Krümmung H einer Fläche. Nach (IV. 8) gibt es in jedem regulären Flächenpunkte $P(u,v)$ einer reellen, stetig gekrümmten Fläche $\mathfrak{x} = \mathfrak{x}(u, v)$, der kein Flachpunkt oder Nabelpunkt ist, genau zwei zueinander rechtwinkelige konjugierte Flächentangenten $\mathfrak{t}_1, \mathfrak{t}_2$, nämlich die beiden Hauptachsen der Dupinschen Indikatrix. Für diese beiden Hauptkrümmungsrichtungen $\mathfrak{t}_1$ und $\mathfrak{t}_2$ des Punktes P nimmt die Normalkrümmung $1/R$ der Fläche die extremen Werte (Hauptnormalkrümmungen) $1/R_1$ und $1/R_2$ an.

Durch Integration der Hauptkrümmungsrichtungen $\mathfrak{t}_1, \mathfrak{t}_2$ entsteht somit *auf jeder reellen, stetig gekrümmten Fläche ein reelles Netz von gleichzeitig orthogonalen und konjugierten Flächenkurven*, das man als das Netz der **Krümmungslinien** der Fläche bezeichnet.

Da die Hauptkrümmungsrichtungen $(du:dv)$ und $(du':dv')$ auf der Fläche 1. orthogonal und 2. konjugiert sind, gelten für sie nach (III. 6. 15) und (8. 3) die Gleichungen

$$(10.1)\qquad E\,du\,du' + F(du\,dv' + du'\,dv) + G\,dv\,dv' = 0,$$

$$(10.2)\qquad L\,du\,du' + M(du\,dv' + du'\,dv) + N\,dv\,dv' = 0.$$

Bemerkung 1: Diese beiden bilinearen Beziehungen sind dann und nur dann zu einander äquivalent, wenn

$$(10.3)\qquad E:F:G \equiv L:M:N$$

gilt und nach (5. Bem. 6) der Punkt $P(u, v)$ ein Nabelpunkt der Fläche ist, insbesondere also für alle Punkte einer Kugel. *In einem Nabelpunkt ist jedes Paar orthogonaler Flächentangenten konjugiert und umgekehrt jedes Paar konjugierter Tangenten orthogonal.*

Wir wollen Nabelpunkte, weil sie singuläre Punkte des Netzes der Krümmungslinien sind, jetzt ausschließen, ebenso Flachpunkte, für welche $L = M = N = 0$ ist, und nehmen also an, daß die Matrix

$$\left\| \begin{matrix} E(u, v), & F(u, v), & G(u, v) \\ L(u, v), & M(u, v), & N(u, v) \end{matrix} \right\| \tag{10. 4}$$

in allen Punkten $P(u, v)$ des betrachteten Flächenstückes den Rang $r = 2$ habe. Dann liefern die Gleichungen (1) und (2), die man auch in der Gestalt

$$\begin{aligned} (E du + F dv) du' + (F du + G dv) dv' &= 0 \\ (L du + M dv) du' + (M du + N dv) dv' &= 0 \end{aligned} \tag{10. 5}$$

schreiben kann, zu jeder der beiden ihnen genügenden Hauptkrümmungsrichtungen $(du : dv) \neq (0 : 0)$ die andere $(du' : dv') \neq (0 : 0)$. Das lineare homogene Gleichungssystem (5) besitzt die nichttriviale Lösung $(du' : dv') \neq (0 : 0)$; folglich genügt jede Hauptkrümmungsrichtung der Gleichung

$$\begin{vmatrix} E du + F dv & F du + G dv \\ L du + M dv & M du + N dv \end{vmatrix} = 0 \tag{10. 6}$$

oder, damit gleichbedeutend, der Gleichung

$$\begin{vmatrix} dv^2 & -du dv & du^2 \\ E(u, v) & F(u, v) & G(u, v) \\ L(u, v) & M(u, v) & N(u, v) \end{vmatrix} = 0. \tag{10. 7}$$

Wir haben damit die Differentialgleichung des Netzes der Krümmungslinien gewonnen. Diese Gleichung versagt nur für Nabelpunkte (3) und Flachpunkte, die jedoch ausgeschlossen waren. *In einem Nabelpunkt oder Flachpunkt ist jede Flächenrichtung Hauptkrümmungsrichtung.*

Bemerkung 2: Bezieht man die Fläche auf ihre Krümmungslinien als Parameterlinien, so gilt, weil diese ein zugleich orthogonales und konjugiertes Parameternetz bilden, für alle (u, v) nach (III. 5. 12) und (8. 4)

$$F(u,v) \equiv 0 \text{ und } M(u,v) \equiv 0. \tag{10. 8}$$

Umgekehrt gilt (8) nur für Krümmungsparameter; wegen $F \equiv 0$ sind die Parameterlinien nämlich orthogonal, wegen $M \equiv 0$ auch konjugiert, also Krümmungslinien.

Die Normalkrümmung $1/R$ der Fläche in der beliebigen Flächenrichtung $\mathfrak{t}(du:dv)$ lautet nach (4. 1) in diesen Krümmungsparametern

$$\frac{1}{R} = \frac{L\,du^2 + N\,dv^2}{E\,du^2 + G\,dv^2}. \tag{10. 9}$$

Die beiden für $(du:dv) = (1:0)$ bzw. $(du:dv) = (0:1)$ entstehenden Hauptnormalkrümmungen $1/R_1$ und $1/R_2$ sind dann

$$\frac{1}{R_1} = \frac{L}{E}, \quad \frac{1}{R_2} = \frac{N}{G}. \tag{10. 10}$$

Ist φ der Winkel der Richtung $\mathfrak{t}(du:dv)$ gegen die erste Hauptkrümmungsrichtung $\mathfrak{t}_1(1:0)$, so gilt

$$\begin{aligned} \cos^2\varphi &= \frac{(\mathfrak{t}\mathfrak{t}_1)^2}{|\mathfrak{t}|^2 \cdot |\mathfrak{t}_1|^2} = \frac{E\,du^2}{E\,du^2 + G\,dv^2}, \\ \sin^2\varphi &= \frac{(\mathfrak{t}\mathfrak{t}_2)^2}{|\mathfrak{t}|^2 \cdot |\mathfrak{t}_2|^2} = \frac{G\,dv^2}{E\,du^2 + G\,dv^2}. \end{aligned} \tag{10. 11}$$

Aus (9), (10) und (11) folgt daher nochmals die Eulersche Formel

$$\frac{1}{R} = \frac{\cos^2\varphi}{R_1} + \frac{\sin^2\varphi}{R_2}. \tag{10. 12}$$

Um die Werte $1/R_1$ und $1/R_2$ der beiden Hauptnormalkrümmungen der Fläche $\mathfrak{x} = \mathfrak{x}(u, v)$ im Punkte $P(u, v)$ zu berechnen, bemerken wir, daß aus der Grundformel

$$\frac{1}{R} = \frac{L\,du^2 + 2M\,du\,dv + N\,dv^2}{E\,du^2 + 2F\,du\,dv + G\,dv^2} \tag{10. 13}$$

zu einem bestimmten, vorgegebenen Werte der Normalkrümmung $1/R$ im allgemeinen zwei passende Richtungen $(du_1 : dv_1)$ und $(du_2 : dv_2)$ gehören, die man aus der quadratischen Gleichung

$$(10.14)\quad \left(\frac{E}{R} - L\right) du^2 + 2\left(\frac{F}{R} - M\right) du\, dv + \left(\frac{G}{R} - N\right) dv^2 = 0$$

berechnen, oder geometrisch als gemeinsame Durchmesser der Dupinschen Indikatrix des Punktes P und des konzentrischen Kreises vom Radius $\sqrt{|R|}$ zeichnen kann.

Weil für die Werte $1/R_1$ bzw. $1/R_2$ der Hauptnormalkrümmungen (Extremwerte von $1/R$) diese beiden Richtungen $(du : dv)$ zusammenfallen, also $(du_1 : dv_1) = (du_2 : dv_2)$ ist, verschwindet für sie die Diskriminante von (14); d. h. $1/R_1$ und $1/R_2$ sind die Wurzeln der in $1/R$ quadratischen Gleichung

$$(10.15)\qquad \left(\frac{E}{R} - L\right)\left(\frac{G}{R} - N\right) - \left(\frac{F}{R} - M\right)^2 = 0$$

oder

$$(10.16)\qquad \frac{1}{R^2} - \frac{EN - 2FM + GL}{EG - F^2} \cdot \frac{1}{R} + \frac{LN - M^2}{EG - F^2} = 0.$$

Nach dem Satz von Vieta erhält man daraus für die Summe und das Produkt der beiden Hauptnormalkrümmungen die Werte

$$(10.17)\qquad \boxed{2H = \frac{1}{R_1} + \frac{1}{R_2} = \frac{EN - 2FM + GL}{EG - F^2},}$$

$$(10.18)\qquad \boxed{K = \frac{1}{R_1} \cdot \frac{1}{R_2} = \frac{LN - M^2}{EG - F^2}.}$$

Man bezeichnet H als die **mittlere Krümmung** und K als die **Gaußsche Krümmung** (das Gaußsche Krümmungsmaß) der Fläche $\mathfrak{x}(u, v)$ im Punkte $P(u, v)$. Die Parameterinvarianz der Größen $2H$ und K wurde schon in (3. Bem. 9) festgestellt. Durch (17) und (18) ist schließlich auch die

Identität der in (3. 27) und (6. 15) erwähnten Definitionen von $2H$ und K erwiesen.

Wegen (III. 5. 13) und (IV. 4) folgt nochmals

Satz 1: *Die Gaußsche Krümmung $K = K(u, v)$ einer reellen, stetig gekrümmten Fläche ist positiv für elliptische, negativ für hyperbolische und Null für parabolische Punkte.*

Bemerkung 3: Die Gaußsche Krümmung K ist in der Formel (18) als Quotient der Diskriminanten $LN - M^2$ und $EG - F^2$ der zweiten und ersten Grundform dargestellt. Ein berühmter Satz von Gauß (Theorema egregium) wird uns jedoch später gestatten, bei der Darstellung von K sogar mit den Fundamentalgrößen erster Art (und ihren ersten und zweiten Ableitungen nach u und v) auszukommen.

Bemerkung 4: Die mittlere Krümmung H benötigt jedoch zu ihrer Darstellung beide Grundformen. Der Zähler $EN - 2FM + GL$ von $2H$ ist die sogenannte bilineare Invariante der ersten und zweiten Grundform, die nach den Lehren der analytischen Geometrie dann und nur dann verschwindet, wenn die Paare der Nullrichtungen der beiden Grundformen sich harmonisch trennen. Weil $II = 0$ die Schmiegrichtungen, $I = 0$ die isotropen Richtungen liefert, weil ferner bezüglich der isotropen Richtungen harmonische Richtungen nach Edmond Laguerre zueinander orthogonal sind, besagt $H(u, v) = 0$, daß die Schmiegrichtungen der Fläche im Punkte $P(u, v)$ orthogonal sind, d. h. daß die Indikatrix ein konjugiertes Paar gleichseitiger Hyperbeln ist. Für Minimalflächen ist die mittlere Krümmung überall Null: $H(u, v) = 0$; die Indikatrix ist dann überall ein konjugiertes Paar gleichseitiger Hyperbeln und die Schmieglinien bilden ein Orthogonalsystem, wie schon aus (7. Bem. 3) bekannt ist.

Beispiel 1: Für die Fläche $z = z(x, y)$ erhält man an der Stelle (x, y) nach (5. Beisp. 3) die Formeln

$$(10.19)\quad K = \frac{rt - s^2}{(1 + p^2 + q^2)^2}, \quad 2H = \frac{(1 + p^2)t - 2pqs + (1 + q^2)r}{(1 + p^2 + q^2)^{3/2}}.$$

Die Differentialgleichung der Krümmungslinien lautet nach (7)

$$(10.20)\quad \begin{vmatrix} dy^2 & -dx\,dy & dx^2 \\ 1 + p^2 & pq & 1 + q^2 \\ r & s & t \end{vmatrix} = 0.$$

11. Beispiele: Drehflächen, Ebene, Kugel, Pseudosphäre, Kettenfläche. Wir erläutern diese Ergebnisse noch durch einige einfache Anwendungen.

Beispiel 1: Die Fundamentalgrößen der Drehfläche (5. 9) mit der Meridiankurve m der Darstellung

$$x = r,\ y = 0,\ z = f(r) \qquad (r \neq 0) \tag{11. 1}$$

und der z-Achse als reeller (nicht isotroper) Drehachse (Bild 4) haben wir schon in (III. 12. 6) und (5. 11) berechnet. Da $F \equiv 0$ und $M \equiv 0$ ist, sind die Parameterlinien (Parallelkreise $r = \text{const}$ und Meridiane $\varphi = \text{const}$) Krümmungslinien. Die zugehörigen Hauptnormalkrümmungen $1/R_1$ und $1/R_2$ haben wir schon in (5. 13) berechnet. Die mittlere Krümmung H und Gaußsche Krümmung K der Drehfläche haben danach die von φ unabhängigen Werte

$$\left\{\begin{aligned} H &= \frac{1}{2}\left(\frac{1}{R_1} + \frac{1}{R_2}\right) = \frac{1}{2\sqrt{1 + f'^2(r)}}\left(\frac{f'(r)}{r} + \frac{f''(r)}{1 + f'^2(r)}\right), \\ K &= \frac{1}{R_1 R_2} = \frac{f'(r) \cdot f''(r)}{r(1 + f'^2(r))^2}\,. \end{aligned}\right. \tag{11. 2}$$

Beispiel 2: Ist in (1) insbesondere $z = f(r) = \text{const}$, d. h. $f'(r) \equiv 0$, so entsteht als Drehfläche eine reelle (nichtisotrope) Ebene, für die man aus (2), weil auch $f''(r) \equiv 0$ ist, $H \equiv 0$ und $K \equiv 0$ findet. Jede reelle (nichtisotrope) Ebene ist somit Minimalfläche und hat die Gaußsche Krümmung Null.

Da nach (IV. 5) alle Punkte der Ebene Nabelpunkte sind, folgt, daß alle Linien einer (nicht isotropen) Ebene Krümmungslinien sind.

Schließt man die reellen (nicht isotropen) Ebenen aus, so ist $f'(r) \not\equiv 0$.

Beispiel 3: Die Kugel (Radius $a > 0$) mit dem kreisförmigen Meridian

$$z = f(r) = \sqrt{a^2 - r^2} \tag{11. 3}$$

hat wegen

$$f'(r) = -\,r/\sqrt{a^2 - r^2},\quad f''(r) = -\,a^2/\sqrt{(a^2 - r^2)^3},$$
$$1 + f'^2(r) = a^2/(a^2 - r^2)$$

nach (2) die feste mittlere Krümmung $H = -1/a$ und die feste (positive) Gaußsche Krümmung $K = 1/a^2 > 0$.

Da nach (IV. 5) alle Punkte der Kugel Nabelpunkte sind, folgt, daß alle Linien auf der Kugel Krümmungslinien sind.

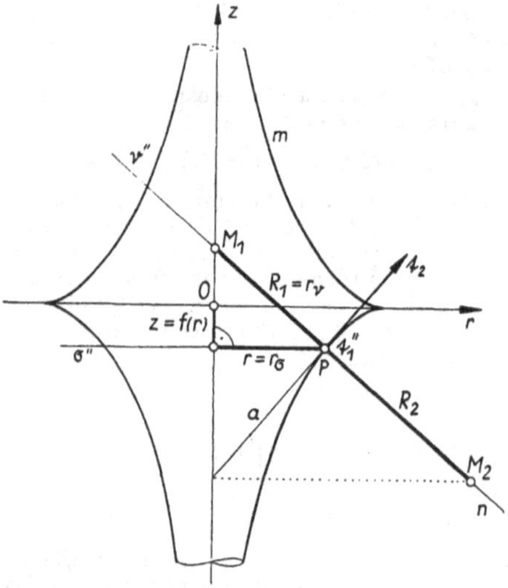

Bild 16. Die Pseudosphäre (Drehfläche der Traktrix mit der festen Tangentenstrecke a um ihre Basisgerade z) hat die konstante negative Gaußsche Krümmung $K = -1/a^2$

Beispiel 4: Die Pseudosphäre (Bild 16) entsteht durch Drehung der aus (I. 19. 15) bekannten Traktrix (Zuglinie einer geraden Leitlinie mit der festen Tangentenstrecke a) um ihre Basis (z-Achse). Ihre Gleichung ist daher

$$z = f(r) = a\,\mathfrak{Ar}\,\mathfrak{Cof}\,\frac{a}{r} - \sqrt{a^2 - r^2}. \tag{11.4}$$

Wegen

$$f'(r) = -\sqrt{a^2 - r^2}/r,\quad f''(r) = a^2/r^2\,\sqrt{a^2 - r^2},\quad 1 + f'^2(r) = a^2/r^2$$

folgt dann aus (2) der

Satz 1: *Die durch Drehung der Traktrix (mit der festen Tangentenstrecke a) um ihre Basis (Asymptote) entstehende Pseudosphäre (4) hat die konstante negative Gaußsche Krümmung $K = -1/a^2 < 0$.*

Sie ist, wie sich zeigen wird, die einfachste Drehfläche fester negativer Gaußscher Krümmung und damit (wie schon ihr Name Pseudosphäre sagt, den Eugenio Beltrami 1864 eingeführt hat) ein interessantes Gegenstück zur Kugel (Sphäre) vom Radius a. Man nennt daher auch die Länge a in (4) den Pseudoradius der Pseudosphäre.

Beispiel 5: Die Frage nach den reellen, nicht ebenen Drehflächen verschwindender mittlerer Krümmung $H(r, \varphi) \equiv 0$ führt wegen $f'(r) \not\equiv 0$ nach (2) auf die Differentialgleichung

$$(11.5)\quad \frac{f'(r)}{r} + \frac{f''(r)}{1+f'^2(r)} = 0 \text{ oder } \frac{dr}{r} + \frac{df'}{f'(1+f'^2)} = 0.$$

Aus ihr folgt nach Teilbruchzerlegung und Integration mit konstantem $a > 0$

$$(11.6)\quad \frac{r^2}{a^2} = \frac{1+f'^2}{f'^2}, \text{ d.h. } f' = \frac{df}{dr} = \frac{a}{\sqrt{r^2 - a^2}},$$

und daraus schließlich mit konstantem z_0

$$(11.7)\quad z = f(r) = a \cdot \mathfrak{ArCof}\,\frac{r}{a} + z_0 \text{ oder } r = a\,\mathfrak{Cof}\,\frac{z - z_0}{a}.$$

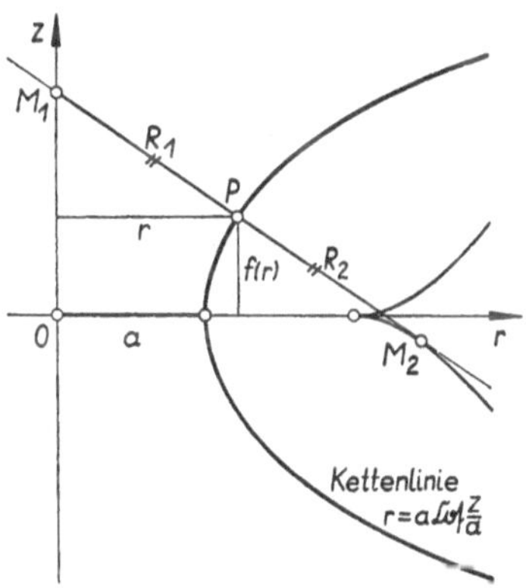

Bild 17. Die Kettenfläche (Katenoid), entstanden durch Drehung einer Kettenlinie um ihre Basis (z-Achse), ist die einzige reelle Minimaldrehfläche.

Also gilt (Bild 17) der von Ossian Bonnet (1860) gefundene

Satz 2: *Die einzigen reellen, nichtebenen Drehflächen verschwindender mittlerer Krümmung $H \equiv 0$ entstehen durch Drehung einer Kettenlinie (7) um ihre Basisgerade (z-Achse). Man bezeichnet diese Minimalflächen daher als Kettenflächen oder als Katenoide (von catena = Kette).*

Tatsächlich ist umgekehrt, wenn man die Vorzeichen der Strecken berücksichtigt, in Bild 17 nach (I. 14. 13) bei der

Kettenlinie der Krümmungsradius

$$R_2 = PM_2 = -PM_1 = -R_1 \text{ also } 2H = 1/R_1 + 1/R_2 = 0.$$

Wir wollen noch die Asymptotenlinien der Kettenfläche (7) berechnen, deren Grundrisse nach (5. 16) und (6) die Polargleichung

(11. 8)
$$\varphi - \varphi_0 = \pm \int_a^r \sqrt{-\frac{f''(r)}{r f'(r)}}\, dr = \pm \int_a^r \frac{dr}{\sqrt{r^2 - a^2}} = \pm \mathfrak{Ar}\mathfrak{Cof}\, \frac{r}{a}$$

oder

(11. 9)
$$r = a\, \mathfrak{Cof}\, (\varphi - \varphi_0)$$

haben (sogenannte Summenspiralen). Wegen (7) und (9) liegen die Asymptotenlinien auf den Wendelflächen

(11. 10)
$$z = \pm a(\varphi - \varphi_0),$$

und zwar sind die Asymptotenlinien jene Loxodromen der Kettenfläche, welche die Parallelkreise unter den festen Winkeln $\pm \pi/4$ schneiden.

12. Geodätische Windung einer Flächenkurve. Sätze von F. Joachimsthal. Umschreibt man der Fläche $\mathfrak{x} = \mathfrak{x}(u, v)$ längs der durch die Gleichungen $u = u(s)$, $v = v(s)$ dargestellten Flächenkurve $\mathfrak{x} = \mathfrak{x}(u(s), v(s)) = \mathfrak{x}(s)$ den von den Tangentenebenen $\pi(s)$ mit der Normalenrichtung $\mathfrak{n}(s)$ gebildeten Flächenstreifen, so ist (wenn Striche Ableitungen nach dem Bogen s bezeichnen) die geodätische Windung τ_g dieses Streifens nach (1. 12) und (1. 15)

(12. 1)
$$\tau_g = \alpha(s) = [\mathfrak{t}\mathfrak{n}\mathfrak{n}'] = [\mathfrak{x}'\mathfrak{n}\mathfrak{n}'] = \tau - \varphi'.$$

Ausführlicher ist, wenn wir stetige Krümmung der Fläche und glatten Verlauf der Flächenkurve voraussetzen,

(12. 2)
$$\tau_g = \mathfrak{n}[\mathfrak{n}'\mathfrak{x}'] = \frac{1}{W}[\mathfrak{x}_u\mathfrak{x}_v][\mathfrak{n}'\mathfrak{x}'] = \frac{1}{W}\begin{vmatrix} (\mathfrak{x}_u\mathfrak{n}') & (\mathfrak{x}_v\mathfrak{n}') \\ (\mathfrak{x}_u\mathfrak{x}') & (\mathfrak{x}_v\mathfrak{x}') \end{vmatrix}$$

oder wegen $\mathfrak{n}' = \mathfrak{n}_u u' + \mathfrak{n}_v v'$ und $\mathfrak{x}' = \mathfrak{x}_u u' + \mathfrak{x}_v v'$ mit Rücksicht auf (III. 5. 4), (3. 10) und (3. 13)

$$(12.3)\qquad \tau_g = \alpha(s) = \frac{\dfrac{1}{W}\begin{vmatrix} E\,du + F\,dv & F\,du + G\,dv \\ L\,du + M\,dv & M\,du + N\,dv \end{vmatrix}}{E\,du^2 + 2F\,du\,dv + G\,dv^2} = \frac{IV}{I}\,.$$

Die hier auftretende **vierte Grundform** IV der Flächentheorie kann man wie in (10.7) auch noch in der Gestalt

$$(12.4)\qquad IV = \frac{1}{W}\begin{vmatrix} dv^2 & -du\,dv & du^2 \\ E & F & G \\ L & M & N \end{vmatrix}$$

schreiben.

Um die geodätische Windung τ_g der Flächenkurve $\mathfrak{x}(s)$ geometrisch zu deuten, ziehen wir die geodätische Linie $\mathfrak{x}^* = \mathfrak{x}^*(s)$ heran, welche die Flächenkurve $\mathfrak{x}(s)$ an der Stelle s berührt und welche nach (3) an der Stelle s dieselbe geodätische Windung $\tau_g^* = \tau_g$ aufweist. Weil deren Binormalen $\mathfrak{b}^*$ überall zu den Flächennormalen $\mathfrak{n}$ orthogonal sind, also $\varphi^* = \sphericalangle(\mathfrak{n}\mathfrak{b}^*) = \pm\pi/2$ ist, folgt $(\varphi^*)' = 0$, und aus (2.3) folgt

$$(12.5)\qquad \tau_g(s) = \tau_g^*(s) = \tau^*(s),$$

d. h. der von Ossian Bonnet stammende

Satz 1: *Die geodätische Windung $\tau_g(s)$ einer Flächenkurve $\mathfrak{x}(s)$ an der Stelle s ist gleich der gewöhnlichen Windung $\tau^*(s)$ der sie daselbst berührenden geodätischen Linie $\mathfrak{x}^*(s)$.*

Diese Deutung rechtfertigt auch die Bezeichnung der Invariante τ_g als geodätische Windung der Flächenkurve.

Bemerkung 1: Für eine Krümmungslinie $\mathfrak{x} = \mathfrak{x}(s)$ (oder den längs $\mathfrak{x}(s)$ der Fläche umschriebenen Krümmungsstreifen) ist $IV = 0$, also auch $\tau_g = 0$. Die sie an der Stelle s berührende geodätische Linie $\mathfrak{x}^* = \mathfrak{x}^*(s)$ hat wegen $\tau^* = \tau_g = 0$ nach (II. 14. Bem. 1) an der Stelle s eine (zur Fläche normale) stationäre (vierpunktig berührende) Schmiegebene σ^*.

Für Krümmungslinien folgt aus (2. Bem. 2) noch der im wesentlichen von Ferdinand Joachimsthal (1818–1861) stammende

Satz von Joachimsthal (1846): *Aus je zwei der folgenden drei Eigenschaften:*

1. *die Flächen* Φ_1 *und* Φ_2 *schneiden sich längs der Kurve* k *unter festem Winkel* φ_0,
2. *die Kurve* k *ist auf* Φ_1 *Krümmungslinie,*
3. *die Kurve* k *ist auf* Φ_2 *Krümmungslinie*

folgt stets die dritte Eigenschaft.

Weil nach (2. Satz 5) und (2. Satz 6) alle sphärischen und planen Streifen Krümmungsstreifen sind, folgt weiter

Satz 2: *Eine auf der Fläche* Φ_1 *liegende*

sphärische Flächenkurve k | *ebene Flächenkurve* k

ist dann und nur dann auf Φ_1 *Krümmungslinie, wenn die* k *enthaltende*

Kugel Φ_2 | *Ebene* Φ_2

die Fläche Φ_1 *längs* k *unter festem Winkel* φ *schneidet.*

Bemerkung 2: Enthält die Fläche Φ_1 eine Gerade k als Krümmungslinie, so schneiden alle Ebenen Φ_2 durch k die Fläche Φ_1 unter jeweils festen Winkeln; eine dieser Ebenen Φ_2^* berührt dann die Fläche Φ_1 längs der Geraden k, eine andere Ebene schneidet sie längs k rechtwinkelig.

Beispiel 1: Eine Drehfläche wird von jeder Meridianebene rechtwinklig und von jeder Parallelkreisebene π unter festem Winkel geschnitten. Daher bilden die Meridiankurven und Parallelkreise das (orthogonale) Netz der Krümmungslinien der Drehfläche.

Beispiel 2: Rollt eine Ebene π auf einer (reellen) Torse Θ (einschließlich Kegel und Zylinder) ohne Gleiten ab, so beschreibt nach (II. 24. Bem. 4) jeder Punkt P von π eine zu π normale Planevolvente e der Torse Θ. Jede in π liegende Profilkurve p beschreibt bei der Rollung nach Euler (1776) eine allgemeine **Gesimsfläche**, welche die Lagen der Ebene π rechtwinklig schneidet. Die Lagen der Profilkurve p bilden daher nach dem Satz von Joachimsthal die eine Schar der Krümmungslinien der Gesimsfläche; die dazu orthogonale Schar der von den Punkten P des Profils p bei der Rollung beschriebenen Planevolventen e der Torse Θ bilden die zweite Krümmungslinienschar der Gesimsfläche.

Beispiel 3: Wählt man in Beispiel 2 in den Ebenen der Torse Θ als Profilkurve einen Kreis k (Radius r), so entsteht nach (II. 24. Bem. 4) eine **Rohrfläche** (Kanalfläche). Die Ebenen π der (zueinander kongruenten) Kreise k sind dabei normal zum Ort m der Kreismittelpunkte M und schneiden die Rohrfläche rechtwinkelig. Die Rohrfläche ist daher auch Hüllfläche einer Schar von Kugeln des festen Radius r mit den Mitten M auf m, welche sie längs der Kreise k (Charakteristiken der Kugelschar) berühren. Die Krümmungslinien der Rohrfläche bestehen einerseits aus der Schar der Profilkreise k, andererseits aus den von den Punkten P von k bei der Rollung beschriebenen Planevolventen p der Torse. Auch die Mittenkurve m der Rohrfläche ist eine Planevolvente der Torse Θ.

13. Weiteres über Krümmungslinien. Normalenflächen. Formel von Olinde Rodrigues. Auf der reellen stetig gekrümmten Fläche $\mathfrak{x} = \mathfrak{x}(u, v)$, die metrisch regulär ($W^2 \neq 0$) sein soll, liege die stetig gekrümmte (nicht isotrope) Kurve $u = u(t)$, $v = v(t)$ mit dem Ortsvektor

$$(13.1)\qquad \mathfrak{x} = \mathfrak{x}(u(t), v(t)) = \mathfrak{x}(t).$$

Wir behaupten

Satz 1: *Die Flächenkurve* (1) *ist dann und nur dann eine Krümmungslinie, wenn die in ihren Punkten errichteten (nicht isotropen) Flächennormalen* $\mathfrak{n}$ *eine Torse (das Tangentensystem einer Raumkurve oder einer ebenen Kurve, einschließlich Kegel, Zylinder, Strahlbüschel, Parallelbüschel) bilden.*

Beweis: Die von den Flächennormalen $\mathfrak{n} = \mathfrak{n}(u(t), v(t))$ längs der Kurve (1) gebildete Regelfläche (Normalenfläche) mit der Darstellung

$$(13.2)\qquad \mathfrak{X} = \mathfrak{x}(u(t), v(t)) + w \cdot \mathfrak{n}(u(t), v(t))$$

ist nach (III. 20. 14) dann und nur dann eine Torse (oder einer der erwähnten Grenzfälle einer Torse), wenn für alle t

$$(13.3)\qquad [\mathfrak{n}\dot{\mathfrak{x}}\dot{\mathfrak{n}}] = 0 \quad \text{oder} \quad \mathfrak{n} \cdot [d\mathfrak{x}\, d\mathfrak{n}] = 0$$

ist. Wegen $\mathfrak{n} = [\mathfrak{x}_u \mathfrak{x}_v]/W$ und $W \neq 0$ bedeutet dies mit Rücksicht auf (II. 1. 36) und (12. 2)

$$(13.4) \qquad [\mathfrak{x}_u \mathfrak{x}_v] \cdot [d\mathfrak{x}\, d\mathfrak{n}] = + \begin{vmatrix} (\mathfrak{x}_u d\mathfrak{x}) & (\mathfrak{x}_v d\mathfrak{x}) \\ (\mathfrak{x}_u d\mathfrak{n}) & (\mathfrak{x}_v d\mathfrak{n}) \end{vmatrix} = \\ = - \begin{vmatrix} E\,du + F\,dv, & F\,du + G\,dv \\ L\,du + M\,dv, & M\,du + N\,dv \end{vmatrix} = 0.$$

Diese Gleichung kennzeichnet aber nach (10. 6) die Krümmungslinien der Fläche. Damit ist, wegen der Umkehrbarkeit der Schlüsse, Satz 1 bewiesen.

Beispiel 1: Als Anwendung folgt nochmals, daß alle Linien einer Kugel und einer Ebene Krümmungslinien sind; denn die Flächennormalen längs einer sphärischen Linie (ebenen Linie) bilden einen Kegel (Zylinder) oder ein Strahlbüschel (Parallelenbüschel).

Beispiel 2: Ebenso folgt, daß die Krümmungslinien einer Drehfläche ihre Parallelkreise und Meridiane sind; denn deren Normalen bilden einen Kegel (oder einen Zylinder oder ein Strahlbüschel) bzw. das Tangentensystem der Evolute des Meridians (oder ein Strahlbüschel oder ein Parallelenbüschel).

Beispiel 3: Krümmungslinien einer (nichtisotropen) Torse (des Tangentensystems einer nichtisotropen Raumkurve) sind ihre geradlinigen Erzeugenden und deren Orthogonaltrajektorien (Filarevolventen ihrer Gratlinie). Denn längs jeder Erzeugenden hat die Torse eine feste Tangentenebene, also ein Parallelenbüschel von Normalen; die Erzeugenden bilden also die eine Schar der Krümmungslinien. Die zweite Schar ist dazu orthogonal, besteht also nach (II. 23) aus den Filarevolventen der Gratlinie.

Beispiel 4: Krümmungslinien eines beliebigen (nichtisotropen) Kegels sind 1) seine Mantellinien, 2) seine Schnittlinien mit den Kugeln um die Kegelspitze.

Beispiel 5: Krümmungslinien eines (nichtisotropen) Zylinders sind 1) seine Mantellinien, 2) seine ebenen Normalschnitte.

Nach (3) gilt in jedem Flächenpunkte $P(u, v)$ für jede der beiden Hauptkrümmungsrichtungen $d\mathfrak{x}$ (und nur für sie) und für die zugehörigen Richtungsänderungen $d\mathfrak{n}$ der (nichtisotropen) Flächennormalen $\mathfrak{n}$ wegen $[\mathfrak{n}\, d\mathfrak{x}\, d\mathfrak{n}] = 0$ eine lineare Abhängigkeit der Form

(13. 5) $$\alpha \mathfrak{n} + \beta d\mathfrak{n} + \gamma d\mathfrak{x} = \mathfrak{o}.$$

Multipliziert man diese Gleichung innerlich mit dem Vektor $\mathfrak{n}$, so folgt wegen $\mathfrak{n}^2 = 1$, $\mathfrak{n} d\mathfrak{n} = 0$, $\mathfrak{n} d\mathfrak{x} = 0$ zunächst $\alpha = 0$. Multipliziert man dann (5) innerlich mit dem Vektor $d\mathfrak{x}$ der betrachteten Hauptkrümmungsrichtung, so erhält man nach (3. 12) und (3. 13)

$$\beta(d\mathfrak{n} d\mathfrak{x}) + \gamma d\mathfrak{x}^2 = 0 \quad \text{oder} \quad -\beta \cdot II + \gamma \cdot I = 0.$$

Nach (4. 1) folgt daraus $\beta : \gamma = 1 : II/I = 1 : 1/R$, wobei $1/R$ die zu der betrachteten Hauptkrümmungsrichtung $d\mathfrak{x}$ gehörige Hauptnormalkrümmung $1/R_1$ oder $1/R_2$ bedeutet. Trägt man diese Werte in (5) ein, so entsteht schließlich die **Formel von Olinde Rodrigues (1815)**

(13. 6) $$\boxed{d\mathfrak{n} + \frac{1}{R} d\mathfrak{x} = \mathfrak{o}.}$$

Diese zu (3) und (4) äquivalente Formel gilt nur für die beiden Hauptkrümmungsrichtungen, die durch sie gekennzeichnet sind.

Bemerkung 1: Mittels der Formel von Rodrigues beweist man leicht als Umkehrung von Beispiel 1 den von Jean Baptiste Marie Meusnier (1754—1793) stammenden

Satz 2: *Kugeln und Ebenen sind die einzigen, reellen, dreimal stetig ableitbaren Flächen (allgemeiner die einzigen metrisch regulären Flächen), deren sämtliche Linien Krümmungslinien und deren sämtliche Punkte Nabelpunkte (einschließlich Flachpunkte) sind.*

Beweis: Weil auf einer solchen Fläche $\mathfrak{x} = \mathfrak{x}(u, v)$ sämtliche Richtungen $(du : dv)$ in allen Punkten $P(u, v)$ Hauptkrümmungsrichtungen sind, gilt:

1) alle Flächenpunkte sind Nabelpunkte und die Normalkrümmungen $1/R$ aller Richtungen von P haben denselben (nur von u, v abhängigen) Wert, d. h $R = R(u, v)$.

2) für alle Richtungen $(du : dv)$ der Fläche besteht die Formel (6) von Rodrigues; insbesondere folgt für die beiden Parameterrichtungen $(1 : 0)$ bzw. $(0 : 1)$ aus (6)

(13. 7) $$\mathfrak{n}_u + \frac{1}{R(u, v)} \mathfrak{x}_u = \mathfrak{o}, \quad \mathfrak{n}_v + \frac{1}{R(u, v)} \mathfrak{x}_v = \mathfrak{o}.$$

Differenziert man die erste Identität nach v, die zweite nach u, so erhält man

$$\mathfrak{n}_{uv} + \frac{1}{R}\,\mathfrak{x}_{uv} - \frac{R_v}{R^2}\,\mathfrak{x}_u \equiv \mathfrak{o}, \quad \mathfrak{n}_{vu} + \frac{1}{R}\,\mathfrak{x}_{vu} - \frac{R_u}{R^2}\,\mathfrak{x}_v \equiv \mathfrak{o}$$

und durch Abziehen

$$\frac{1}{R^2}\,(R_u\mathfrak{x}_v - R_v\mathfrak{x}_u) \equiv \mathfrak{o}. \tag{13.8}$$

α) Ist dann $1/R \not\equiv 0$, so kann (8) wegen $[\mathfrak{x}_u\mathfrak{x}_v] \not\equiv \mathfrak{o}$ nur bestehen, wenn

$$R_u(u,v) \equiv 0 \text{ und } R_v(u,v) \equiv 0, \text{ d. h. } R = \text{const} \tag{13.9}$$

ist. Aus der nach 2) für alle Richtungen $d\mathfrak{x}$ bestehenden Formel von Rodrigues $d\mathfrak{x} + R\,d\mathfrak{n} \equiv \mathfrak{o}$, folgt dann durch Integration

$$\mathfrak{x} + R\mathfrak{n} = \mathfrak{m} = \text{const} \quad \text{oder} \quad \mathfrak{x}(u,v) = \mathfrak{m} - R\mathfrak{n}(u,v). \tag{13.10}$$

Das ist, wenn der Einheitsvektor $\mathfrak{n}(u,v)$ alle Richtungen durchläuft, die Vektordarstellung einer Kugel mit der festen Mitte $\mathfrak{m}$ und dem festen (endlichen) Radius R.

β) Ist dagegen $1/R \equiv 0$, so ist nach der Formel von Rodrigues $d\mathfrak{n} \equiv 0$, also $\mathfrak{n} = \text{const}$; wegen $\mathfrak{n}\,d\mathfrak{x} \equiv 0$ und $\mathfrak{x}\,d\mathfrak{n} \equiv 0$ ist dann $\mathfrak{n}\,d\mathfrak{x} + \mathfrak{x}\,d\mathfrak{n} \equiv 0$ oder $d(\mathfrak{n}\mathfrak{x}) \equiv 0$, woraus durch Integration $\mathfrak{n}\mathfrak{x} \equiv c = \text{const}$, d. h. die Gleichung einer Ebene folgt. Damit ist Satz 2 bewiesen.

Bemerkung 2: Daraus folgt nun leicht

Satz 3: *Die einzigen reellen Flächen mit verschwindender Gaußscher und mittlerer Krümmung* ($K = H \equiv 0$) *sind die reellen Ebenen.*

Beweis: Aus

$$H = \frac{1}{2}\left(\frac{1}{R_1} + \frac{1}{R_2}\right) \equiv 0 \quad \text{und} \quad K = \frac{1}{R_1}\cdot\frac{1}{R_2} \equiv 0$$

folgt nämlich $1/R_1 = 1/R_2 \equiv 0$. Jeder Punkt der Fläche ist somit (wegen $1/R_1 = 1/R_2$) ein *Nabelpunkt*, und es liegt nach Satz 2 entweder eine *Kugel* oder eine *Ebene* vor. Wegen $K \equiv 0$ bleibt schließlich nur der Fall der *Ebene*, w. z. b. w.

Bemerkung 3: Bildet man längs der Krümmungslinien $u = \text{const}$ und $v = \text{const}$ eines metrisch regulären Flächenstückes $\mathfrak{x} = \mathfrak{x}(u,v)$, für welche nach der Formel von Rodrigues (6)

$$(13.11) \qquad \mathfrak{n}_u = -\frac{1}{R_1}\mathfrak{x}_u, \quad \mathfrak{n}_v = -\frac{1}{R_2}\mathfrak{x}_v$$

gilt, die Normalentorsen, so schneiden sie aus den im Abstand w gebildeten **Parallelflächen**

$$(13.12) \qquad \bar{\mathfrak{x}} = \mathfrak{x}(u, v) + w\mathfrak{n}(u, v)$$

der Fläche $\mathfrak{x}(u, v)$ wieder Krümmungslinien $u = \text{const}$ und $v = \text{const}$ aus, weil entsprechende Normalen $\bar{\mathfrak{n}}(u, v)$ und $\mathfrak{n}(u, v)$ der Flächen $\bar{\mathfrak{x}}$ und $\mathfrak{x}$ identisch sind ($\bar{\mathfrak{n}} \equiv \mathfrak{n}$). Aus (11) folgen nämlich für die Parallelfläche (12) die Rodriguesschen Formeln

$$(13.13) \qquad \bar{\mathfrak{n}}_u = -\frac{\bar{\mathfrak{x}}_u}{R_1 - w}, \quad \bar{\mathfrak{n}}_v = -\frac{\bar{\mathfrak{x}}_v}{R_2 - w}.$$

Für die Hauptkrümmungsradien $\bar{R}_1, \bar{R}_2$ der Parallelfläche (12) gilt also

$$(13.14) \qquad \bar{R}_1 = R_1 - w, \quad \bar{R}_2 = R_2 - w,$$

und für ihre Gaußsche Krümmung $\bar{K}$ und mittlere Krümmung $\bar{H}$ folglich

$$(13.15) \qquad \bar{K} = \frac{K}{1 - 2Hw + Kw^2}, \quad \bar{H} = \frac{H - Kw}{1 - 2Hw + Kw^2}.$$

Daraus folgt z. B., daß alle Parallelflächen einer abwickelbaren Fläche ($K = 0$) wieder abwickelbar sind ($\bar{K} = 0$).

Ferner folgt aus (15) der

Satz 4 (von Ossian Bonnet, 1853): *Unter den Parallelflächen $\bar{\mathfrak{x}} = \mathfrak{x} + w\mathfrak{n}$ einer Fläche $\mathfrak{x}$ der festen mittleren Krümmung $H = \text{const} \neq 0$ gibt es (für $w = 1/2H$) eine ausgezeichnete Parallelfläche $\bar{\mathfrak{x}}$ mit der konstanten (positiven) Gaußschen Krümmung $\bar{K} = 4H^2 > 0$.*

Umgekehrt gibt es unter den Parallelflächen $\bar{\mathfrak{x}} = \mathfrak{x} + w\mathfrak{n}$ einer (nicht kugeligen) Fläche $\mathfrak{x}$ der festen positiven Gaußschen Krümmung $K > 0$ (sphärische Flächen) für $w_1 = +1/\sqrt{K}$ bzw. $w_2 = -1/\sqrt{K}$ zwei ausgezeichnete Flächen $\bar{\mathfrak{x}}_1$ und $\bar{\mathfrak{x}}_2$ der festen mittleren Krümmung $\bar{H}_1 = -\sqrt{K}/2$ bzw. $\bar{H}_2 = +\sqrt{K}/2$.

Bemerkung 4: Man kann daher nach Bonnet aus den (von Kugeln verschiedenen) Drehflächen der festen Gaußschen Krümmung $K = 1/a^2 > 0$ als Parallelflächen im Abstand

$w_1 = +a$ bzw. $w_2 = -a$ die Drehflächen der festen mittleren Krümmung $\bar{H}_1 = -1/2a$ bzw. $\bar{H}_2 = +1/2a$ gewinnen. Deren Meridiane erhält man nach Charles Delaunay (1841) als Bahnen eines Brennpunktes einer Hyperbel bzw. einer Ellipse der Achsenlänge $2a$, die auf einer Geraden g (der Drehachse) ohne Gleiten abrollt. Man bezeichnet diese Delaunayschen Kurven nach Lorentz Leonhard Lindelöf (1863) auch als hyperbolische bzw. elliptische Kettenlinien.

Rollt schließlich (im Grenzfall) eine Parabel auf einer Geraden g ohne Gleiten ab, so beschreibt ihr Brennpunkt eine gewöhnliche (oder parabolische) Kettenlinie, d. h. den Meridian einer Drehfläche der festen mittleren Krümmung $H = 0$, einer Minimalfläche, nämlich der aus (11. Beisp. 5) bekannten Kettenfläche.

Bemerkung 5: Aus (15) folgt

$$\frac{\bar{H}}{\bar{K}} = \frac{H}{K} - w. \tag{13.16}$$

Für die Parallelflächen $\bar{\mathfrak{x}} = \mathfrak{x} + w\mathfrak{n}$ einer Minimalfläche $H = 0$ ist daher

$$\frac{\bar{H}}{\bar{K}} = \frac{1}{2}(\bar{R}_1 + \bar{R}_2) = -w = \text{const.} \tag{13.17}$$

Hat umgekehrt für eine Fläche $\bar{\mathfrak{x}}$ der Ausdruck (17) einen festen Wert, so auch für alle ihre Parallelflächen $\mathfrak{x}$, unter denen dann stets auch eine Minimalfläche ($H = 0$) vorhanden ist.

Man bezeichnet allgemein Flächen, zwischen deren Hauptkrümmungsradien R_1 und R_2 eine Beziehung

$$f(R_1, R_2) = 0 \quad \text{oder} \quad R_2 = F(R_1) \tag{13.18}$$

besteht, als **Weingartensche Flächen** (*W-Flächen*), weil Julius Weingarten (1862) sich zuerst ausführlich mit ihnen befaßt hat. Auch die Minimalflächen ($H = 0$ oder $R_1 + R_2 = 0$) und die Flächen mit konstanter Gaußscher Krümmung ($K = \text{const}$ oder $R_1 R_2 = \text{const}$) sind W-Flächen.

14. Krummlinige Koordinaten im Raum. Der Satz von Dupin über dreifach orthogonale Flächensysteme. Die cartesischen Koordinaten (x, y, z) eines Raumpunktes P mit dem Ortsvektor $\mathfrak{x}$ seien in einem Raumstück $\mathfrak{R}$ eindeutige analytische Funktionen

$$(14.1) \quad x = x(u, v, w), \; y = y(u, v, w), \; z = z(u, v, w)$$

der drei Variablen u, v, w. Ist dabei in $\mathfrak{R}$ die Funktionaldeterminante

$$(14.2) \quad \frac{\partial(x, y, z)}{\partial(u, v, w)} = [\mathfrak{x}_u, \mathfrak{x}_v, \mathfrak{x}_w] \neq 0,$$

so kann man nach dem Fundamentalsatz über implizite Funktionen die Gleichungen (1) in $\mathfrak{R}$ eindeutig und analytisch nach u, v, w auflösen:

$$(14.3) \quad u = u(x, y, z), \; v = v(x, y, z), \; w = w(x, y, z),$$

wobei wegen (2) auch die Funktionaldeterminante

$$(14.4) \quad \frac{\partial(u, v, w)}{\partial(x, y, z)} = 1 : \frac{\partial(x, y, z)}{\partial(u, v, w)} \neq 0$$

ist. Man kann dann im Raumstück $\mathfrak{R}$ die Größen (u, v, w) als allgemeine Gaußsche Koordinaten des Raumpunktes P deuten, dessen Ortsvektor (1) wir dann kurz in der Form

$$(14.5) \quad \mathfrak{x} = \mathfrak{x}(u, v, w)$$

schreiben.

Hält man (Bild 18) eine dieser drei Koordinaten fest, indem man $u = u_0$ oder $v = v_0$ oder $w = w_0$ setzt, so erhält man drei Parameterflächen mit den Ortsvektoren

$$(14.6) \quad \mathfrak{x} = \mathfrak{x}(u_0, v, w), \; \mathfrak{x} = \mathfrak{x}(u, v_0, w), \; \mathfrak{x} = \mathfrak{x}(u, v, w_0),$$

die sich in dem Punkte P_0 vom Ortsvektor $\mathfrak{x}_0 = \mathfrak{x}(u_0, v_0, w_0)$ schneiden. Wenn u_0, v_0, w_0 variieren, beschreiben die Gleichungen (6) drei Scharen von (i. a. krummen) Parameterflächen, deren jede das Raumstück $\mathfrak{R}$ schlicht überdeckt.

Je zwei verschiedenartige Parameterflächen (6) schneiden sich in einer Parameterlinie, auf der dann nur noch ein Parameter (u oder v oder w) variiert und die daher als u-Linien, v-Linien und w-Linien des krummlinigen Gaußschen Koordinatensystems (u, v, w) bezeichnet werden.

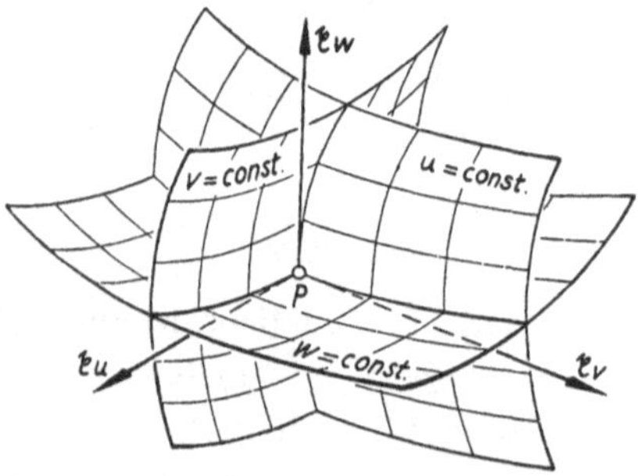

Bild 18. Krummliniges Koordinatensystem (u, v, w) im Raum mit Koordinatenflächen und Koordinatenlinien.

Aus jeder Parameterfläche (6) schneiden die Flächen der beiden anderen Scharen ein reguläres zweiparametriges Gaußsches Parameternetz aus; z. B. bilden auf jeder Fläche $w = \text{const}$ die u-Linien und v-Linien ein (reguläres) Parameternetz.

Die Tangentenvektoren dieser Parameterlinien des Gaußschen krummlinigen Koordinatensystems (u, v, w) ergeben sich dabei wieder durch Ableiten des Ortsvektors $\mathfrak{x}(u, v, w)$ nach u, bzw. v, bzw. w (bei festem (v, w), bzw. festem (w, u), bzw. festem (u, v)).

Ausführlich lauten diese Tangentenvektoren $\mathfrak{x}_u$, $\mathfrak{x}_v$, $\mathfrak{x}_w$ der Parameterlinien

$$(14.7)\quad \begin{Vmatrix} \mathfrak{x}_u \\ \mathfrak{x}_v \\ \mathfrak{x}_w \end{Vmatrix} = \begin{Vmatrix} \mathfrak{x}_u(u,v,w) \\ \mathfrak{x}_v(u,v,w) \\ \mathfrak{x}_w(u,v,w) \end{Vmatrix} = \begin{Vmatrix} x_u(u,v,w) & y_u(u,v,w) & z_u(u,v,w) \\ x_v(u,v,w) & y_v(u,v,w) & z_v(u,v,w) \\ x_w(u,v,w) & y_w(u,v,w) & z_w(u,v,w) \end{Vmatrix}.$$

Nach (2) sind diese Vektoren in jedem Punkte $P(u, v, w)$ des Raumstückes $\mathfrak{R}$ linear unabhängig.

Wenn man die krummlinigen Koordinaten (u, v, w) in (5) als stetig ableitbare Funktionen eines Parameters t annimmt, also

$$(14.8)\quad u = u(t),\ v = v(t),\ w = w(t)$$

setzt, so beschreibt, wenn $(\dot{u}(t), \dot{v}(t), \dot{w}(t)) \neq (0,0,0)$ ist, der Punkt $P(u, v, w)$ in $\mathfrak{R}$ eine glatte Raumkurve mit dem Ortsvektor

$$(14.9)\quad \mathfrak{x} = \mathfrak{x}(u(t), v(t), w(t)) = \mathfrak{x}(t).$$

Der Tangentenvektor dieser Kurve ist

$$(14.10)\quad \frac{d\mathfrak{x}}{dt} = \dot{\mathfrak{x}}(t) = \mathfrak{x}_u \frac{du}{dt} + \mathfrak{x}_v \frac{dv}{dt} + \mathfrak{x}_w \frac{dw}{dt}$$

oder

$$(14.11)\quad d\mathfrak{x} = \mathfrak{x}_u du + \mathfrak{x}_v dv + \mathfrak{x}_w dw,$$

und ihr Bogenelementquadrat lautet

$$(14.12)\quad \begin{aligned} ds^2 &= d\mathfrak{x}^2 = (\mathfrak{x}_u du + \mathfrak{x}_v dv + \mathfrak{x}_w dw)^2 = \\ &= \mathfrak{x}_u^2\, du^2 + \mathfrak{x}_v^2 dv^2 + \mathfrak{x}_w^2 dw^2 + \\ &+ 2(\mathfrak{x}_u \mathfrak{x}_v) du\, dv + 2(\mathfrak{x}_v \mathfrak{x}_w) dv\, dw + 2(\mathfrak{x}_w \mathfrak{x}_u) dw\, du. \end{aligned}$$

Man nennt, wenn die Richtung $(du : dv : dw) \neq (0:0:0)$ beliebig variiert, den bewegungs- und parameterinvarianten Ausdruck (12) das Bogenelementquadrat des Raumes $\mathfrak{R}$ in dem Gaußschen Parametersystem (u, v, w). Seine sechs Vorzahlen (metrische Fundamentalgrößen) bestimmen die Metrik des Raumes $\mathfrak{R}$ eindeutig.

Die drei Scharen der Parameterflächen (6) bilden in $\mathfrak{R}$ ein dreifach orthogonales Flächensystem, wenn in allen Punkten P von $\mathfrak{R}$ die Parameterflächen (6) sich paarweise rechtwinkelig schneiden; dann sind auch die drei von P ausgehenden Parameterlinien paarweise rechtwinklig (und umgekehrt).

Notwendig und hinreichend für dreifach orthogonale Flächensysteme (6) sind also die drei Orthogonalitätsbedingungen

$$(14.13)\qquad (\mathfrak{x}_v\mathfrak{x}_w) \equiv 0,\ (\mathfrak{x}_w\mathfrak{x}_u) \equiv 0,\ (\mathfrak{x}_u\mathfrak{x}_v) \equiv 0.$$

Das Bogenelementquadrat (12) vereinfacht sich dann zu

$$(14.14)\qquad ds^2 = \mathfrak{x}_u^2 du^2 + \mathfrak{x}_v^2 dv^2 + \mathfrak{x}_w^2 dw^2.$$

Wir beweisen nun den folgenden

Satz von Dupin (1813): *Die Flächen* (6) *eines dreifach orthogonalen Systems schneiden sich gegenseitig in Krümmungslinien.*

Beweis: Differenziert man nämlich die dann bestehenden Orthogonalitätsrelationen (13) reihum nach u, v, w, so entstehen die neuen Identitäten

$$\mathfrak{x}_{uv}\mathfrak{x}_w + \mathfrak{x}_v\mathfrak{x}_{uw} \equiv 0,\ \mathfrak{x}_{vw}\mathfrak{x}_u + \mathfrak{x}_w\mathfrak{x}_{uv} \equiv 0,\ \mathfrak{x}_{uw}\mathfrak{x}_v + \mathfrak{x}_u\mathfrak{x}_{vw} \equiv 0.$$

Addiert man zwei von ihnen und subtrahiert dann die dritte, so erhält man die Identitäten

$$(14.15)\qquad \mathfrak{x}_u\mathfrak{x}_{vw} \equiv 0,\ \mathfrak{x}_v\mathfrak{x}_{wu} \equiv 0,\ \mathfrak{x}_w\mathfrak{x}_{uv} \equiv 0.$$

Wegen (13) und (15) ist z. B. der im Punkte $P\,(u, v, w)$ zur Fläche $w =$ const normale Vektor $\mathfrak{x}_w$ normal zu $\mathfrak{x}_u, \mathfrak{x}_v, \mathfrak{x}_{uv}$; für diese drei komplanaren Vektoren ist also $[\mathfrak{x}_u\mathfrak{x}_v\mathfrak{x}_{uv}] \equiv 0$, d. h. nach (3. 16): auf den Flächen $w =$ const ist $M \equiv 0$. Wegen $(\mathfrak{x}_u\mathfrak{x}_v) \equiv 0$ ist aber auf diesen Flächen $w =$ const auch $F \equiv 0$. Also sind nach (10. Bem. 2) auf den Flächen $w =$ const (und ähnlich auf den Flächen $u =$ const und $v =$ const) die Parameterlinien Krümmungslinien, w. z. b. w.

Bemerkung 1: Aus dem vorstehenden Beweis ergibt sich unmittelbar die folgende, von Gaston Darboux (1842–1917) stammende Umkehrung des Dupinschen Satzes:

Satz von Darboux (1886): *Zu zwei orthogonalen Flächenscharen gibt es dann und nur dann eine dritte, zu beiden orthogonale Schar, wenn sich die Flächen der beiden ersten Scharen gegenseitig in Krümmungslinien schneiden.*

Beispiel 1: Konfokale Mittelpunktsflächen zweiter Ordnung haben nach den Lehren der analytischen Geometrie cartesische Gleichungen der Form

$$(14.16)\qquad f(\varrho) \equiv \frac{x^2}{a^2+\varrho} + \frac{y^2}{b^2+\varrho} + \frac{z^2}{c^2+\varrho} - 1 = 0.$$

Wenn $a > b > c > 0$ ist, erhalten wir

(I) für $+\infty > \varrho > -c^2$ dreiachsige Ellipsoide,
(II) für $-c^2 > \varrho > -b^2$ einschalige Hyperboloide,
(III) für $-b^2 > \varrho > -a^2$ zweischalige Hyperboloide,
(IV) für $-a^2 > \varrho > -\infty$ imaginäre Ellipsoide.

Scheiden wir die imaginären Ellipsoide (IV) aus, so geht durch jeden reellen Punkt $P(x, y, z)$ des Raumes mit $xyz \neq 0$ genau ein Ellipsoid ($\varrho = u$), ein einschaliges Hyperboloid ($\varrho = v$) und ein zweischaliges Hyperboloid ($\varrho = w$), deren Parameter (u, v, w) man als die elliptischen Koordinaten des Punktes $P(x, y, z)$ bezeichnet. Die Koordinatenflächen $u = \text{const}$, $v = \text{const}$, $w = \text{const}$ dieses räumlichen elliptischen Koordinatensystems stimmen mit den drei Flächenscharen (I), (II), (III) überein; deren Gleichungen lauten in der Bezeichnung (16)

$$(14.17)\qquad f(u) = 0,\ f(v) = 0,\ f(w) = 0.$$

Löst man die Gleichungen (17) nach (x, y, z) auf, so erhält man die Formeln

$$(14.18)\qquad \begin{aligned} x^2 &= \frac{(a^2+u)(a^2+v)(a^2+w)}{(a^2-b^2)(a^2-c^2)}, \\ y^2 &= \frac{(b^2+u)(b^2+v)(b^2+w)}{(b^2-c^2)(b^2-a^2)}, \\ z^2 &= \frac{(c^2+u)(c^2+v)(c^2+w)}{(c^2-a^2)(c^2-b^2)}. \end{aligned}$$

Aus den Gleichungen (17) folgt dann noch bei festem (x, y, z), wenn man z. B. die Differenz $f(u) - f(v)$ bildet und sie durch $v - u \neq 0$ dividiert,

$$(14.19)\qquad \frac{x^2}{(a^2+u)(a^2+v)} + \frac{y^2}{(b^2+u)(b^2+v)} + \frac{z^2}{(c^2+u)(c^2+v)} = 0$$

und zwei ähnliche Gleichungen für (v, w) und (w, u). Dies sind die Gleichungen der drei quadratischen Kegel, welche die Schnittkurven vierter Ordnung der Quadrikenpaare $f(u) = 0$ und $f(v) = 0$ usw. aus dem Nullpunkte O $(0, 0, 0)$ des cartesischen Koordinatensystems projizieren.

Wir zeigen nun, daß die drei konfokalen Flächen (17) ein Orthogonalsystem bilden, indem wir beweisen, daß ihre Flächennormalen $\operatorname{grad} f(u)$, $\operatorname{grad} f(v)$, $\operatorname{grad} f(w)$ im Punkte $P(x, y, z)$ paarweise orthogonal sind.

Tatsächlich ist z. B. nach (16)

$$\frac{1}{2}\operatorname{grad} f(u) = \left(\frac{x}{a^2+u}, \frac{y}{b^2+u}, \frac{z}{c^2+u}\right),$$

$$\frac{1}{2}\operatorname{grad} f(v) = \left(\frac{x}{a^2+v}, \frac{y}{b^2+v}, \frac{z}{c^2+v}\right);$$

das Innenprodukt dieser Vektoren verschwindet wegen (19), ebenso das der beiden übrigen Gradientenpaare.

Nach dem Satz von Dupin schneiden sich also die konfokalen Ellipsoide (I), *einschaligen Hyperboloide* (II) *und zweischaligen Hyperboloide* (III) *gegenseitig in ihren Krümmungslinien. Abgesehen von den in den Symmetrieebenen $x = 0$, $y = 0$, $z = 0$ liegenden Kegelschnitten sind diese Krümmungslinien daher algebraische Raumkurven vierter Ordnung.*

Bemerkung 2: Neben den regulären Ellipsoiden und Hyperboloiden enthält die Konfokalschar (16) noch singuläre Grenzflächen, nämlich (abgesehen von dem Ponceletschen absoluten Kegelschnitt) noch eine imaginäre und zwei reelle **Fokalkurven.**

Als Grenzfall der Ellipsoide mit den Halbachsen

$$(14.20) \qquad A = \sqrt{a^2+\varrho}, \ B = \sqrt{b^2+\varrho}, \ C = \sqrt{c^2+\varrho}$$

mit $\varrho > -c^2$ gibt es nämlich für $\varrho = -c^2$ noch die (doppeltüberdeckte) Innenfläche der Fokalellipse mit den Halbachsen

$$(14.21) \qquad A_1 = \sqrt{a^2-c^2}, \ B_1 = \sqrt{b^2-c^2} \quad \text{in der Ebene } z = 0.$$

Als Grenzfälle der einschaligen Hyperboloide mit den Halbachsen (20) mit $-c^2 > \varrho > -b^2$ findet man für $\varrho = -c^2$ die (doppeltüberdeckte) Außenfläche der Fokalellipse (21) in der Ebene $z = 0$ und für $\varrho = -b^2$ die (doppeltüberdeckte) Außenfläche der Fokalhyperbel mit den Halbachsen

(14.22) $A_2 = \sqrt{a^2 - b^2}$, $C_2 = \sqrt{c^2 - b^2} = i\sqrt{b^2 - c^2}$

in der Ebene $y = 0$. Schließlich findet man noch als Grenzfall der zweischaligen Hyperboloide mit den Halbachsen (20) mit $-b^2 > \varrho > -a^2$ für $\varrho = -b^2$ die (doppeltüberdeckte) Innenfläche der Fokalhyperbel (22) in der Ebene $y = 0$ und für $\varrho = -a^2$ die (doppeltüberdeckte) Ebene $x = 0$ der imaginären Fokalellipse mit den Halbachsen

(14.23) $B_3 = \sqrt{b^2 - a^2} = i\sqrt{a^2 - b^2}$, $C_3 = \sqrt{c^2 - a^2} = i\sqrt{a^2 - c^2}$.

Diese drei Fokalkurven enthalten die **Nabelpunkte** der konfokalen Quadriken (16). Z. B. liegen auf den dreiachsigen Ellipsoiden (1) je vier reelle Nabelpunkte, die aus ihnen von der Fokalhyperbel (22) ausgeschnitten werden.

Bemerkung 3: Das Bogenelementquadrat des Raumes in den elliptischen Koordinaten (u, v, w) erhält, wenn man die Abkürzung

(14.24) $$h(u) = 4(a^2 + u)(b^2 + u)(c^2 + u)$$

verwendet, nach (12) die orthogonale Form

(14.25) $$ds^2 = \frac{(u-v)(u-w)}{h(u)}\,du^2 + \frac{(v-u)(v-w)}{h(v)}\,dv^2 + \frac{(w-u)(w-v)}{h(w)}\,dw^2.$$

Ist das auf Krümmungsparameter bezogene stetig gekrümmte Flächenstück $\mathfrak{x} = \mathfrak{x}(u, v)$ metrisch regulär ($W^2 = EG - F^2 \neq 0$), so sind seine Flächennormalen $\mathfrak{n} = \mathfrak{n}(u, v)$ nicht isotrop. Trägt man dann auf ihnen von den Flächenpunkten $P(u, v)$ aus die festen (hinreichend kleinen) Längen w auf, so erhält man die Flächen

(14.26) $$\bar{\mathfrak{x}} = \mathfrak{x}(u, v, w) = \mathfrak{x}(u, v) + w \cdot \mathfrak{n}(u, v),$$

welche die **Schar der Parallelflächen** der (für $w = 0$ in der Schar enthaltenen) Fläche $\mathfrak{x}(u, v)$ bilden. Die Tangentenebenen $\bar{\pi}$ und π in entsprechenden Punkten $\bar{P}(u, v)$ und $P(u, v)$ der Flächen $\bar{\mathfrak{x}}$ und $\mathfrak{x}$ sind nämlich parallel, und ihre Normalen $\bar{\mathfrak{n}}(u, v)$ und $\mathfrak{n}(u, v)$ sind daher identisch.

Beweis: Nach der Formel (13. 6) von Rodrigues ist nämlich

$$\mathfrak{n}_u = -\frac{1}{R_1}\mathfrak{x}_u, \quad \mathfrak{n}_v = -\frac{1}{R_2}\mathfrak{x}_v, \tag{14. 27}$$

also nach (26)

$$\begin{cases} \bar{\mathfrak{x}}_u = \mathfrak{x}_u + w\mathfrak{n}_u = \left(1 - \frac{w}{R_1}\right)\mathfrak{x}_u, \\ \bar{\mathfrak{x}}_v = \mathfrak{x}_v + w\mathfrak{n}_v = \left(1 - \frac{w}{R_2}\right)\mathfrak{x}_v, \\ \bar{\mathfrak{x}}_w = \mathfrak{n}. \end{cases} \tag{14. 28}$$

Daraus folgt

$$[\bar{\mathfrak{x}}_u \bar{\mathfrak{x}}_v] = (1 - 2Hw + Kw^2)[\mathfrak{x}_u \mathfrak{x}_v], \tag{14. 29}$$

d. h. das Parallelsein der Tangentenebenen $\bar{\pi}(u, v)$ und $\pi(u, v)$ und (bei geeigneter Wahl der Vorzeichen von W und $\overline{W}$) die Identität der Normalen $\bar{\mathfrak{n}}(u, v)$ und $\mathfrak{n}(u, v)$. Voraussetzung ist dabei, daß überall auf der Fläche der in (29) vorkommende Faktor

$$(1 - 2Hw + Kw^2) = (1 - w/R_1)\,(1 - w/R_2) \neq 0 \tag{14. 30}$$

ist, d. h. daß $w \neq R_1$ und $w \neq R_2$ ist, was für genügend kleine $|w|$, nämlich für

$$|w| < \operatorname{Min}(|R_1|, |R_2|) \tag{14. 31}$$

stets der Fall ist.

Aus $(\mathfrak{x}_u\mathfrak{x}_v) = 0$, $(\mathfrak{x}_u\mathfrak{n}) = 0$, $(\mathfrak{x}_v\mathfrak{n}) = 0$ folgt weiter

$$(\bar{\mathfrak{x}}_u\bar{\mathfrak{x}}_v) = 0, \ (\bar{\mathfrak{x}}_u\bar{\mathfrak{x}}_w) = 0, \ (\bar{\mathfrak{x}}_v\bar{\mathfrak{x}}_w) = 0. \tag{14. 32}$$

D.h. die drei in der Darstellung (26) enthaltenen Flächenscharen $u = \text{const}$ (Normalentorsen der Krümmungslinien $u = \text{const}$), $v = \text{const}$ (Normalentorsen der Krümmungslinien $v = \text{const}$) und $w = \text{const}$ (Parallelflächen der Fläche $\mathfrak{x}(u, v)$) bilden ein dreifaches Orthogonalsystem. Somit gilt

Satz 1: *Jede stetig gekrümmte Fläche $\mathfrak{x}(u, v)$, auf der es zwei orthogonale Scharen von Krümmungslinien gibt, kann in ein dreifach orthogonales Flächensystem eingebettet werden.*

15. Normalenkongruenz einer Fläche. Zentrafläche. Das System der in den Punkten $P(u, v)$ einer metrisch regulären ($W^2 = EG - F^2 \neq 0$) analytischen Fläche

$$\mathfrak{x} = \mathfrak{x}(u, v) \tag{15.1}$$

errichteten Flächennormalen $\mathfrak{n} = \mathfrak{n}(u, v)$ wird als die **Normalenkongruenz** der Fläche (oder als ihr Normalensystem) bezeichnet. Wir wollen im folgenden 1) die Trivialfälle der Ebenen und Kugeln ausschließen und 2) annehmen, daß die Fläche (1) zwei verschiedene (orthogonale) Systeme von Krümmungslinien besitzt. Dadurch werden auch die, erst in (IV. 17) behandelten (stets komplexen) Mongeschen Flächen ausgeschlossen, die nur ein einziges System von (isotropen, geradlinigen) Krümmungslinien tragen.

Unter diesen Annahmen gliedert sich die Normalenkongruenz der Fläche (1) durch die Flächennormalen längs der Krümmungslinien in zwei Scharen von abwickelbaren Regelflächen (Torsen). Die Gratlinien dieser beiden Torsenscharen, die man als die Brennlinien der Normalenkongruenz bezeichnet, bilden die beiden Mäntel $\mathfrak{X}_1(u, v)$ und $\mathfrak{X}_2(u, v)$ der **Brennfläche** der Normalenkongruenz (Bild 19). Man bezeichnet diese Brennfläche der Normalenkongruenz auch als die **Evolutenfläche** oder **Zentrafläche** der Fläche $\mathfrak{x}(u, v)$, weil sie der Ort der Krümmungsmittelpunkte

$$\mathfrak{X}_1 = \mathfrak{x}(u, v) + R_1\mathfrak{n}(u, v), \quad \mathfrak{X}_2 = \mathfrak{x}(u, v) + R_2\mathfrak{n}(u,v) \tag{15.2}$$

der Hauptnormalschnitte ν_1, ν_2 der Fläche $\mathfrak{x}(u, v)$ ist.

Um zu beweisen, daß die Flächen $\mathfrak{X}_1(u, v)$ bzw. $\mathfrak{X}_2(u, v)$ in (2) die Gratlinien der Normalentorsen der ersten bzw. zweiten Schar der Krümmungslinien $\mathfrak{x}_1$ bzw. $\mathfrak{x}_2$ der Fläche (1) tragen, bemerken wir, daß wegen der Formeln von Rodrigues $d\mathfrak{x}_i + R_i d\mathfrak{n}_i = \mathfrak{o}$ ist ($i = 1,2$), und daß somit die den beiden Hauptkrümmungsrichtungen $d\mathfrak{x}_i$ von (1) auf den Flächen (2) zugeordneten Richtungen

$$(15.3) \qquad d\mathfrak{X}_i = (d\mathfrak{x}_i + R_i d\mathfrak{n}_i) + dR_i\mathfrak{n}_i = dR_i\mathfrak{n}_i$$

den in den Punkten von $\mathfrak{x}_i$ errichteten Flächennormalen $\mathfrak{n} = \mathfrak{n}_i$ von (1) angehören.

Die den Krümmungslinien $\mathfrak{x}_i$ der Fläche (1) zugeordneten Kurven $\mathfrak{X}_i$ von (2) sind daher die Gratlinien der von den Flächennormalen $\mathfrak{n}$ der Krümmungslinien $\mathfrak{x}_i$ von (1) gebildeten Torsen, w. z. b. w.

Jede Flächennormale $\mathfrak{n}$ der Normalenkongruenz von (1) berührt also jede der beiden Flächen $\mathfrak{X}_i(u, v)$ in den Krümmungsmittelpunkten (2) der Hauptnormalschnitte ν_i der Fläche (1), d. h. in den Brennpunkten von $\mathfrak{n}$. Die Flächen (2) sind daher tatsächlich die beiden Mäntel der Brennfläche der Normalenkongruenz der Fläche (1). Damit ist auch der Name Zentrafläche für die Brennflächen der Normalenkongruenz gerechtfertigt.

Wegen $\mathfrak{n}\, d\mathfrak{x}_i = 0$ sind die Krümmungslinien $\mathfrak{x}_i$ der Fläche (1) Filarevolventen der Brennlinien $\mathfrak{X}_i$; umgekehrt sind die Brennlinien $\mathfrak{X}_i$ Evoluten der Krümmungslinien $\mathfrak{x}_i$ von (1). Damit ist auch der Name Evolutenfläche für die Brennflächenmäntel (2) begründet. Wie bei den ebenen

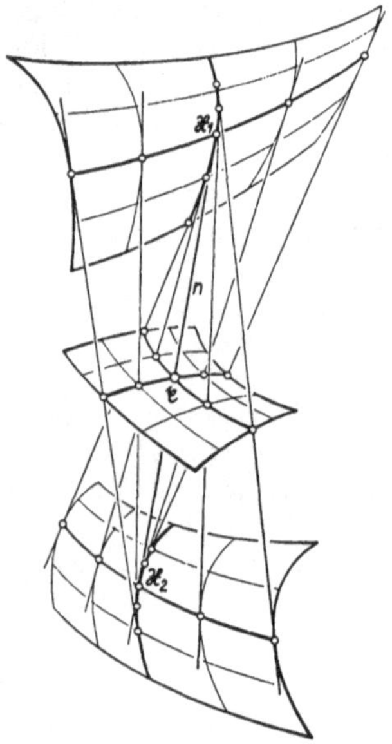

Bild 19. Normalenkongruenz der Fläche $\mathfrak{x}(u, v)$ mit den Normalentorsen der Krümmungslinien, deren Gratlinien die beiden Mäntel $\mathfrak{X}_1(u, v)$ und $\mathfrak{X}_2(u, v)$ der Zentrafläche von $\mathfrak{x}$ bilden. Jede Normale n berührt die Zentrafläche (Brennfläche der Normalenkongruenz) in ihren Brennpunkten $\mathfrak{X}_1$ und $\mathfrak{X}_2$, welche zugleich die Hauptkrümmungsmitten der Fläche $\mathfrak{x}(u, v)$ im Punkte $\mathfrak{x}$ sind.

Evoluten in (I. 15. 7) folgt aus (3) für die Bogenlängen S_1 und S_2 der Evoluten der Krümmungslinien $\mathfrak{x}_1$ und $\mathfrak{x}_2$ (bei geeigneter Wahl der Nullpunkte und Laufsinne von S_i)

$$(15.4)\quad dS_i^2 = (d\mathfrak{X}_i)^2 = (dR_i)^2\,\mathfrak{n}^2 = (dR_i)^2, \quad \text{d. h. } S_i = R_i.$$

Wählt man auf der Fläche $\mathfrak{x}(u, v)$ die Krümmungslinien als Parameterlinien (u und v heißen dann Krümmungsparameter), so ist nach (10. Bem. 2) $F(u, v) \equiv 0$, $M(u, v) \equiv 0$, und nach (10. 10) ist

$$(15.5)\qquad \frac{1}{R_1} = \frac{L(u, v)}{E(u, v)}, \quad \frac{1}{R_2} = \frac{N(u, v)}{G(u, v)}.$$

Dann lauten die beiden Brennflächen der Normalenkongruenz der Fläche $\mathfrak{x}(u, v)$

$$(15.6)\quad \mathfrak{X}_1 = \mathfrak{x}(u, v) + \frac{E}{L}\mathfrak{n}(u, v), \quad \mathfrak{X}_2 = \mathfrak{x}(u, v) + \frac{G}{N}\mathfrak{n}(u, v).$$

Auf $\mathfrak{X}_1$ sind die u-Linien ($v = \text{const}$), auf $\mathfrak{X}_2$ die v-Linien ($u = \text{const}$) Gratlinien der Normalentorsen (Evoluten der Krümmungslinien $v = \text{const}$. bzw. $u = \text{const}$) von $\mathfrak{x}(u, v)$, d. h Brennlinien der Normalenkongruenz der Fläche $\mathfrak{x}(u, v)$. Die Brennfläche $\mathfrak{X}_1$ wird dabei längs ihrer v-Linien ($u = \text{const}$) von den Normalentorsen berührt, deren Gratlinien (als v-Linien) auf $\mathfrak{X}_2$ liegen; umgekehrt wird die Brennfläche $\mathfrak{X}_2$ längs ihrer u-Linien ($v = \text{const}$) von den Normalentorsen berührt, deren Gratlinien (als u-Linien) auf $\mathfrak{X}_1$ liegen. Die Gratlinien und Berührkurven (u-Linien und v-Linien) bilden daher auf den beiden Brennflächen jeweils ein konjugiertes Netz.

Die beiden durch den Strahl $\mathfrak{n}(u, v)$ der Normalenkongruenz der Fläche $\mathfrak{x}(u, v)$ laufenden Torsen Θ_1 und Θ_2 werden längs ihrer gemeinsamen Erzeugenden $\mathfrak{n}(u, v)$ von den (zueinander normalen) Ebenen ν_1 und ν_2 der beiden Hauptnormalschnitte des Flächenpunktes $P(u, v)$ berührt, die man als die Brennebenen von $\mathfrak{n}(u, v)$ bezeichnet und die mit den Schmiegebenen der Gratlinien (Brennkurven) der Torsen Θ_1 und Θ_2 identisch sind. Die beiden Brennebenen ν_1, ν_2 jedes Strahles $\mathfrak{n}$ einer Normalenkongruenz sind, wie schon erwähnt, zueinander rechtwinkelig.

Weil schließlich die Schmiegebenen der Gratlinien zu den Tangentenebenen der von ihnen beschriebenen Brennfläche normal sind, sind *die Gratlinien der Normaltorsen der Fläche* $\mathfrak{x}(u, v)$ *stets geodätische Linien auf den beiden Mänteln* $\mathfrak{X}_1(u, v)$ *bzw.* $\mathfrak{X}_2(u, v)$ *der Zentrafläche.*

Bemerkung 1: Es kann vorkommen, daß ein Mantel $\mathfrak{X}_1(u, v)$ der Brennfläche der Normalenkongruenz einer Fläche $\mathfrak{x}(u,v)$ in eine Kurve (Brennkurve) ausartet, die dann von allen Normalen von $\mathfrak{x}(u, v)$ geschnitten wird. Kennzeichnend dafür ist nach (III. 2. 3) die Gleichung $[\mathfrak{X}_{1u}\mathfrak{X}_{1v}] = \mathfrak{o}$. Das einfachste Beispiel dafür ist eine Drehfläche, bei der alle Normalen die Drehachse $\mathfrak{X}_1(u)$ als Brennkurve schneiden.

Artet auch die Brennfläche $\mathfrak{X}_2(u, v)$ in eine Brennkurve $\mathfrak{X}_2(v)$ aus, so besteht die Normalenkongruenz aus dem System der Treffgeraden der beiden Brennkurven $\mathfrak{X}_1(u)$ und $\mathfrak{X}_2(v)$. Das einfachste Beispiel dafür ist die Ringfläche (Torus), deren Normalensystem die Torusachse und den Mittenkreis des Torus (Ort der Meridianmitten) als Brennkurven besitzt.

Bemerkung 2: Allgemein gilt der

Satz 1: *Die Normalenkongruenz einer stetig gekrümmten Fläche* $\mathfrak{x} = \mathfrak{x}(u, v)$ *hat dann und nur dann eine (im Endlichen liegende) Brennkurve* $\mathfrak{X}_1$, *wenn sie als Hüllfläche einer eingliedrigen, stetig ableitbaren Kugelschar (Kanalfläche) aufgefaßt werden kann. Liegt die Brennkurve* $\mathfrak{X}_1$ *im Unendlichfernen, so ist die Fläche Hüllfläche einer stetig ableitbaren Ebenenschar (eine Torse, ein Kegel oder Zylinder).*

Zwei Brennkurven $\mathfrak{X}_1$ *und* $\mathfrak{X}_2$ *der Normalenkongruenz existieren folglich dann und nur dann, wenn die Fläche* $\mathfrak{x}(u, v)$ *auf zwei verschiedene Arten als Hüllfläche einer Kugelschar (doppelte Kanalfläche) aufgefaßt werden kann.*

Beweis: Die von einem festen Punkte N der (eigentlichen) Brennkurve $\mathfrak{X}_1$ ausgehenden Flächennormalen $\mathfrak{n}$ bilden einen Kegel $\varkappa$, nämlich den Normalenkegel einer Krümmungslinie k der Fläche $\mathfrak{x}(u, v)$, die als Orthogonaltrajektorie der Kegelerzeugenden auf einer zum Kegel $\varkappa$ konzentrischen Kugel σ liegt, welche längs k mit der Fläche gemeinsame Normalen $\mathfrak{n}$ hat, also die Fläche längs k berührt. Die Fläche $\mathfrak{x}(u, v)$ ist daher tatsächlich Hüllfläche einer einfachen (stetig ableitbaren) Schar von Kugeln, deren Mitten auf der Brennkurve $\mathfrak{X}_1$ liegen und deren Radien $R_1 = R_1(v)$ allein von v abhängen. Tatsächlich folgt aus $[\mathfrak{X}_{1u}\,\mathfrak{X}_{1v}] \equiv \mathfrak{o}$ mittels (14. 27) leicht $R_{1u} \equiv 0$, d. h. $R_1 = R_1(v)$.

Ist die Brennlinie $\mathfrak{X}_1$ unendlichfern $(1/R_1 \equiv 0)$, so treten an die Stelle der Normalenkegel $\varkappa$ zunächst Normalenzylinder ζ und die Krümmungslinien k sind ebene Normalschnitte dieser Zylinder ζ. Weil die Ebenen dieser Normalschnitte mit der Fläche $\mathfrak{x}(u, v)$ längs k dieselben Normalen haben, berühren sie die Fläche $\mathfrak{x}(u, v)$, die daher Hüllfläche einer Ebenenschar ist. Die Charakteristiken der Schar sind also gerade Linien (die Zylinder ζ also bloß Parallelenbüschel), und die Fläche $\mathfrak{x}(u, v)$ ist eine Torse, ein Kegel oder ein Zylinder. Damit ist Satz 1 bewiesen.

16. Kanalflächen. Gesimsflächen. Dupinsche Zykliden. Ist $\mathfrak{X}_1 = \mathfrak{X}_1(t)$ die (eigentliche) Brennlinie einer **Kanalfläche,** $r = r(t)$ der Radius der sie erzeugenden Kugel und $\mathfrak{x}$ ein auf der Kugel laufender Punkt, so lautet die Gleichung der Kugelschar

$$f(\mathfrak{x}, t) \equiv (\mathfrak{x} - \mathfrak{X}_1(t))^2 - r^2(t) = 0. \tag{16. 1}$$

Ihre Charakteristiken (Berührkurven mit der Kanalfläche) genügen dann nach (II. 18. Satz 1) neben der Gleichung (1) noch der Gleichung

$$\frac{\partial f(\mathfrak{x}, t)}{\partial t} \equiv -2 \cdot [(\mathfrak{x} - \mathfrak{X}_1(t)) \cdot \dot{\mathfrak{X}}_1(t) + r(t) \cdot \dot{r}(t)] = 0. \tag{16. 2}$$

Diese stellt, wenn die Brennlinie $\mathfrak{X}_1(t)$ nicht isotrop ist $(\dot{\mathfrak{X}}_1^2(t) \not\equiv 0)$, jene (zum Tangentenvektor $\dot{\mathfrak{X}}_1(t)$ der Brennlinie normale) Ebene dar, welche die Tangente der Brennlinie in dem eigentlichen Punkte

$$\mathfrak{y} = \mathfrak{X}_1 - \frac{r\dot{r}}{\dot{\mathfrak{X}}_1^2}\,\dot{\mathfrak{X}}_1 \tag{16. 3}$$

trifft.

Die Charakteristiken der Kugelschar (1) sind daher ebene Kugelschnitte, also **Kreise,** deren Radius ϱ aus der Gleichung

$$\varrho^2 = r^2 - (\mathfrak{y} - \mathfrak{X}_1)^2 = r^2\left(1 - \frac{\dot{r}^2}{\dot{\mathfrak{X}}_1^2}\right) \tag{16. 4}$$

folgt.

Bemerkung 1: Der Radius ϱ verschwindet dann und nur dann, wenn

$$(16.5)\qquad \frac{dr}{dt} = \sqrt{\dot{\mathfrak{x}}_1^2(t)}, \text{ d. h. } r = \int \sqrt{\dot{\mathfrak{x}}_1^2(t)}\,dt = S(t)$$

ist, d. h. wenn der Kugelradius r gleich der Bogenlänge S der Brennlinie $\mathfrak{X}_1(t)$ ist. Die Kugeln der Schar (1) berühren dann die Hüllfläche längs Nullkreisen ($\varrho = 0$), d. h. längs isotroper Erzeugender.

Wir wollen diesen Sonderfall $\varrho = 0$, der auf Regelflächen mit isotropen Erzeugenden **(Mongesche Flächen)** führt, zunächst ausschließen und bemerken nur, daß die Tangentenfläche der nichtisotropen Brennlinie $\mathfrak{X}_1(t)$ diese Mongeschen Flächen in einer ihrer Filarevolventen (3) schneidet.

Ist $\varrho \neq 0$, d. h. $\dot{r}^2(t) \not\equiv \dot{\mathfrak{x}}_1^2(t)$, so berühren die Kugeln der Schar die Hüllfläche längs nicht zerfallenden Kreisen. Die Hüllfläche heißt dann eine **Kanalfläche,** wenn $\dot{r}(t) \not\equiv 0$, also $r(t) \neq \text{const}$ ist, oder eine **Rohrfläche,** wenn $\dot{r}(t) \equiv 0$, also $r = \text{const}$ ist.

Jede Kanalfläche (Rohrfläche) besitzt also eine Schar von Kreisen (Berührungskreise mit den einhüllenden Kugeln) als (ebene) Krümmungslinien.

Bei den **Rohrflächen** ist wegen $\dot{r} = 0$ nach (4) $\varrho = r = \text{const}$, d. h. ihre Krümmungslinien sind Kreise mit dem festen Radius $\varrho = r$, deren Ebenen nach (3) in den Punkten $\mathfrak{y} = \mathfrak{X}_1(t)$ zur Brennlinie normal sind. *Man erhält also die allgemeinste Rohrfläche, wenn man einen Kreis vom festen Radius r so bewegt, daß sein Mittelpunkt eine (nichtisotrope) Linie $\mathfrak{X}_1(t)$ beschreibt und seine Ebene dabei immer zu $\mathfrak{X}_1(t)$ normal bleibt.*

Die einfachsten Beispiele von Kanalflächen sind die Drehflächen (gerade Brennlinie $\mathfrak{X}_1$). Die einfachsten Rohrflächen sind neben dem Drehzylinder (gerade Brennlinie $\mathfrak{X}_1$) der Torus (kreisförmige Brennlinie $\mathfrak{X}_1$) und das Schlangenrohr des Archimedes (die Serpentine, mit einer Schraublinie als Brennlinie $\mathfrak{X}_1$).

Bemerkung 2: In (II. 24. Bem. 4) war schon von den **Gesimsflächen** die Rede, die zuerst von Leonhard Euler (1776) und Gaspard Monge (1795) betrachtet worden sind, und die entstehen, wenn eine Ebene π auf einer Torse (Kegel, Zylinder) ohne Gleiten abrollt und dabei eine in π liegende Kurve (Profilkurve p) mitgenommen wird.

Die Punkte von p haben bei dieser Bewegung in jedem Augenblick parallele (zu π normale) Bahntangenten, die folglich zu den Tangenten von p zugleich normal und konjugiert sind. Daher bestehen die Krümmungslinien der Gesimsfläche, wie schon in (12. Beisp. 2) gezeigt wurde, 1) aus dem System der untereinander kongruenten (zylindrischen) Profilkurven p und 2) aus dem System der Bahnkurven der Punkte dieser Profilkurven p, die räumliche Parallelkurven, nämlich Planevolventen der Gratlinie der Torse (im Sonderfall nichtebene sphärische oder ebene Linien) sind.

Wählt man als Profilkurve p einen Kreis, so entsteht als Sonderfall einer Gesimsfläche die allgemeine **Rohrfläche.** Die Krümmungslinien einer Rohrfläche bestehen also, wie schon in (12. Beisp. 3) bewiesen wurde, 1) aus dem System der kongruenten Berührungskreise der einhüllenden Kugeln und 2) aus dem ihr angehörenden System der Orthogonaltrajektorien der Ebenen dieser Kreise (Planevolventen der Gratlinie der von den Kreisebenen erzeugten Torse).

Bemerkung 3: Dupinsche Zykliden. Besitzt die Normalenkongruenz der Fläche $\mathfrak{x}(u, v)$ zwei (eigentliche) Brennlinien $\mathfrak{X}_1$ und $\mathfrak{X}_2$, so ist die Fläche $\mathfrak{x}(u, v)$ mit diesen beiden Zentrakurven $\mathfrak{X}_1$, $\mathfrak{X}_2$ Hüllfläche zweier Kugelscharen $\{\varkappa\}$ und $\{\varkappa'\}$ und ihre beiden Systeme von Krümmungslinien bestehen aus Kreisen. Da jede Kugel $\varkappa'$ der einen Schar alle Kugeln $\varkappa$ der anderen Schar berührt, folgt, daß man die allgemeinste Fläche $\mathfrak{x}(u, v)$, deren Normalenkongruenz zwei eigentliche Brennlinien (Zentrakurven) besitzt, erzeugen kann als Hüllfläche der Kugeln $\varkappa$, welche drei feste Kugeln ($\varkappa_1'$, $\varkappa_2'$, $\varkappa_3'$) berühren, oder umgekehrt als Hüllfläche der Kugeln $\varkappa'$, welche drei feste Kugeln ($\varkappa_1$, $\varkappa_2$, $\varkappa_3$) berühren. Man bezeichnet diese zuerst (1822) von Charles Dupin (1784—1873) studierten Flächen als **Dupinsche Zykliden.**

Danach ist z. B. (wenn die drei Kugeln $\varkappa$ gleiche Radien haben und ihre Mitten nicht auf einer Geraden liegen) jeder Torus ein Beispiel einer Dupinschen Zyklide. Die beiden Brennlinien der Normalenkongruenz eines Torus sind sein Mittenkreis m und seine Drehachse a. Der Torus ist zugleich (als Einhüllende einer Drehschar von Kugeln) die einzige Dupinsche Zyklide mit geradliniger Zentrakurve.

Die übrigen Dupinschen Zykliden haben **zwei krummlinige** (eigentliche) **Zentrakurven.** Weil die Flächennormalen längs jeder kreisförmigen Krümmungslinie k bzw. k' einer Dupinschen Zyklide Drehkegel bilden, deren Scheitel S, S' (Mitten der Kugeln $\varkappa$ oder $\varkappa'$) auf den beiden Zentrakurven liegen, wobei die Kegelachsen Tangenten der Zentrakurven sind, folgt, daß jede der beiden Zentrakurven einer Dupinschen Zyklide aus den Punkten der anderen durch Drehkegel projiziert wird. Die Zentrakurven sind dann (als gemeinsame Schnitte einer stetigen Schar von Drehkegeln) **Kegelschnitte.**

Man bezeichnet in der Elementargeometrie Paare von Kegelschnitten dieser Eigenschaft als **Fokalkegelschnitte.** Diese bestehen entweder nach (14. Bem. 2) aus einer Ellipse und einer Hyperbel oder aus zwei Parabeln in orthogonalen Ebenen, wobei die Scheitel des einen die Brennpunkte des anderen Fokalkegelschnitts sind.

Bemerkung 4: Wenn eine der beiden Zentrakurven eine Fernkurve, die andere eigentlich ist, so entstehen als Grenzfälle der Dupinschen Zykliden die Hüllflächen aller Kugeln $\varkappa$, die drei feste Ebenen $\varepsilon_1, \varepsilon_2, \varepsilon_3$ berühren, d. h. die Drehkegel und die Drehzylinder.

17. Die Flächen von Monge und Serret mit einer einzigen Schar von Krümmungslinien. Die metrische Differentialgeometrie der durch $W^2 = EG - F^2 \equiv 0$ gekennzeichneten (komplexen) analytischen metrisch singulären Flächen (d. h. der isotropen Ebenen, isotropen Kegel und isotropen Torsen) unterscheidet sich, wie wir aus (III. 7) wissen, sehr von jener der metrisch regulären, besonders also der reellen analytischen Flächen. Auch hinsichtlich ihrer Krümmungseigenschaften besitzen diese Flächen eine Sonderstellung. Weil nämlich jede Linie auf einer solchen Fläche zu ihren isotropen Erzeugenden orthogonal und konjugiert ist, folgt

Satz 1: *Auf den (komplexen) metrisch singulären (analytischen) Flächen mit $W^2 = EG - F^2 \equiv 0$ (d. h. auf den isotropen Ebenen, isotropen Kegeln und isotropen Torsen) ist jede (analytische) Linie Krümmungslinie.*

Die komplexen analytischen, metrisch regulären Flächen $\mathfrak{x} = \mathfrak{x}(u, v)$ mit

$$W^2 = EG - F^2 \not\equiv 0, \tag{17.1}$$

die nicht lauter Nabelpunkte besitzen, die also nach (13. Satz 2) weder Kugeln noch Ebenen sind, und auf denen daher nach (10. 4)

$$\text{Rang} \left\| \begin{matrix} E & F & G \\ L & M & N \end{matrix} \right\| = 2 \tag{17.2}$$

ist, können jedoch die Eigenschaft haben, daß ihre beiden (auf reellen Flächen stets verschiedenen) Scharen von Krümmungslinien in eine einzige Schar zusammenfallen. Weil auf einer solchen Fläche jede Hauptkrümmungsrichtung zu sich selbst orthogonal, also isotrop ist, besteht ihr einziges System von Krümmungslinien notwendig aus isotropen Linien, von denen sich leicht zeigen läßt, daß sie sogar isotrope Geraden sein müssen.

Beweis: Wählt man nämlich auf einer solchen Fläche $\mathfrak{x} = \mathfrak{x}(u, v)$ die (einzige) Schar der Krümmungslinien als v-Linien ($du = 0$, $dv \neq 0$), so hat die Differentialgleichung (10. 7) der Krümmungslinien notwendig die Gestalt

$$\begin{vmatrix} E & F \\ L & M \end{vmatrix} \cdot du^2 = 0, \tag{17. 3}$$

d. h. in (10. 7) muß wegen (2) notwendig $G \equiv 0$ und $N \equiv 0$ sein. $G \equiv 0$ besagt, daß die v-Linien isotrop, und $N \equiv 0$, daß sie Schmieglinien sind.

Wären nun die v-Linien nicht geradlinig, sondern krumm, so müßten ihre dann eindeutig bestimmten (isotropen) Schmiegebenen nach (4. Bem. 5) stets Tangentenebenen der Fläche sein. Für eine Fläche mit lauter isotropen Tangentenebenen ist jedoch $W^2 = EG - F^2 \equiv 0$ im Widerspruch zur Annahme (1).

Die Schar der v-Linien ($du = 0$) besteht daher notwendig aus isotropen Geraden; da für diese $G \equiv 0$ und wegen $[\mathfrak{x}_v \mathfrak{x}_{vv}] \equiv 0$ auch $N \equiv 0$ ist, sind sie umgekehrt nach (3) wirklich Krümmungslinien und zwar bilden sie tatsächlich auf der Fläche die einzige Schar von Krümmungslinien.

Also gilt zusammenfassend

Satz 2: *Eine komplexe analytische Fläche hat dann und nur dann eine einzige Schar von Krümmungslinien, wenn sie entweder eine windschiefe Regelfläche mit einem (einzigen) System geradliniger isotroper Erzeugender (eine Mongesche Fläche) oder ein isotroper Zylinder ist. Die Krümmungslinien dieser Fläche fallen mit ihren isotropen geraden Erzeugenden zusammen.*

Um diese schon von Gaspard Monge (1746—1818) entdeckten (stets windschiefen) **Mongeschen Flächen** (1795) näher zu untersuchen, wählen wir irgendeine ihrer krummen Schmieglinien $\mathfrak{y} = \mathfrak{y}(u)$ als Parameterlinie $v = 0$. Als Parameter u kann die Bogenlänge der Schmieglinie $v = 0$ gewählt werden, weil diese Linie nicht isotrop ist. Denn wäre sie isotrop, so enthielte ihre isotrope Schmiegebene σ im Punkte P nur die Kurventangente t als einzige isotrope Gerade durch P; weil die Schmiegebene σ Tangentenebene der Fläche in P ist, also die isotrope Erzeugende e der Fläche in P enthält, müßte diese Erzeugende e zugleich die Tangente t der Schmieglinie in P sein; die Mongesche Fläche wäre dann die isotrope Torse der Tangenten der (isotropen) Schmieglinie $\mathfrak{y}(u)$, im Widerspruch zu Satz 2.

Weil die Erzeugenden einer windschiefen Regelfläche in den Tangentenebenen ihrer Punkte liegen, sind die Erzeugenden e unserer Mongeschen Fläche $\mathfrak{x} = \mathfrak{x}(u, v)$ isotrope Geraden in den (nicht isotropen) Schmiegebenen der Schmieglinie $v = 0$. Ist $\mathfrak{t} = \mathfrak{t}(u) = \mathfrak{y}'(u)$ der (nichtisotrope) Tangentenvektor ($\mathfrak{t}^2 = \mathfrak{t}^2(u) \equiv 1$) und $\mathfrak{h} = \mathfrak{h}(u) = \mathfrak{t}'(u)/\varkappa(u)$ der (nichtisotrope) Hauptnormalenvektor ($\mathfrak{h}^2 = \mathfrak{h}^2(u) \equiv 1$) der Schmieglinie $\mathfrak{y} = \mathfrak{y}(u)$, so hat der Richtungsvektor $\mathfrak{z} = \mathfrak{z}(u)$ der isotropen Erzeugenden e der Mongeschen Fläche im Punkt u von $\mathfrak{y}(u)$ die Gestalt $\mathfrak{z}(u) = \mathfrak{t}(u) \pm i\mathfrak{h}(u)$; wegen der Freiheit der Orientierung von $\mathfrak{h}$ (d. h. wegen der Willkür des Vorzeichens der Krümmung $\varkappa = \varkappa(u)$) genügt es, den Ortsvektor der Mongeschen Fläche durch die Formel darzustellen:

$$\mathfrak{x} = \mathfrak{x}(u, v) = \mathfrak{y}(u) + v \cdot (\mathfrak{t}(u) + i\mathfrak{h}(u)). \tag{17.4}$$

Daraus folgt mit Rücksicht auf die Frenetschen Formeln (II. 8. 14), wenn $\tau(u) \not\equiv 0$ die Windung der doppelt gekrümmten Schmieglinie $\mathfrak{y}(u)$ bedeutet,

$$\begin{aligned} \mathfrak{x}_u &= (1 - iv\varkappa)\mathfrak{t} + v\varkappa\mathfrak{h} + iv\tau\mathfrak{b}, \quad \mathfrak{x}_v = \mathfrak{t} + i\mathfrak{h}; \\ \mathfrak{x}_{uu} &= -v(i\varkappa' + \varkappa^2)\mathfrak{t} + (\varkappa + v\varkappa' - iv\varkappa^2 - iv\tau^2)\mathfrak{h} + v(i\tau' + \varkappa\tau)\mathfrak{b}, \\ \mathfrak{x}_{uv} &= -i\varkappa\mathfrak{t} + \varkappa\mathfrak{h} + i\tau\mathfrak{b}, \quad \mathfrak{x}_{vv} = \mathfrak{o} \end{aligned} \tag{17.5}$$

sowie

$$\begin{aligned} &E = 1 - 2iv\varkappa - v^2\tau^2, \; F = 1, \; G = 0, \; W^2 = EG - F^2 = -1, \\ &L = (2\varkappa\tau + i\tau' - iv\tau^3)v, \; M = i\tau, \; N = 0. \end{aligned} \tag{17.6}$$

Wir setzen $W = i$; dann lautet die mittlere und Gaußsche Krümmung der Mongeschen Fläche (4) wegen $G = N = 0$ nach (10. 17) und (10. 18)

$$\begin{aligned} H &= \frac{1}{2}\left(\frac{1}{R_1} + \frac{1}{R_2}\right) = \frac{M}{F} = i\tau(u), \\ K &= \frac{1}{R_1 R_2} = \frac{M^2}{F^2} = -\tau^2(u). \end{aligned} \tag{17.7}$$

Für Mongesche Flächen ist also stets

$$H^2 - K = \frac{1}{4}\left(\frac{1}{R_1} - \frac{1}{R_2}\right)^2 \equiv 0. \tag{17.8}$$

Die (einzige) **Hauptnormalkrümmung** hat daher den (längs der ganzen isotropen Erzeugenden $u = \text{const}$ festen) Wert

$$\frac{1}{R_1} = \frac{1}{R_2} = H = i\tau(u). \tag{17.9}$$

Wegen $\tau(u) \not\equiv 0$ sind Mongesche Flächen weder Minimalflächen ($H \not\equiv 0$), noch haben sie die Gaußsche Krümmung Null ($K \not\equiv 0$).

Trägt man auf den einzelnen Flächennormalen

$$\mathfrak{n} = \frac{[\mathfrak{x}_u \mathfrak{x}_v]}{W} = -iv\tau(\mathfrak{t} + i\mathfrak{h}) + \mathfrak{b} \tag{17.10}$$

der Mongeschen Fläche (4), die wegen $\mathfrak{n}^2 \equiv 1$ nie isotrop sind, den (einzigen) Hauptkrümmungsradius $R_1 = R_2 = 1/i\tau(u) \neq 0$ auf, so erhält man für jede isotrope Erzeugende e ($u = \text{const}$) denselben Punkt

$$\mathfrak{X} = \mathfrak{X}(u) = \mathfrak{x} + R_1\mathfrak{n} = \mathfrak{y}(u) + \frac{\mathfrak{b}(u)}{i\tau(u)}, \tag{17.11}$$

der in der (einzigen) isotropen Ebene von e liegt und von allen Punkten der Erzeugenden e jeweils denselben Abstand $R_1 = 1/i\tau(u)$ hat.

Der (einzige) Mantel der Zentrafläche einer Mongeschen Fläche artet also in eine **Zentrakurve** (11) aus.

Die um die Punkte $\mathfrak{X}(u)$ dieser Zentrakurve (11) geschlagenen Kugeln mit dem Radius $R_1 = 1/i\tau(u)$ haben dann mit der Mongeschen Fläche jeweils die isotrope Erzeugende e gemeinsam. Weil beide Flächen außerdem längs e dieselben Flächennormalen $\mathfrak{n}(u, v)$ haben, folgt

Satz 3: *Jede Mongesche Fläche ist Einhüllende einer Schar von Kugeln, deren Mitten auf der Zentrakurve $\mathfrak{X}(u)$ liegen und deren Radien $R_1 = 1/i\tau(u)$ sind und welche die Mongesche Fläche längs einer gemeinsamen isotropen Erzeugenden berühren.*

Wegen

$$\mathfrak{X}' = \mathfrak{t} + i\mathfrak{h} + \left(\frac{1}{i\tau}\right)'\mathfrak{b} \quad \text{und} \quad \sqrt{\mathfrak{X}'^2} = \left(\frac{1}{i\tau}\right)' = \frac{i\tau'}{\tau^2}$$

ist die Bogenlänge S der Zentrakurve (11) bei geeigneter Wahl des Anfangspunktes der Bogenmessung

$$(17.12)\quad S = \int \sqrt{\mathfrak{X}'^2(u)}\,du = \int \frac{i\tau'(u)}{\tau^2(u)}\,du = \frac{1}{i\tau(u)} = R_1.$$

Nach (7) ist die Gaußsche Krümmung K der Mongeschen Fläche (4) dann und nur dann konstant $K = -\tau^2 = \text{const} \neq 0$, wenn die Windung $\tau(u)$ der krummen Schmieglinie $\mathfrak{y}(u)$ einen festen Wert hat. Man bezeichnet diese besonderen Mongeschen Flächen nach dem Franzosen Joseph Alfred Serret (1819—1885) als **Serretsche Flächen** (1848). Ihre Zentrakurve $\mathfrak{X}(u)$ ist nach (12) wegen $\tau' \equiv 0$ eine (krumme) isotrope Raumkurve und die sie einhüllenden Kugeln haben den festen Radius

$$(17.13)\qquad R_1 = 1/i\tau = 1/\sqrt{K}.$$

Es gilt also zusammenfassend

Satz 4: *Wandert eine Kugel $\varkappa$ vom festen Radius $R_1 = 1/\sqrt{K} \neq 0$ mit ihrer Mitte $\mathfrak{X}$ auf einer krummen (analytischen) isotropen Raumkurve $\mathfrak{X}(u)$, so ist ihre Einhüllende eine Serretsche Fläche mit der festen Gaußschen Krümmung $K = 1/R_1^2$, und $\mathfrak{X}(u)$ ist ihre Zentrakurve. Jede Kugel $\varkappa$ der Schar berührt die Serretsche Fläche längs einer ihrer isotropen Erzeugenden. Jede Serretsche Fläche ist auf diese Art erzeugbar.*

Ist die isotrope Raumkurve $\mathfrak{X}(u)$ algebraisch, so auch die erzeugte (komplexe) Serretsche Fläche. Es gibt also im Komplexen neben der Kugel, der Ebene und den algebraischen Kegeln, Zylindern und Torsen auch noch andere algebraische Flächen konstanter Gaußscher Krümmung.

Bemerkung 1: Die Differentialgleichung (3) der Krümmungslinien der Mongeschen Flächen ist auch dann erfüllt, wenn der Faktor

$$(17.14)\quad \begin{vmatrix} E & F \\ L & M \end{vmatrix} = \begin{vmatrix} (1 - 2iv\varkappa - v^2\tau^2), & 1 \\ (2\varkappa\tau + i\tau' - iv\tau^3)v, & i\tau \end{vmatrix} = i(\tau - v\tau') \equiv 0$$

ist. Für die Serretschen Flächen kann dies wegen $\tau = \text{const} \neq 0$, $\tau' = 0$ nie der Fall sein; wohl aber für die allgemeinen Mongeschen Flächen $\tau(u) \neq \text{const}$.

Setzt man den aus (14) folgenden Wert $v = \tau(u)/\tau'(u)$ in (4) ein, so erhält man (neben der Schar der isotropen Erzeugenden) noch eine ausgezeichnete (isolierte) Krümmungslinie

$$(17.15)\qquad \hat{\mathfrak{x}} = \hat{\mathfrak{x}}(u) = \mathfrak{y}(u) + \frac{\tau(u)}{\tau'(u)}\left(\mathfrak{t}(u) + i\mathfrak{h}(u)\right)$$

der allgemeinen Mongeschen Fläche.

Diese isolierte Krümmungslinie liegt auf der Tangentenfläche der Zentrakurve (11), weil nach (11) und (15) auch

$$\hat{\mathfrak{x}}(u) = \mathfrak{X}(u) + \frac{\tau(u)}{\tau'(u)}\,\mathfrak{X}'(u) \tag{17.16}$$

ist, und sie ist wegen $(\hat{\mathfrak{x}}'\,\mathfrak{X}') = 0$ eine Filarevolvente der Zentrakurve $\mathfrak{X}(u)$ der Mongeschen Fläche (4).

Das folgt auch aus der Formel (12), nach der der Radius R_1 der Hüllkugel der Mongeschen Fläche gleich der Bogenlänge $S = 1/i\tau$ ihrer Zentrakurve ist. Daraus ergibt sich noch

Satz 5: *Die isolierte Krümmungslinie* (15) *der Mongeschen Fläche ist der Ort der Berührpunkte benachbarter Kugeln der sie nach Satz* 3 *erzeugenden Kugelschar. Die isolierte Krümmungslinie* (15) *wird von diesen Kugeln berührt und ist eine Filarevolvente der Zentrakurve der Fläche.*

Zusammenfassend gilt umgekehrt der

Satz 6: *Man erhält die allgemeinste Mongesche Fläche, indem man von einer beliebigen reellen oder komplexen analytischen, nicht isotropen Raumkurve* $\mathfrak{X}(u)$ *und einer ihrer Filarevolventen* $\hat{\mathfrak{x}}(u)$ *ausgeht und um die Punkte von* $\mathfrak{X}$ *Kugeln schlägt, welche die Filarevolvente* $\hat{\mathfrak{x}}$ *berühren. Die Charakteristiken dieser Kugelschar sind Paare von isotropen Geraden, welche die Filarevolvente* $\hat{\mathfrak{x}}$ *treffen, und die Hüllfläche der Kugelschar ist ein Paar Mongescher Flächen, welche die gewählte Raumkurve* $\mathfrak{X}(u)$ *als Zentrakurve und ihre Filarevolvente* $\hat{\mathfrak{x}}(u)$ *als ausgezeichnete isolierte Krümmungslinie besitzen. Sind die Raumkurve* $\mathfrak{X}(u)$ *und ihre Filarevolvente* $\hat{\mathfrak{x}}(u)$ *reell-analytisch, so sind die beiden durch* $\hat{\mathfrak{x}}(u)$ *laufenden Mongeschen Flächen zueinander konjugiert-komplex.*

Bemerkung 2: Die ausgezeichnete Krümmungslinie (15) der Mongeschen Fläche ist dann und nur dann isotrop ($\hat{\mathfrak{x}}'^2 = 0$), wenn

$$2\tau\tau'' + 2i\varkappa\tau\tau' - 3\tau'^2 + \tau^4 = 0 \tag{17.17}$$

ist; sie ist dann eine (allen erzeugenden Kugeln gemeinsame) isotrope Gerade ($[\hat{\mathfrak{x}}'\,\hat{\mathfrak{x}}''] = \mathfrak{o}$). Die Zentrakurve (11) der Fläche ist in diesem Fall eine ebene Kurve ($[\mathfrak{X}'\,\mathfrak{X}''\,\mathfrak{X}'''] = 0$), die in der einzigen isotropen Ebene der isotropen Geraden $\hat{\mathfrak{x}}$ liegt ($[\mathfrak{X}'\,\mathfrak{X}'']^2 = 0$).

Bemerkung 3: Man bestätigt leicht, daß auch für die Richtungen der Krümmungslinien der Mongeschen Flächen die

Formel (13. 6) von Rodrigues gilt. Natürlich sind *alle Parallelflächen von Mongeschen Flächen wieder Mongesche Flächen.* Eine Einbettung der Mongeschen Flächen in ein dreifaches Orthogonalsystem von Flächen (etwa mittels der Parallelflächen und der Normalentorsen längs der Krümmungslinien) ist nicht möglich.

Bemerkung 4: Jede Serretsche Fläche kann wegen ihrer festen Gaußschen Krümmung $K = -\tau^2 = \text{const} \neq 0$ und ihrer geradlinigen isotropen Erzeugendenschar als Biegungsfläche einer Kugel vom Radius $R = 1/i\tau$ erzeugt werden, wobei eine Erzeugendenschar der Kugel geradlinig bleibt. Umgekehrt ist jede solche Biegungsfläche der Kugel eine Serretsche Fläche.

18. Konforme (winkeltreue) Abbildungen des Raumes. Möbiussche Kugeltransformationen. Satz von Liouville. Eine reguläre analytische Abbildung des (komplexen) Punktraumes $\mathfrak{R}(x, y, z)$ auf sich selbst mit der Darstellung

$$\bar{x} = \bar{x}(x, y, z), \; \bar{y} = \bar{y}(x, y, z), \; \bar{z} = \bar{z}(x, y, z) \tag{18. 1}$$
$$\frac{\partial(\bar{x}, \bar{y}, \bar{z})}{\partial(x, y, z)} \neq 0 ,$$

die metrisch reguläre Flächen in ebensolche Flächen überführt, heißt

1. winkeltreu, wenn sie den Winkel φ zweier Richtungen ungeändert läßt ($\bar{\varphi} = \varphi$),
2. krümmungslinientreu, wenn sie die Krümmungslinien einer beliebigen analytischen Fläche Φ in die Krümmungslinien der Bildfläche $\bar{\Phi}$ verwandelt,
3. kugeltreu, wenn sie Kugeln (einschließlich Ebenen) wieder in Kugeln (einschließlich Ebenen) überführt.

Es zeigt sich, daß eine analytische Abbildung (1) des komplexen Raumes, welche eine dieser drei Eigenschaften hat, von selbst auch die beiden anderen besitzt.

Diese drei Eigenschaften sind also äquivalent.

Beweis: I. Eine winkeltreue Abbildung (1) führt nämlich jedes dreifache Orthogonalsystem von Flächen $\{\Phi\}$ wieder in ein dreifaches Orthogonalsystem von Flächen $\{\overline{\Phi}\}$ über. Weil nach Dupin deren Durchschnitte die Krümmungslinien von Φ und $\overline{\Phi}$ sind und jede metrisch reguläre Fläche Φ, die keine Mongesche Fläche ist, nach (14. Satz 1) in ein dreifaches Orthogonalsystem eingebettet werden kann, folgt, daß jede analytische winkeltreue Abbildung des komplexen Raumes auch krümmungslinientreu ist.

II. Eine analytische krümmungslinientreue Abbildung (1) des komplexen Raumes verwandelt jede metrisch reguläre Fläche Ψ, deren sämtliche Linien Krümmungslinien sind, in eine gleichartige Fläche $\overline{\Psi}$. Wenn man Ebenen als Sonderfälle von Kugeln auffaßt, ergibt (13. Satz 2), daß jede krümmungslinientreue Abbildung (1) auch kugeltreu ist.

III. Um schließlich noch zu zeigen, daß jede kugeltreue analytische Abbildung (1) des komplexen Raumes auch winkeltreu ist, bemerken wir zunächst, daß es zweierlei Arten von Kugeln und Ebenen gibt: α) reguläre mit zwei getrennten Scharen von isotropen Geraden (Kugeln mit Radius $R \neq 0$ und nicht isotrope Ebenen) und β) singuläre mit nur einer Schar isotroper Geraden (Kugeln mit $R = 0$, d. h isotrope Kegel und isotrope Ebenen).

Es gibt nun durch jede isotrope Gerade i (bei Zählung komplexer Parameter) ∞^2 sie enthaltende Kugeln (deren ∞^2 Mitten in der einzigen durch i gehenden isotropen Ebene ι liegen). Diesen Kugeln durch i entspricht durch die kugeltreue Abbildung (1) wieder ein System von ∞^2 Kugeln und seine Schnittkurve, die aber nur wieder eine isotrope Gerade $\bar{i}$ sein kann; denn zwei Kugeln schneiden sich entweder in einem Kreise oder (wenn sie sich berühren) in zwei isotropen Geraden; durch einen Kreis gehen aber nur ∞^1 Kugeln, durch jede der beiden isotropen Geraden aber ∞^2 Kugeln. Es folgt, daß jede analytische kugeltreue Abbildung des komplexen Raumes isotrope Geraden wieder in isotrope Geraden verwandelt. Dabei entsteht aus einer regulären Kugel (einschließlich Ebene) stets wieder eine reguläre, aus einer singulären Kugel (einschließlich Ebene) eine singuläre Kugel. Übrigens folgt auch, daß aus jeder Mongeschen Fläche (allgemeinen windschiefen Regelfläche mit isotropen Erzeugenden) durch kugeltreue Abbildung wieder eine Mongesche Fläche entsteht.

Ist dann $\varphi = \sphericalangle(a, b)$ der Winkel zweier (in einer nichtisotropen Ebene liegenden) nichtisotropen Linienelemente a, b und sind i_1, i_2 die beiden isotropen Linienelemente des Büschels

(a, b), ist ferner $DV(a, b, i_1, i_2)$ das Doppelverhältnis dieser Richtungspaare, so gilt nach der (aus der analytischen Geometrie bekannten) Formel von Edmond Laguerre (1853)

$$DV(a, b; i_1, i_2) = e^{2i\varphi}. \tag{18.2}$$

Eine entsprechende Formel gilt für den Winkel $\bar{\varphi}$ der zu a, b kugeltreu verwandten Richtungen $\bar{a}, \bar{b}$ und die den isotropen Richtungen i_1, i_2 dabei zugeordneten isotropen Richtungen $\bar{i}_1, \bar{i}_2$ des Büschels $(\bar{a}, \bar{b})$.

Da aber nach (III. 28. Satz 2) jede analytische Verwandtschaft im Kleinen affin ist, folgt

$$e^{2i\varphi} = DV(a, b; i_1, i_2) = DV(\bar{a}, \bar{b}; \bar{i}_1, \bar{i}_2) = e^{2i\bar{\varphi}}, \tag{18.3}$$

d. h. $\bar{\varphi} = \varphi \pmod{2\pi}$. Jede analytische kugeltreue Abbildung des komplexen Raumes ist also auch winkeltreu.

Damit ist insgesamt bewiesen

Satz 1: *Die drei Eigenschaften der Winkeltreue, Krümmungslinientreue und Kugeltreue einer regulären analytischen Abbildung des komplexen euklidischen Raumes sind zueinander äquivalent; jede von ihnen zieht die beiden anderen nach sich.*

Beispiel 1: Die einfachsten (analytischen) kugeltreuen Raumverwandtschaften sind

1. die zentrischen Ähnlichkeiten, 2. die kongruenten Transformationen (Bewegungen und Umlegungen), 3. die aus 1. und 2. zusammengesetzten **allgemeinen Ähnlichkeitstransformationen** $\mathfrak{A}$. Dies sind die einzigen linearen (affinen) Transformationen, welche isotrope Geraden in isotrope Geraden verwandeln, d. h. den Ponceletschen absoluten Kegelschnitt in sich überführen. Bei ihnen gehen Kugeln in Kugeln und Ebenen in Ebenen über (und zwar reguläre in reguläre und singuläre in singuläre). Die allgemeinen Ähnlichkeiten bilden im Raum $\mathfrak{R}$ insgesamt eine siebenparametrige Gruppe G_7.

Das einfachste Beispiel einer nichtlinearen kugeltreuen Transformation ist die **Inversion** $\mathfrak{J}$ (Spiegelung) an der Kugel $\varkappa$ mit dem Mittelpunkt O und Radius 1. Die Darstellung dieser Inversion lautet

$$\bar{x} = \frac{x}{x^2 + y^2 + z^2}, \quad \bar{y} = \frac{y}{x^2 + y^2 + z^2}, \quad \bar{z} = \frac{z}{x^2 + y^2 + z^2} \tag{18.4}$$

oder vektoriell

$$\bar{\mathfrak{x}} = \frac{\mathfrak{x}}{\mathfrak{x}^2} \text{ mit der Umkehrung } \mathfrak{x} = \frac{\bar{\mathfrak{x}}}{\bar{\mathfrak{x}}^2}. \tag{18.5}$$

Entsprechende Punkte P, $\bar{P}$ (mit den Ortsvektoren $\mathfrak{x}$, $\bar{\mathfrak{x}}$) liegen dabei (Bild 20) auf einer Geraden durch den Kugelmittelpunkt O (Inversionszentrum), wobei ihre Abstände $OP = |\mathfrak{x}|$ und $O\bar{P} = |\bar{\mathfrak{x}}|$ zueinander invers sind:

$$OP \cdot O\bar{P} = 1, \tag{18.6}$$

wie aus

$$\bar{\mathfrak{x}}^2 = \frac{\mathfrak{x}^2}{(\mathfrak{x}^2)^2} = \frac{1}{\mathfrak{x}^2} \tag{18.7}$$

folgt. (Daher rührt der Name Inversion oder Transformation durch reziproke Radien für diese quadratische geometrische Verwandtschaft.)

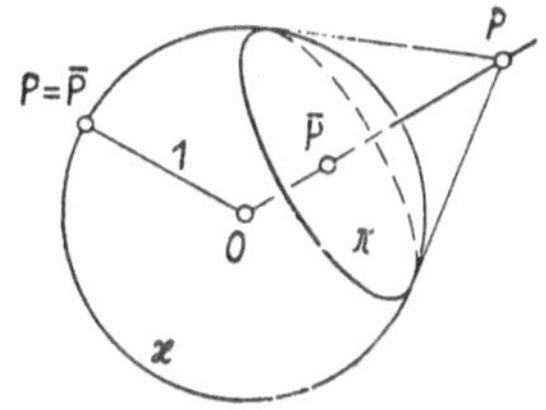

Bild 20. Inversion (Spiegelung) an der Einheitskugel $\varkappa$. Für inverse Punkte P, $\bar{P}$ ist $OP \cdot O\bar{P} = 1$. Die Punkte der Inversionskugel $\varkappa$ entsprechen sich bei der Inversion an $\varkappa$ selbst ($P = \bar{P}$).

Aus der Symmetrie der Formeln (5) und der Konstruktion folgt der involutorische Charakter (die Spiegelungseigenschaft) der Inversion.

Die Punkte $\mathfrak{x}$ der Kugel $\mathfrak{x}^2 = 1$ (Inversionskugel $\varkappa$) entsprechen sich nach (5) in der Inversion $\mathfrak{J}$ an $\varkappa$ selbst ($\bar{\mathfrak{x}} = \mathfrak{x}$). Dem Nullpunkt O $(0, 0, 0)$ entspricht nach (4) kein eigentlicher Punkt und nur dann wieder genau ein (uneigentlicher) Punkt $\bar{O}$, wenn man den (reellen) Raum durch einen einzigen Fernpunkt $\bar{O}$ abschließt, nach dem alle Richtungen hinweisen und der daher allen (reellen) Geraden und Ebenen angehört. Man bezeichnet diesen (vom projektiven Raum verschiedenen) durch einen einzigen Fernpunkt abgeschlossenen Raum der Inversionsgeometrie als **konformen Raum**

Einer Ebene ε

(18. 8) $a_0 + a_1x + a_2y + a_3z = 0$ oder $a_0 + \mathfrak{a}\mathfrak{x} = 0$,

die das Inversionszentrum O nicht enthält ($a_0 \neq 0$), entspricht in der Inversion (4) eine Kugel $\bar{\varepsilon}$ durch das Inversionszentrum O mit der Gleichung

(18. 9) $a_0(\bar{x}^2+\bar{y}^2+\bar{z}^2)+a_1\bar{x}+a_2\bar{y}+a_3\bar{z}=0$ oder $a_0\bar{\mathfrak{x}}^2 + \mathfrak{a}\bar{\mathfrak{x}} = 0$,

bzw., wenn die Ebene ε das Inversionszentrum O enthält ($a_0 = 0$), eine ebensolche Ebene $\bar{\varepsilon}$, nämlich die Ebene ε selbst.

Einer Kugel η

(18. 10) $a_0 + (a_1x + a_2y + a_3z) + a_4(x^2 + y^2 + z^2) = 0$

oder

(18. 11) $$a_0 + \mathfrak{a}\mathfrak{x} + a_4\mathfrak{x}^2 = 0,$$

die den Nullpunkt O nicht enthält ($a_0 \neq 0$), entspricht in der Inversion (4) eine ebensolche Kugel $\bar{\eta}$ mit der Gleichung

(18. 12) $$a_0\bar{\mathfrak{x}}^2 + \mathfrak{a}\bar{\mathfrak{x}} + a_4 = 0,$$

bzw. eine Ebene, wenn η den Nullpunkt O enthält ($a_0 = 0$). Damit ist die Kugeltreue der Inversion, also auch ihre Winkeltreue bestätigt. Es folgt, daß auf zwei zueinander inversen Flächen Φ, $\bar{\Phi}$ die Krümmungslinien einander entsprechen.

Bemerkung 1: Jede zu einer beliebigen Grundkugel φ orthogonale Kugel σ entspricht sich in der Inversion $\mathfrak{J}$ an φ selbst. Alle durch einen festen Punkt P_1 laufenden Orthogonalkugeln σ von φ enthalten daher auch den zu P_1 bezüglich φ inversen Punkt P_2. Man kann daher die Paare bezüglich φ inverser Punkte P_1, P_2 als Schnittpunkte von Orthogonalkugeln σ von φ erklären. Durch eine Inversion $\mathfrak{J}$ an einer Kugel $\varkappa$ entsprechen der Kugel φ mit ihren Orthogonalkugeln σ und ihren Paaren inverser Punkte (P_1, P_2) eine neue Kugel oder Ebene $\bar{\varphi}$ mit ihren Orthogonalkugeln $\bar{\sigma}$ und Paaren inverser Punkte ($\bar{P}_1$, $\bar{P}_2$). Ist $\bar{\varphi}$ speziell eine Ebene, so schneiden sich ihre Orthogonalkugeln $\bar{\sigma}$ in Paaren von Spiegelpunkten ($\bar{P}_1$, $\bar{P}_2$) bezüglich $\bar{\varphi}$; aus der Inversion $\mathfrak{J}$ an φ wird die Spiegelung $\bar{\mathfrak{J}}$ an der Ebene $\bar{\varphi}$.

Die Spiegelung an einer Ebene und die Inversion an einer Kugel sind daher vom Standpunkte der Inversionsgeometrie äquivalente Verwandtschaften. Man bezeichnet daher die Inversion an einer Kugel auch als Spiegelung an der Kugel.

Mit Hilfe der Ähnlichkeiten und der Inversionen können wir nun den folgenden Satz beweisen.

Satz von Möbius: *Jede kugeltreue Abbildung des konformen Raumes ist entweder eine Ähnlichkeit oder die Zusammensetzung einer Ähnlichkeit und einer Inversion.*

Insgesamt bilden diese kugeltreuen Abbildungen des Raumes eine Gruppe von zehn Parametern, die Gruppe G_{10} der Möbiusschen Kugeltransformationen.

Beweis: Sind P_0 und $\overline{P}_0$ entsprechende Punkte der kugeltreuen (also auch konformen) Abbildung $\mathfrak{K}$, so wählen wir nach dem Vorgange von Alfredo Capelli (1885) in P_0 drei orthogonale Ebenen und zeichnen alle sie in P_0 berührenden Kugeln σ. Diesem dreifach orthogonalen System $\{\sigma\}$ von Kugeln durch P_0 entspricht (wegen der Konformität der kugeltreuen Abbildungen) ein ebensolches System $\{\bar{\sigma}\} = \{\sigma\}\mathfrak{K}$ von Kugeln $\bar{\sigma}$ in $\overline{P}_0$.

Es seien dann $\mathfrak{J}_1$ und $\mathfrak{J}_2$ die Inversionen an den Einheitskugeln $\varkappa$ und $\bar{\varkappa}$ um P_0 und $\overline{P}_0$; sie führen die dreifach orthogonalen Kugelsysteme $\{\sigma\}$ und $\{\sigma\}$ von P_0 und $\overline{P}_0$ in dreifach orthogonale Ebenensysteme $\{\sigma_1\} = \{\sigma\}\mathfrak{J}_1$ und $\{\bar{\sigma}_2\} = \{\bar{\sigma}\}\mathfrak{J}_2$ über, zwischen deren Ebenen σ_1 und $\bar{\sigma}_2$ dann eine konforme affine Beziehung, d. h. eine Ähnlichkeit $\mathfrak{A}$ besteht: $\{\bar{\sigma}_2\} = \{\sigma_1\}\mathfrak{A}$.

Insgesamt ist also

$$\{\bar{\sigma}_2\} = \{\bar{\sigma}\}\mathfrak{J}_2 = \{\sigma\}\mathfrak{K}\mathfrak{J}_2 \text{ und } \{\bar{\sigma}_2\} = \{\sigma_1\}\mathfrak{A} = \{\sigma\}\mathfrak{J}_1\mathfrak{A},$$

also $\mathfrak{K}\mathfrak{J}_2 = \mathfrak{J}_1\mathfrak{A}$. Weil die Inversion $\mathfrak{J}_2$ involutorisch ist ($\mathfrak{J}_2 = \mathfrak{J}_2^{-1}$), folgt schließlich

$$\mathfrak{K} = \mathfrak{J}_1\mathfrak{A}\mathfrak{J}_2, \tag{18.13}$$

d.h. jede kugeltreue Abbildung des Raumes ist zunächst die Zusammensetzung einer Ähnlichkeit mit zwei Inversionen.

Bemerkung 2: Wenn die kugeltreue Abbildung $\mathfrak{K}$ zunächst nur in zwei (beliebig kleinen) Umgebungen U und $\overline{U}$ der Raumpunkte P_0 und $\overline{P}_0$ erklärt war, so zeigt unsere Formel (13), daß diese Erklärung von $\mathfrak{K}$ stets auf den ganzen konformen Raum ausgedehnt werden kann. Man kann dann das ursprüngliche Punktepaar $(P_0, \overline{P}_0)$ durch jenes andere $(F_0, \overline{F}_0)$ ersetzen, in dem $\overline{F}_0$ der Fernpunkt des konformen Raumes ist. Das Kugelsystem $\{\bar{\sigma}\}$ ist dann von vornherein mit einem dreifach orthogonalen Ebenensystem $\{\bar{\sigma}_2\}$ identisch, man erspart sich die Inversion $\mathfrak{J}_2$ und findet statt (13) schließlich

$$\mathfrak{K} = \mathfrak{J}_1 \mathfrak{A}. \tag{18.14}$$

Ist dabei auch noch $\{\sigma\}$ ein dreifach orthogonales Ebenensystem, so entfällt auch die Inversion $\mathfrak{J}_1$, und es bleibt eine bloße Ähnlichkeit

$$\mathfrak{K} = \mathfrak{A}. \tag{18.15}$$

Weil es schließlich ∞^7 Ähnlichkeiten $\mathfrak{A}$ und ∞^3 Inversionen $\mathfrak{J}_1$ an Einheitskugeln $\varkappa$ gibt, hat man ∞^{10} Möbiussche Abbildungen von Kugeln in Kugeln, die eine Gruppe bilden. Damit ist der Satz von Möbius in allen Stücken bewiesen.

Wenn wir alle Ergebnisse zusammenfassen, so folgt schließlich der zuerst von Joseph Liouville (1809–1882) ausgesprochene

Satz von Liouville (1850): *Die (analytischen) winkeltreuen (konformen) Abbildungen des (konformen) Raumes sind gleichzeitig kugeltreu und krümmungslinientreu; aus einer dieser drei Eigenschaften folgen die beiden anderen. Diese Abbildungen bilden die zehngliedrige Gruppe G_{10} der Möbiusschen Kugeltransformationen, deren jede entweder eine bloße Ähnlichkeit ist, oder aus einer Ähnlichkeit und einer Inversion zusammengesetzt werden kann.*

19. Die Formeln von Weingarten. Ist die Fläche $\mathfrak{x} = \mathfrak{x}(u, v)$ metrisch regulär, d. h. $W^2 = EG - F^2 \neq 0$, so ist ihr Normalenvektor $\mathfrak{n}$ ein Einheitsvektor $\mathfrak{n}^2 = 1$. Durch Ableiten dieser Identität nach u und v folgt

$$\mathfrak{n}\mathfrak{n}_u = 0, \ \mathfrak{n}\mathfrak{n}_v = 0, \tag{19.1}$$

so daß für die zu $\mathfrak{n}$ normalen Vektoren $\mathfrak{n}_u$ und $\mathfrak{n}_v$ Darstellungen durch die Vektoren $\mathfrak{x}_u$ und $\mathfrak{x}_v$ der Art

$$\mathfrak{n}_u = \alpha\mathfrak{x}_u + \beta\mathfrak{x}_v, \ \mathfrak{n}_v = \gamma\mathfrak{x}_u + \delta\mathfrak{x}_v \tag{19.2}$$

gelten. Multiplizieren wir die Vektoren (2) innerlich mit

den Vektoren $\mathfrak{x}_u$ und $\mathfrak{x}_v$, so ergeben sich wegen (III. 5. 4) und (3. 10) für α, β, γ, δ die linearen Gleichungen

$$\begin{array}{l|l} -L = \alpha E + \beta F & -M = \gamma E + \delta F, \\ -M = \alpha F + \beta G & -N = \gamma F + \delta G, \end{array}$$

mit den Lösungen

$$\alpha = \frac{FM - GL}{W^2}, \quad \beta = \frac{FL - EM}{W^2},$$

$$\gamma = \frac{FN - GM}{W^2}, \quad \delta = \frac{FM - EN}{W^2}.$$

Nach (2) bestehen daher für den Normalenvektor $\mathfrak{n}$ die beiden folgenden nach Julius Weingarten (1836–1910) benannten **Ableitungsformeln von Weingarten** (1861):

$$(19.3) \qquad \boxed{\begin{aligned} \mathfrak{n}_u &= \frac{(FM - GL)\mathfrak{x}_u + (FL - EM)\mathfrak{x}_v}{W^2}, \\ \mathfrak{n}_v &= \frac{(FN - GM)\mathfrak{x}_u + (FM - EN)\mathfrak{x}_v}{W^2}. \end{aligned}}$$

Bemerkung 1: Dafür kann man übersichtlicher schreiben:

$$(19.4) \qquad \mathfrak{n}_u = \frac{1}{W^2}\begin{vmatrix} \mathfrak{x}_u & \mathfrak{x}_v & \mathfrak{o} \\ E & F & L \\ F & G & M \end{vmatrix}, \quad \mathfrak{n}_v = \frac{1}{W^2}\begin{vmatrix} \mathfrak{x}_u & \mathfrak{x}_v & \mathfrak{o} \\ E & F & M \\ F & G & N \end{vmatrix}.$$

Bemerkung 2: Die Formeln (3) von Weingarten nehmen für Krümmungsparameter ($F \equiv 0$, $M \equiv 0$) wegen (10. 10) die besonders einfache Gestalt

$$(19.5) \qquad \mathfrak{n}_u = -\frac{L}{E}\mathfrak{x}_u = -\frac{1}{R_1}\mathfrak{x}_u, \quad \mathfrak{n}_v = -\frac{N}{G}\mathfrak{x}_v = -\frac{1}{R_2}\mathfrak{x}_v$$

der Formel (13. 11) von Rodrigues an.

Anwendung 1: Man kann mit Hilfe der Weingartenschen Ableitungsformeln sehr leicht alle jene (metrisch regulären) Flächen bestimmen, deren sämtliche (glatte) Linien Schmieglinien sind. Notwendig und hinreichend dafür ist nach (4.3), daß für alle Richtungen $(du : dv) \neq (0 : 0)$

$$(19.6) \qquad II = L du^2 + 2M du dv + N dv^2 \equiv 0, \quad \text{d. h.}$$

$$(19.7) \qquad L(u, v) \equiv 0, \; M(u, v) \equiv 0, \; N(u, v) \equiv 0$$

ist. Nach den Formeln (3) von Weingarten ist somit

(19. 8) $\mathfrak{n}_u \equiv \mathfrak{o}, \; \mathfrak{n}_v \equiv \mathfrak{o}$, d. h. $\mathfrak{n} = \text{const}$.

Aus $\mathfrak{n}\, d\mathfrak{x} \equiv 0$ folgt dann durch Integration $\mathfrak{n}\,\mathfrak{x} = \text{const}$.

Die (nicht isotropen) Ebenen sind also die einzigen (metrisch regulären) Flächen, deren sämtliche (glatte) Linien Schmieglinien (und deren Punkte sämtlich Flachpunkte) sind.

Anwendung 2: Mit Hilfe der Weingartenschen Formeln lassen sich auch alle jene (metrisch regulären und stetig gekrümmten) Flächen bestimmen, deren sämtliche Punkte parabolisch sind, d. h. deren Gaußsche Krümmung K überall Null ist.

Für diese Flächen ist nach (IV. 4) und (10. 18)

(19. 9) $$LN - M^2 \equiv 0;$$

sie besitzen daher, wenn wir die (nicht isotropen) Ebenen ausschließen, für welche $L = M = N \equiv 0$ ist, nur eine einzige Schar von Schmieglinien, die wir als u-Linien ($dv = 0$) wählen. Dann ist $L(u, v) \equiv 0$ und wegen (9) auch $M(u, v) \equiv 0$. Aus den Formeln (3) von Weingarten folgt dann

(19. 10) $$\mathfrak{n}_u \equiv \mathfrak{o}, \text{ d. h. } \mathfrak{n} = \mathfrak{n}(v).$$

Die Fläche hat also längs ihrer Schmieglinien ($v = \text{const}$) feste Flächennormalen, also auch feste Tangentenebenen. Weil nämlich stets $\mathfrak{n}\,\mathfrak{x}_u \equiv 0$ und wegen (10) überdies $\mathfrak{n}_u\,\mathfrak{x} \equiv 0$ ist, gilt hier $(\mathfrak{n}\,\mathfrak{x})_u \equiv \mathfrak{n}\,\mathfrak{x}_u + \mathfrak{n}_u\,\mathfrak{x} \equiv 0$ oder

(19. 11) $$\mathfrak{n}(v) \cdot \mathfrak{x} = p(v);$$

die Fläche hat somit längs ihrer Schmieglinien $v = \text{const}$ die festen Tangentenebenen (11) und ist daher die Einhüllende einer Ebenenschar, d. h. eine (metrisch reguläre) Torse (einschließlich Kegel und Zylinder). Es folgt

Satz 1: *Abgesehen von den (nicht isotropen) Ebenen sind die stetig gekrümmten nicht isotropen Torsen (einschließlich der Zylinder und nicht isotropen Kegel) die einzigen metrisch regulären Flächen mit lauter parabolischen Punkten und mit einer einzigen (geradlinigen) Schar von Schmieglinien.*

In (III. 17), (III. 18) und (III. 19) wurde bewiesen, daß diese Flächen sämtlich auf die (nicht isotrope) Ebene abwickelbar sind.

C. Gaußsche Theorie der Flächenkrümmung

20. Sphärisches Bild einer Fläche nach Gauß. Geometrische Deutung der Gaußschen Krümmung. In (I. 13) haben wir eine einfache geometrische Deutung der Krümmung $\varkappa$ einer ebenen Kurve $\mathfrak{x} = \mathfrak{x}(s)$ im Punkte s mittels des Normalenbildes der Kurve kennengelernt. Gauß (1826) übertrug den Gedanken des Normalenbildes auf

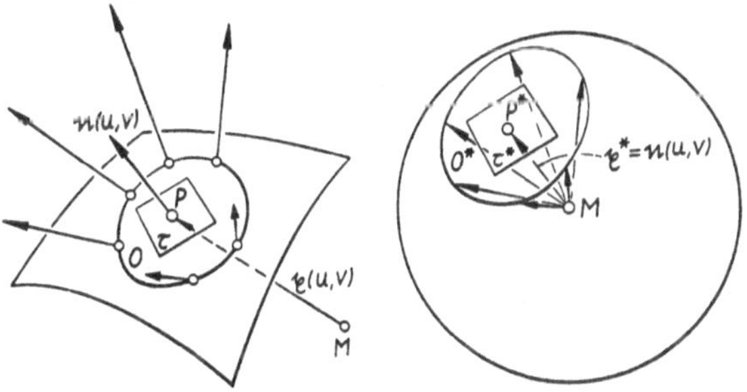

Bild 21. Sphärisches Bild einer Fläche (Gaußsche Abbildung der Fläche auf die Einheitskugel durch parallele Normalen) und Definition der Gaußschen Krümmung der Fläche im Punkte P.

Flächen $\mathfrak{x} = \mathfrak{x}(u, v)$ und gewann so die Gaußsche Krümmung $K = 1/R_1 R_2$ als einfaches Maß der Flächenkrümmung im Punkte $P(u, v)$.

Wir beziehen (Bild 21) die Fläche $\mathfrak{x}(u, v)$ auf Krümmungsparameter ($F = M \equiv 0$) und setzen sie als stetig gekrümmt und metrisch regulär ($W^2 = EG - F^2 = EG \neq 0$) voraus. Die in den Nullpunkt $M = (0, 0, 0)$ verschobenen Flächennormalen

$$(20.\ 1) \qquad \mathfrak{n} = \frac{[\mathfrak{x}_u\, \mathfrak{x}_v]}{W} = \mathfrak{n}(u, v) \qquad (\mathfrak{n}^2 \equiv 1)$$

der Punkte P der Fläche $\mathfrak{x}(u, v)$ sind dann nicht isotrop und weisen von M nach den Punkten P^* der Einheitskugel $x^2 + y^2 + z^2 = 1$. Wir nennen den Punkt P^* mit dem Ortsvektor $\mathfrak{x}^* = \mathfrak{n}(u, v)$ den sphärischen Bildpunkt des Flächenpunktes P. Durch diese Gaußsche sphärische Abbildung werden die Fläche $\mathfrak{x}(u, v)$ und die Kugel $\mathfrak{n}(u, v)$ durch parallele Normalen $\mathfrak{n} = \mathfrak{n}^* = \mathfrak{x}^*$, also auch durch parallele Tangentenebenen $\tau \,||\, \tau^*$ aufeinander bezogen.

Bemerkung 1: Das sphärische Bild eines Flächenstückes $\mathfrak{x}(u, v)$ ist i. a. ein Flächenstück $\mathfrak{n}(u, v)$ der Einheitskugel. Ist dagegen die Fläche $\mathfrak{x}(u, v)$ eine (metrisch reguläre) Torse (Kegel, Zylinder), so haben alle Punkte P einer Erzeugenden dieselbe Tangentenebene τ, also auch denselben sphärischen Bildpunkt $\mathfrak{n}$, der insgesamt nur eine Kurve beschreibt. Eine (metrisch reguläre) Ebene hat nur einen einzigen sphärischen Bildpunkt $\mathfrak{n}$.

Es sei nun O der Flächeninhalt eines beliebigen, den Punkt P umschließenden Flächenstückes der Fläche $\mathfrak{x}(u, v)$, das einfach zusammenhängend, also orientierbar sein soll (d. h. die Normale $\mathfrak{n}(u, v)$ soll, wenn P auf $\mathfrak{x}(u, v)$ einen beliebigen geschlossenen Weg umläuft, wieder in die Ausgangsrichtung zurückkehren). O^* sei der Flächeninhalt des sphärischen Bildes von O. Wir fragen mit Gauß nach dem **Grenzwert** $\lim \frac{O^*}{O}$, der entsteht, wenn sich das Flächenstück O auf den Punkt P zusammenzieht.

Wegen

$$[\mathfrak{x}_u \mathfrak{x}_v \mathfrak{n}] = [\mathfrak{x}_u \mathfrak{x}_v]\mathfrak{n} = W\mathfrak{n} \cdot \mathfrak{n} = W\mathfrak{n}^2 = W \quad \text{und} \quad [\mathfrak{n}_u \mathfrak{n}_v \mathfrak{n}] = W^*$$

ist zunächst, wenn die Integrale über den gemeinsamen Parameterbereich $\mathfrak{B}(u, v)$ von O^* und O erstreckt werden,

$$(20.\ 2) \quad \lim \frac{O^*}{O} = \lim \frac{\iint W^* \, du\, dv}{\iint W \, du\, dv} = \frac{dO^*}{dO} = \frac{W^*(u, v)}{W(u, v)} = \frac{[\mathfrak{n}_u \mathfrak{n}_v \mathfrak{n}]}{[\mathfrak{x}_u \mathfrak{x}_v \mathfrak{n}]}.$$

Da für unsere Krümmungsparameter (u, v) nach den Formeln von Rodrigues (19. 4)

$$(20.\ 3)\qquad \mathfrak{n}_u = -\frac{1}{R_1}\mathfrak{x}_u,\quad \mathfrak{n}_v = -\frac{1}{R_2}\mathfrak{x}_v$$

gilt, ergibt sich als Grenzwert (2) schließlich

$$(20.\ 4)\quad \lim\frac{O^*}{O} = \frac{dO^*}{dO} = \frac{[\mathfrak{n}_u\mathfrak{n}_v\mathfrak{n}]}{[\mathfrak{x}_u\mathfrak{x}_v\mathfrak{n}]} = \frac{1}{R_1R_2} = K(u, v),$$

d. h. die **Gaußsche Krümmung** K der Fläche $\mathfrak{x}(u, v)$ im Flächenpunkte $P(u, v)$.

Aus (4) erhält man noch (Bild 21) für den Flächeninhalt O^* des sphärischen Bildbereiches $\mathfrak{B}^*$ eines Bereiches $\mathfrak{B}(u, v)$ der Fläche $\mathfrak{x} = \mathfrak{x}(u, v)$ die Formel

$$(20,5)\quad O^* = \iint_{\mathfrak{B}} K(u, v)\cdot dO = \iint_{\mathfrak{B}} K(u, v)\cdot W(u, v)\,du\,dv.$$

Bemerkung 2: Je nachdem die Flächenstücke O und O^* durch die sphärische Abbildung gleich- oder gegensinnig aufeinander bezogen sind, ist die Gaußsche Krümmung $K > 0$ oder < 0. Ist $K \equiv 0$, so ist $O^* = 0$, d. h. nach (20. Bem. 1): das sphärische Bild O^* eines Flächenstückes O verschwindender Gaußscher Krümmung $K = 0$ ist bloß ein Kurvenstück (Fall der Torsen, Kegel, Zylinder) oder nur ein Punkt (Fall der Ebene).

Durch die Gaußsche sphärische Abbildung der Fläche $\mathfrak{x} = \mathfrak{x}(u, v)$ auf die Punkte $\mathfrak{x}^* = \mathfrak{n}(u, v)$ der Einheitskugel $\varkappa$ wird jede Flächenkurve $\{u = u(t),\ v = v(t)\}$ auf eine sphärische Kurve

$$(20.\ 6)\qquad \mathfrak{n} = \mathfrak{n}(u(t), v(t))$$

abgebildet, deren Bogenelementquadrat ds^{*2} als die **dritte Grundform** III der Flächentheorie bezeichnet wird. Man schreibt

$$(20.\ 7)\qquad \begin{aligned} III = ds^{*2} = d\mathfrak{n}^2 &= (\mathfrak{n}_u du + \mathfrak{n}_v dv)^2 = \\ &= e\,du^2 + 2f\,du\,dv + g\,dv^2, \end{aligned}$$

wobei

$$(20.\ 8)\qquad \begin{cases} e = e(u, v) = \mathfrak{n}_u^2, \\ f = f(u, v) = (\mathfrak{n}_u\mathfrak{n}_v), \\ g = g(u, v) = \mathfrak{n}_v^2 \end{cases}$$

bedeutet.

Bemerkung 3: Auch die dritte Grundform $III = ds^{*2}$ ist (wie I und II) gegenüber regulären Parametertransformationen (3. 22) und Bewegungen des Raumes invariant. Zufolge der Parameterinvarianz des ersten Differentials ($d\bar{\mathfrak{n}} = d\mathfrak{n}$) ist nämlich

$$\overline{III} = d\bar{\mathfrak{n}}^2 = d\mathfrak{n}^2 = III. \tag{20. 9}$$

Die Bewegungsinvarianz der dritten Grundform III folgt wieder aus jener des Innenproduktes zweier Vektoren.

Die dritten Fundamentalgrößen e, f, g selbst gehorchen bei zulässigen Parameteränderungen (3. 22) wieder genau denselben Transformationsformeln (III. 8. 8) wie die ersten Fundamentalgrößen E, F, G.

Für Krümmungsparameter ist wegen $F = M \equiv 0$ und nach den Formeln von Weingarten oder Rodrigues (19. 4)

$$\begin{array}{lll} L = E/R_1, & M = 0, & N = G/R_2; \\ e = \mathfrak{n}_u^2 = E/R_1^2, & f = (\mathfrak{n}_u \mathfrak{n}_v) = 0, & g = \mathfrak{n}_v^2 = G/R_2^2. \end{array} \tag{20. 10}$$

Somit gilt für Krümmungsparameter

$$\left\{ \begin{aligned} I &= E du^2 + G dv^2, \\ II &= \frac{E}{R_1} du^2 + \frac{G}{R_2} dv^2, \\ III &= \frac{E}{R_1^2} du^2 + \frac{G}{R_2^2} dv^2, \end{aligned} \right. \tag{20. 11}$$

folglich, wenn man daraus $E du^2$ und $G dv^2$ (durch Determinantenbildung) eliminiert und durch $(1/R_2 - 1/R_1) \not\equiv 0$ dividiert,

$$\begin{vmatrix} I & 1 & 1 \\ II & 1/R_1 & 1/R_2 \\ III & 1/R_1^2 & 1/R_2^2 \end{vmatrix} = 0$$

oder

$$\boxed{K\, I - 2H\, II + III \equiv 0.} \tag{20. 12}$$

Weil die Grundformen I, II, III sowie K und H unabhängig von der Wahl der Parameter (parameterinvariant) sind, gilt die Identität (11) nicht bloß für Krümmungsparameter, sondern für jedes System regulärer Flächenparameter (u, v).

Bemerkung 4: Für Minimalflächen ($H \equiv 0$) folgt aus (12)

$$(20.13) \qquad III = -KI \quad \text{oder} \quad ds^{*2} = -K(u, v)\,ds^2 .$$

Den isotropen Linien ($I = 0$) einer nicht ebenen ($K \not\equiv 0$) Minimalfläche entsprechen daher in der sphärischen Abbildung die isotropen Linien $III = 0$ der Kugel, d.h. nach (III. 10) ihre isotropen Erzeugenden.

Die Bogenelemente ds^2 der Minimalfläche und ds^{*2} ihres sphärischen Bildes sind nach (12) örtlich proportional. Also gilt nach (III. 28. 7)

Satz 1: *Durch die sphärische Abbildung wird jede nicht ebene Minimalfläche konform auf die Einheitskugel abgebildet.*

Bemerkung 5: Für die Schmieglinien einer Fläche $\mathfrak{x}(u, v)$ ist $II \equiv 0$; also gilt für sie (wenn sie nicht isotrop sind, $I \not\equiv 0$) nach (11)

$$(20.14) \qquad \frac{ds^{*2}}{ds^2} = \frac{III}{I} = -K(u, v).$$

Nach (4. Bem. 5) sind die Schmiegebenen einer krummen Schmieglinie zugleich Tangentenebenen der Fläche; ihre Binormalen $\mathfrak{b}$ sind also die Flächennormalen $\mathfrak{n}$. Nach Frenet ist daher

$$ds^{*2} = d\mathfrak{n}^2 = d\mathfrak{b}^2 = (\mathfrak{b}'\,ds)^2 = (-\tau\,\mathfrak{h}\,ds)^2 = \tau^2 ds^2 .$$

Für die Windung τ der beiden krummen und nicht isotropen Schmieglinien eines Punktes $P(u, v)$ der Fläche $\mathfrak{x}(u, v)$ gilt also nach Eugenio Beltrami (1863) und Alfred Enneper (1870)

$$(20.15) \qquad \tau^2 = -K(u, v).$$

Aus Symmetriegründen sind die beiden durch den Punkt $P(u, v)$ laufenden Schmieglinien der Fläche verschieden gewunden, d. h. ihre Windungen τ_1 und τ_2 haben verschiedene Vorzeichen, also

$$(20.16) \qquad \tau_1 = +\sqrt{-K(u, v)}, \quad \tau_2 = -\sqrt{-K(u, v)}.$$

Den ausführlichen Beweis dafür kann man leicht mit Hilfe der Formeln (1. 12) und (2. 5) für die geodätische Windung

(20.17) $$\tau_g = \tau = [\mathfrak{t}\mathfrak{n}\mathfrak{n}']$$

der Schmieglinien führen.

Bezieht man nämlich die Fläche auf **Asymptotenparameter** ($L = 0$, $N = 0$, $M \neq 0$), so ist allgemein nach den Formeln (19.3) von Weingarten

(20.18) $$\mathfrak{n}' = \frac{d\mathfrak{n}}{ds} = \mathfrak{n}_u \frac{du}{ds} + \mathfrak{n}_v \frac{dv}{ds} = \\ = \frac{M}{W^2 ds}((F du - G dv)\mathfrak{x}_u - (E du - F dv)\mathfrak{x}_v).$$

Ferner lautet wegen $\mathfrak{t} = \mathfrak{x}' = \mathfrak{x}_u \frac{du}{ds} + \mathfrak{x}_v \frac{dv}{ds}$ und $\mathfrak{n} = \frac{[\mathfrak{x}_u \mathfrak{x}_v]}{W}$ der negative Seitenvektor $-\mathfrak{s} = [\mathfrak{t}\mathfrak{n}]$ des Schmiegstreifens

(20.19) $$[\mathfrak{t}\mathfrak{n}] = -\mathfrak{s} = \frac{1}{W ds}((F du + G dv)\mathfrak{x}_u - (E du + F dv)\mathfrak{x}_v).$$

Also ist insgesamt

(20.20) $$[\mathfrak{t}\mathfrak{n}\mathfrak{n}'] = [\mathfrak{t}\mathfrak{n}]\cdot\mathfrak{n}' = \frac{M}{W}\cdot\frac{E du^2 - G dv^2}{E du^2 + 2F du dv + G dv^2}.$$

Für die Windungen τ_1, τ_2 der beiden Schmieglinien $dv = 0$ bzw. $du = 0$ folgt daher nach (17) wegen $K = -M^2/W^2$

(20.21) $$\tau_1 = +\frac{M}{W} = +\sqrt{-K}, \quad \tau_2 = -\frac{M}{W} = -\sqrt{-K},$$

w. z. b. w.

Bemerkung 6: Für die pseudosphärischen Flächen konstanter negativer Gaußscher Krümmung $K(u, v) = K = -1/a^2 =$ const haben daher alle (regulären, nicht geradlinigen) Schmieglinien die konstanten Windungen

(20.22) $$\tau_{1,2} = \pm\sqrt{-K} = \pm 1/a.$$

Bemerkung 7: Aus den (auf Krümmungsparameter bezogenen) Formeln von Rodrigues (19.4) folgt, daß die Hauptkrümmungsrichtungen $\mathfrak{x}_u$, $\mathfrak{x}_v$ eines nicht parabolischen Punktes ($1/R_1 \neq 0$, $1/R_2 \neq 0$) zu ihren sphärischen Bildern $\mathfrak{n}_u$, $\mathfrak{n}_v$ parallel sind.

Bemerkung 8: Dagegen sind die Schmiegrichtungen einer nicht parabolischen Fläche zu ihren sphärischen Bildern rechtwinkelig.

Beweis: Bezieht man nämlich die Fläche $\mathfrak{x} = \mathfrak{x}(u, v)$ auf Schmiegparameter, so wird nach (4. Bem. 4) $L(u, v) \equiv 0$, $N(u, v) \equiv 0$ und $M(u, v) \not\equiv 0$. Nach den Formeln von Weingarten (19. 3) gilt dann für die sphärischen Bilder $\mathfrak{n}_u, \mathfrak{n}_v$ der Schmiegrichtungen $\mathfrak{x}_u, \mathfrak{x}_v$

$$(20.23) \quad W^2 \mathfrak{n}_u = M(F\mathfrak{x}_u - E\mathfrak{x}_v), \quad W^2 \mathfrak{n}_v = M(-G\mathfrak{x}_u + F\mathfrak{x}_v),$$

woraus nach (3. 16) tatsächlich $\mathfrak{n}_u \mathfrak{x}_u = \mathfrak{n}_v \mathfrak{x}_v = 0$, d. h. die Orthogonalität der Schmiegrichtungen und ihrer sphärischen Bilder folgt.

Bemerkung 9: Eine bemerkenswerte Anwendung der Formel (20. 5) ist ein von Konrad Voss (1955) angegebener Beweis des folgenden, von Werner Fenchel (1929) stammenden Satzes der Differentialgeometrie im Großen.

Satz 2 (von W. Fenchel): *Die Gesamtkrümmung* $\oint \varkappa(s)ds$ *jeder dreimal stetig differenzierbaren geschlossenen Raumkurve* $\mathfrak{m} = \mathfrak{m}(s)$ *genügt, wenn s die Bogenlänge der Raumkurve* $\mathfrak{m}(s)$ *bezeichnet und* $\varkappa = \varkappa(s) = |\,\mathfrak{m}''(s)\,| \geqq 0$ *ihre Krümmung ist, der Ungleichung*

$$(20.24) \qquad \oint \varkappa(s)ds \geqq 2\pi.$$

Das Gleichheitszeichen gilt dabei nur für geschlossene ebene konvexe Kurven (Eilinien).

Zum Beweis dieses Satzes zieht K. Voss die Rohrfläche $\mathfrak{x}$ heran, die als Hüllfläche einer Kugel mit dem festen (genügend kleinen) Radius $\varrho > 0$ entsteht, welche mit ihrem Mittelpunkt M die Raumkurve $\mathfrak{m} = \mathfrak{m}(s)$ durchläuft. Diese Kugeln berühren die (ebenfalls geschlossene) Rohrfläche $\mathfrak{x}$ längs Kreisen k mit den Mittelpunkten M und dem festen Radius $\varrho > 0$, deren Ebenen ν zur Mittenkurve $\mathfrak{m}(s)$ der Rohrfläche normal sind. Bedeutet φ den Winkel, den der Radius dieses Großkreises k im Punkt M mit der Hauptnormalen $\mathfrak{h} = \mathfrak{h}(s)$ der Mittenkurve $\mathfrak{m} = \mathfrak{m}(s)$ bildet, ferner $\mathfrak{t} = \mathfrak{t}(s)$ deren Tangentenvektor sowie $\mathfrak{b} = \mathfrak{b}(s)$ den Binormalvektor, so lautet die Gaußsche Parameterdarstellung der Rohrfläche

$$(20.25) \qquad \mathfrak{x} = \mathfrak{x}(s, \varphi) = \mathfrak{m}(s) + \varrho(\cos\varphi \cdot \mathfrak{h}(s) + \sin\varphi \cdot \mathfrak{b}(s)).$$

Mit Hilfe der Frenetschen Formeln folgt, wenn $\tau = \tau(s)$ die Windung der Mittenkurve $\mathfrak{m}(s)$ ist,

$$(20.26) \qquad \begin{cases} \mathfrak{x}_s = \mathfrak{t} + \varrho(\cos\varphi \cdot (-\varkappa\mathfrak{t} + \tau\mathfrak{b}) - \sin\varphi \cdot \tau\mathfrak{h}) \\ \mathfrak{x}_\varphi = \qquad \varrho(-\sin\varphi \cdot \mathfrak{h} + \cos\varphi \cdot \mathfrak{b}), \end{cases}$$

woraus

(20. 27) $[\mathfrak{x}_s, \mathfrak{x}_\varphi] = -\varrho(1 - \varrho\varkappa(s)\cos\varphi)\,(\cos\varphi \cdot \mathfrak{h}(s) + \sin\varphi \cdot \mathfrak{b}(s))$

folgt. Darin ist $\varrho > 0$ und

(20. 28) $$\mathfrak{n} = \mathfrak{n}(s, \varphi) = -(\cos\varphi \cdot \mathfrak{h}(s) + \sin\varphi \cdot \mathfrak{b}(s))$$

ist der Einheitsvektor der Flächennormalen der Rohrfläche, der auf der Einheitskugel ihr sphärisches Bild beschreibt. Die Linien $\varphi = \text{const}$ und $s = \text{const}$ (Kreise) bilden nach (III. 2. Satz 2) auf der Rohrfläche (25) genau dann ein reguläres Parameternetz, wenn $[\mathfrak{x}_s, \mathfrak{x}_\varphi] \neq \mathfrak{o}$, also $1 - \varrho\varkappa(s)\cos\varphi \neq 0$ gilt, d. h. wenn $\varrho < \text{Min}\,\frac{1}{\varkappa(s)}$ gewählt wird. In allen Punkten (s, φ) der Rohrfläche $\mathfrak{x}(s, \varphi)$ ist dann

(20. 29) $$1 - \varrho\varkappa(s)\cos\varphi > 0$$

und es folgt für sie die Formel

(20. 30) $W = |[\mathfrak{x}_s, \mathfrak{x}_\varphi]| = [\mathfrak{x}_s, \mathfrak{x}_\varphi, \mathfrak{n}] = \varrho(1 - \varrho\varkappa(s)\cos\varphi) > 0.$

Aus (28) folgt weiter nach den Frenetschen Formeln

$$\mathfrak{n}_s = -\cos\varphi \cdot (-\varkappa\mathfrak{t} + \tau\mathfrak{b}) + \sin\varphi \cdot \tau\mathfrak{h}, \quad \mathfrak{n}_\varphi = \sin\varphi\,\mathfrak{h} - \cos\varphi \cdot \mathfrak{b},$$

woraus sich für das sphärische Bild der Rohrfläche die Formel

(20. 31) $$W^* = [\mathfrak{n}_s, \mathfrak{n}_\varphi, \mathfrak{n}] = -\varkappa(s)\cos\varphi$$

ergibt. Damit erhält man nach (2) und (4) für die Gaußsche Krümmung der Rohrfläche $\mathfrak{x}(s, \varphi)$ den Wert

(20. 32) $$K = K(s, \varphi) = \frac{W^*}{W} = -\frac{\varkappa(s)\cos\varphi}{\varrho(1 - \varrho\varkappa(s)\cos\varphi)}.$$

Die Gaußsche Krümmung $K(s, \varphi)$ der Rohrfläche $\mathfrak{x}(s, \varphi)$ verschwindet daher 1. auf allen Kreisen $k(s = \text{const})$, die zu Punkten s der Mittenkurve $\mathfrak{m}(s)$ mit $\varkappa(s) = 0$ gehören (diese Kreise k treten isoliert auf, wenn $\varkappa(s)$ an einzelnen Stellen verschwindet, sie können aber auf der Rohrfläche auch ganze Stücke von Drehzylindern ausfüllen, wenn $\mathfrak{m}(s)$ Geradenstücke enthält), und 2. auf den beiden Linien $\varphi = +\pi/2$ und $\varphi = 3\pi/2$ der Rohrfläche.

Wir bezeichnen mit $\mathfrak{B}_+$ das Gebiet jener Punkte $\mathfrak{x}(s, \varphi)$ der Rohrfläche, deren Gaußsche Krümmung $K(s, \varphi) > 0$ ist, und mit $\mathfrak{B}$ den Bereich, in dem $K(s, \varphi) \geqq 0$ ist. Für $\mathfrak{B}_+$ gilt (solange

$\varkappa(s) \neq 0$ ist) dabei $\pi/2 < \varphi < 3\pi/2$, für $\mathfrak{B}$ gilt $\pi/2 \leqq \varphi \leqq 3\pi/2$. Weil sich $\mathfrak{B}_+$ und $\mathfrak{B}$ nur in Linien- oder Flächenstücke unterscheiden, in denen $K = 0$ ist, haben das Gebiet $\mathfrak{B}_+$ und der Bereich $\mathfrak{B}$ auf der Rohrfläche dieselbe Totalkrümmung:

$$\iint_{\mathfrak{B}} K\,dO = \iint_{\mathfrak{B}_+} K dO\,. \tag{20.33}$$

Wir zeigen nun mit K. Voss zuerst, daß das Integral (33) der Ungleichung

$$\iint_{\mathfrak{B}} K\,dO \geqq 4\pi \tag{20.34}$$

genügt.

Weil $dO^* = K\,dO$ das Oberflächenelement des sphärischen Bildes von dO ist, und dessen Einheitskugel den Flächeninhalt 4π besitzt, ist die Ungleichung (34) bewiesen, wenn wir zeigen können, daß *das sphärische Bild $\mathfrak{B}^*$ des Flächenstückes $\mathfrak{B}$ die Einheitskugel mindestens einmal vollständig überdeckt*, d. h. daß es zu jedem Kugelradius $\mathfrak{n}^*$ in dem Bereich $\mathfrak{B}$ der Rohrfläche wenigstens eine parallele Flächennormale $\mathfrak{n}$ gibt.

Um dies einzusehen, denken wir uns durch einen in der Richtung von $\mathfrak{n}^*$ weit entfernten Punkt P_0 die zu $\mathfrak{n}^*$ normale Ebene ε_0 gelegt und so lange parallel verschoben, bis sie in der Lage ε erstmals die (geschlossene, also ganz im Endlichen liegende, überall glatte) Rohrfläche in einem Punkt P berührt (es kann auch mehrere solche Berührpunkte P geben). Die Ebene ε ist dann eine Stützebene der Rohrfläche im Punkte P. In diesem Berührpunkt P besitzt die Rohrfläche dann eine zum Kugelradius $\mathfrak{n}^*$ parallele Flächennormale $\mathfrak{n}$. Weil jenseits der Stützebene ε kein Punkt der Rohrfläche liegt, ist ihr Berührpunkt P nicht hyperbolisch, also gilt in ihm $K \geqq 0$ und er gehört daher dem Bereich $\mathfrak{B}$ der Rohrfläche an. Die Punkte P bilden dabei insgesamt jenen Teil $\mathfrak{B}_S$ von $\mathfrak{B}$, dessen Tangentenebenen ε Stützebenen der Rohrfläche sind. Der Bereich $\mathfrak{B}$ kann aber (z. B. wenn die Mittenkurve $\mathfrak{m}(s)$ verknotet ist) auch noch andere Punkte P' mit $K \geqq 0$ enthalten, deren Tangentenebenen nicht Stützebenen der Rohrflächen sind. Die Einheitskugel wird dabei vom sphärischen Bild $\mathfrak{B}_S^*$ des Bereichs $\mathfrak{B}_S$ der Rohrfläche genau einmal, vom Bild $\mathfrak{B}^*$ von $\mathfrak{B}$ mindestens einmal vollständig überdeckt. Damit ist die Vosssche Ungleichung (34) bewiesen.

Aus dem Beweisverfahren folgt übrigens, daß die Vosssche Ungleichung (34) überhaupt für jede geschlossene, zweimal stetig differenzierbare Fläche Φ gilt, wenn in ihr wieder $\mathfrak{B}$ jenen Bereich von Φ bedeutet, in dem $K \geqq 0$ ist.

Weil die Rohrfläche (25) nach (30) das Oberflächenelement

$$dO = W\,ds\,d\varphi = \varrho(1 - \varrho\varkappa(s)\cos\varphi)\,ds\,d\varphi$$

besitzt und nach (32) in dem durch $\pi/2 \leqq \varphi \leqq 3\pi/2$ beschriebenen Bereich $\mathfrak{B}$ der Rohrfläche die Gaußsche Krümmung $K(s, \varphi) \geqq 0$ ist, erhält man, wenn l die Länge der Mittenkurve $\mathfrak{m}(s)$ bezeichnet, für die Totalkrümmung der Rohrfläche in $\mathfrak{B}$ durch Ausintegrieren den Wert

$$\iint_{\mathfrak{B}} K\,dO = -\int_{s=0}^{l} \int_{\varphi=\pi/2}^{3\pi/2} \varkappa(s)\cos\varphi\,ds\,d\varphi =$$

$$= \int_0^l \varkappa(s)\,ds \cdot \int_{\pi/2}^{3\pi/2} (-\cos\varphi)\,d\varphi = 2\oint \varkappa(s)\,ds\,.$$

Die Vosssche Ungleichung (34) geht damit in die Fenchelsche Ungleichung (24) über, die damit bewiesen ist.

Wir müssen abschließend noch zeigen, daß das Gleichheitszeichen in der Fenchelschen Ungleichung (24) nur für ebene konvexe Kurven $\mathfrak{m}(s)$ gilt. Nun gilt aber in (24) das Gleichheitszeichen genau dann, wenn es auch in (34) gilt. Das sphärische Bild $\mathfrak{B}^*$ des Bereiches $\mathfrak{B}$ der Rohrfläche überdeckt dann die Einheitskugel genau einmal. Zu jedem Kugelradius $\mathfrak{n}^*$ gehört dann im Bereiche $\mathfrak{B}$ genau eine zu $\mathfrak{n}^*$ orthogonale Tangentenebene der Rohrfläche, welche nicht nur für alle elliptischen Punkte von $\mathfrak{B}$ Stützebene ist, sondern auch für alle parabolischen Punkte (als Grenzlage von Stützebenen elliptischer Punkte). Es ist also $\mathfrak{B} = \mathfrak{B}_S$. Nun gibt es nach (32) auf jedem Berührkreis $k(s = \text{const})$ von Kugel und Rohrfläche für $\varphi = \pi/2$ und $\varphi = 3\pi/2$ zwei diametrale parabolische Punkte der Rohrfläche, deren zum Kreisdurchmesser normale Tangentenebenen η_+ und η_- zwei zueinander parallele Stützebenen sind, welche voneinander den festen Abstand $d = 2\varrho$ besitzen. Die Rohrfläche liegt daher ganz in der von η_+ und η_- begrenzten Parallelschicht. Die Mittenlinie $\mathfrak{m}(s)$ der Rohrfläche muß daher ganz in der Mittenebene η dieser Parallelschicht enthalten sein und ist somit eine ebene Kurve. Diese ebene Mittenkurve $\mathfrak{m}(s)$ muß außerdem konvex sein; denn andernfalls gäbe es auf der Schnittlinie der Rohrfläche mit der Mittenebene η (auf der äußeren Parallelkurve von $\mathfrak{m}(s)$ im Abstand ϱ) elliptische Flächenpunkte ($K > 0$), deren (zu η normale) Tangentenebenen nicht Stützebenen der Rohrfläche wären. Damit ist der Satz von Fenchel in allen Stücken bewiesen.

21. Das Theorema egregium von Gauß. In seinen „*Disquisitiones generales circa superficies curvas*“ (1828) bewies Gauß den folgenden grundlegenden Satz der Flächentheorie:

Theorema egregium: *Die Gaußsche Krümmung*

$$K = \frac{1}{R_1 R_2} = \frac{LN - M^2}{EG - F^2} \tag{21.1}$$

einer dreimal stetig ableitbaren Fläche $\mathfrak{x} = \mathfrak{x}(u, v)$ hängt nur von den ersten Fundamentalgrößen $E(u, v)$, $F(u, v)$, $G(u, v)$ und ihren Ableitungen erster und zweiter Ordnung nach u und v, d. h. nur von der Metrik der Fläche (der Flächenhaut) ab, nicht aber (oder nur scheinbar) von den Fundamentalgrößen zweiter Art L, M, N, d. h. nicht von jenen Krümmungsverhältnissen der Fläche, welche erst durch die Art der Einbettung der Flächenhaut in den Raum bestimmt werden. Die Gaußsche Krümmung K einer dreimal stetig ableitbaren Fläche ist daher eine Invariante gegenüber isometrischen Abbildungen der Fläche, insbesondere also auch eine Biegungsinvariante, d. h. K bleibt auch bei jeder stetigen dehnungs- und schrumpfungsfreien endlichen Biegung der Flächenhaut ungeändert.

Beweis: Setzt man für L, M, N die Ausdrücke (3.16) ein, so erhält man

$$K = \frac{[\mathfrak{x}_u \mathfrak{x}_v \mathfrak{x}_{uu}][\mathfrak{x}_u \mathfrak{x}_v \mathfrak{x}_{vv}] - [\mathfrak{x}_u \mathfrak{x}_v \mathfrak{x}_{uv}]^2}{(EG - F^2)^2}, \tag{21.2}$$

oder nach dem Multiplikationssatz der Determinantentheorie und (III. 5. 4)

$$K = \frac{1}{(EG - F^2)^2} \left\{ \begin{vmatrix} E & F & \mathfrak{x}_u \mathfrak{x}_{vv} \\ F & G & \mathfrak{x}_v \mathfrak{x}_{vv} \\ \mathfrak{x}_{uu} \mathfrak{x}_u & \mathfrak{x}_{uu} \mathfrak{x}_v & \mathfrak{x}_{uu} \mathfrak{x}_{vv} \end{vmatrix} - \begin{vmatrix} E & F & \mathfrak{x}_u \mathfrak{x}_{uv} \\ F & G & \mathfrak{x}_v \mathfrak{x}_{uv} \\ \mathfrak{x}_{uv} \mathfrak{x}_u & \mathfrak{x}_{uv} \mathfrak{x}_v & \mathfrak{x}_{uv}^2 \end{vmatrix} \right\}$$

Hier sind in den beiden Determinanten die Glieder $(\mathfrak{x}_{uu} \mathfrak{x}_{vv})$ und $\mathfrak{x}_{uv}^2$ mit demselben Faktor $(EG - F^2)$ versehen. Also kann man sie zusammenziehen und schreiben

$$K = \frac{1}{(EG - F^2)^2} \left\{ \begin{vmatrix} E & F & \mathfrak{x}_u \mathfrak{x}_{vv} \\ F & G & \mathfrak{x}_v \mathfrak{x}_{vv} \\ \mathfrak{x}_{uu} \mathfrak{x}_u & \mathfrak{x}_{uu} \mathfrak{x}_v & \mathfrak{x}_{uu} \mathfrak{x}_{vv} - \mathfrak{x}_{uv}^2 \end{vmatrix} - \right.$$
$$\left. - \begin{vmatrix} E & F & \mathfrak{x}_u \mathfrak{x}_{uv} \\ F & G & \mathfrak{x}_v \mathfrak{x}_{uv} \\ \mathfrak{x}_{uv} \mathfrak{x}_u & \mathfrak{x}_{uv} \mathfrak{x}_v & 0 \end{vmatrix} \right\}.$$

Hier begegnen uns die sechs Innenprodukte der ersten und zweiten Ableitungen des Ortsvektors $\mathfrak{x}(u, v)$ der Fläche. Differenziert man die Fundamentalgrößen $E = \mathfrak{x}_u^2$, $F = \mathfrak{x}_u \mathfrak{x}_v$, $G = \mathfrak{x}_v^2$ nach u und v, so erhält man nach (III. 34. 11) die folgenden Darstellungen der sechs Innenprodukte

$$(21.3) \quad \left\{ \begin{aligned} \mathfrak{x}_u \mathfrak{x}_{uu} &= \begin{bmatrix} 11 \\ 1 \end{bmatrix} = \Gamma_{1,11} = \frac{1}{2} E_u, \\ \mathfrak{x}_v \mathfrak{x}_{uu} &= \begin{bmatrix} 11 \\ 2 \end{bmatrix} = \Gamma_{2,11} = F_u - \frac{1}{2} E_v, \\ \mathfrak{x}_u \mathfrak{x}_{uv} &= \begin{bmatrix} 12 \\ 1 \end{bmatrix} = \Gamma_{1,12} = \frac{1}{2} E_v, \\ \mathfrak{x}_v \mathfrak{x}_{uv} &= \begin{bmatrix} 12 \\ 2 \end{bmatrix} = \Gamma_{2,12} = \frac{1}{2} G_u, \\ \mathfrak{x}_u \mathfrak{x}_{vv} &= \begin{bmatrix} 22 \\ 1 \end{bmatrix} = \Gamma_{1,22} = F_v - \frac{1}{2} G_u, \\ \mathfrak{x}_v \mathfrak{x}_{vv} &= \begin{bmatrix} 22 \\ 2 \end{bmatrix} = \Gamma_{2,22} = \frac{1}{2} G_v. \end{aligned} \right.$$

Man nennt diese sechs schon bei Gauß vorkommenden Ausdrücke die **Christoffelschen Dreizeigersymbole 1. Art,** weil Elwin Bruno Christoffel (1869) sie zuerst durch die Klammersymbole $\begin{bmatrix} \alpha\beta \\ \gamma \end{bmatrix}$ mit $\alpha, \beta, \gamma = 1, 2$ bezeichnet hat, deren Zeiger (Indizes 1, 2) sich auf die Ableitungen nach dem ersten bzw. zweiten Parameter u bzw. v beziehen, und die in dem Zeigerpaar α, β symmetrisch sind:

$$(21.4) \qquad \Gamma_{\gamma,\alpha\beta} = \begin{bmatrix} \alpha\beta \\ \gamma \end{bmatrix} = \begin{bmatrix} \beta\alpha \\ \gamma \end{bmatrix} = \Gamma_{\gamma,\beta\alpha}.$$

Die Christoffel-Klammern $\begin{bmatrix} \alpha\beta \\ \gamma \end{bmatrix}$ hängen bloß von E, F, G und ihren ersten Ableitungen nach u und v ab, also nur von der metrischen Grundform ds^2 (und dem Gaußschen Parametersystem); sie sind daher bei isometrischen Abbildungen der Fläche invariant, also auch Biegungsinvarianten.

Leitet man noch die Formeln (3) für $\mathfrak{x}_v\mathfrak{x}_{uv}$ und $\mathfrak{x}_v\mathfrak{x}_{uu}$ nach u bzw. v ab, so erhält man

$$\mathfrak{x}_{uv}^2 + \mathfrak{x}_v\mathfrak{x}_{uuv} = \frac{1}{2}G_{uu}, \quad \mathfrak{x}_{vv}\mathfrak{x}_{uu} + \mathfrak{x}_v\mathfrak{x}_{uuv} = F_{uv} - \frac{1}{2}E_{vv}$$

und daraus durch Subtraktion

$$\mathfrak{x}_{uu}\mathfrak{x}_{vv} - \mathfrak{x}_{uv}^2 = -\frac{1}{2}(E_{vv} - 2F_{uv} + G_{uu}). \tag{21.5}$$

Durch Eintragen der Ausdrücke (3) und (5) ergibt sich schließlich die folgende von Richard Baltzer (1866) angegebene Darstellung der Gaußschen Krümmung K der Fläche durch E, F, G und ihre Ableitungen erster und zweiter Ordnung

$$K = \frac{1}{(EG - F^2)^2}\left\{\begin{vmatrix} E & F & F_v - \frac{1}{2}G_u \\ F & G & \frac{1}{2}G_v \\ \frac{1}{2}E_u, & F_u - \frac{1}{2}E_v, & -\frac{1}{2}(E_{vv} - 2F_{uv} + G_{uu}) \end{vmatrix} - \begin{vmatrix} E & F & \frac{1}{2}E_v \\ F & G & \frac{1}{2}G_u \\ \frac{1}{2}E_v & \frac{1}{2}G_u & 0 \end{vmatrix}\right\}. \tag{21.6}$$

Damit ist das Theorema egregium bewiesen.

Man kann also, wenn das Bogenelementquadrat

$$ds^2 = E(u, v)du^2 + 2F(u, v)du\,dv + G(u, v)dv^2 \tag{21.7}$$

einer Fläche $\mathfrak{x} = \mathfrak{x}(u, v)$ in einem regulären Parameternetz (u, v) bekannt ist, ihre Gaußsche Krümmung $K = K(u, v)$ in jedem Flächenpunkte $P(u, v)$ berechnen. Man nennt daher K oft (kurz, aber ungenau) die Gaußsche Krümmung des Bogenelements (7).

Beispiel 1: Für konstante E, F, G ist das Bogenelement ds der Fläche nach (III, 16. Satz 1) euklidisch und die Gaußsche Krümmung $K \equiv 0$.

Bemerkung 1: Von Georg Frobenius (1849—1917) stammt die folgende symmetrische Darstellung der Gaußschen Krümmung

$$(21.8) \qquad K = -\frac{1}{4W^4}\begin{vmatrix} E & F & G \\ E_u & F_u & G_u \\ E_v & F_v & G_v \end{vmatrix} + \frac{1}{2W}\left\{\frac{\partial}{\partial u}\left(\frac{F_v - G_u}{W}\right) + \frac{\partial}{\partial v}\left(\frac{F_u - E_v}{W}\right)\right\},$$

in der die Irrationalität $W = \sqrt{EG - F^2}$ nur scheinbar auftritt. Man bestätigt die Identität von (8) mit (6) durch Ausrechnen; in beiden Fällen ergibt sich nämlich die ausführliche, von Gauß (1826) durch mühevolle Rechnung gefundene Formel,

$$(21.9) \qquad K = \frac{1}{4(EG - F^2)^2}\{E(E_vG_v - 2F_uG_v + G_u^2) + F(E_uG_v - E_vG_u + 4F_uF_v - 2F_uG_u - 2E_vF_v) + G(E_uG_u - 2E_uF_v + E_v^2) - 2(EG - F^2)(E_{vv} - 2F_{uv} + G_{uu})\}.$$

Bemerkung 2: Für orthogonale Parameter ($F \equiv 0$) vereinfacht sich die Darstellung der Gaußschen Krümmung K. Man erhält dann z. B. aus (8) wegen $W = \sqrt{EG}$

$$(21.10) \qquad K = -\frac{1}{\sqrt{EG}}\left\{\frac{\partial}{\partial u}\left(\frac{1}{\sqrt{E}}\cdot\frac{\partial\sqrt{G}}{\partial u}\right) + \frac{\partial}{\partial v}\left(\frac{1}{\sqrt{G}}\cdot\frac{\partial\sqrt{E}}{\partial v}\right)\right\}.$$

Bemerkung 3: Für isotrope Parameter ($E = G \equiv 0$, $F \not\equiv 0$) wird nach (9)

$$(21.11) \qquad K = \frac{F_uF_v - FF_{uv}}{F^3} = -\frac{1}{F}\cdot\frac{\partial^2 \ln F}{\partial u \partial v}.$$

Bemerkung 4: Für isotherme Parameter ($F = 0$, $E = G = \lambda(u, v)$), d. h. für das isotherme Bogenelementquadrat

$$(21.12) \qquad ds^2 = \lambda(u, v)\cdot(du^2 + dv^2),$$

folgt aus (10) als Wert der Gaußschen Krümmung

$$K = -\frac{1}{2\lambda}\left(\frac{\partial^2 \ln\lambda}{\partial u^2} + \frac{\partial^2 \ln\lambda}{\partial v^2}\right). \tag{21.13}$$

Daher ist auf jeder durch $K \equiv 0$ gekennzeichneten metrisch regulären, parabolisch gekrümmten Fläche (Ebene, Kegel, Zylinder, Torse), die auf ein isothermes Bogenelement (12) bezogen ist, $\ln \lambda(u, v)$ eine harmonische Funktion von u und v.

Aus dem Theorema egregium folgt nun der grundlegende

Satz 1 (von Gauß, 1828): *Zwei stetig gekrümmte Flächen $\mathfrak{x} = \mathfrak{x}(u, v)$ und $\bar{\mathfrak{x}} = \bar{\mathfrak{x}}(u, v)$, die (durch gleiche Parameter) längentreu (isometrisch) aufeinander abgebildet sind, besitzen in entsprechenden Punkten $\mathfrak{x}(u, v)$ und $\bar{\mathfrak{x}}(u, v)$ notwendig dieselbe Gaußsche Krümmung $K(u, v) \equiv \bar{K}(u, v)$.*

Diese Bedingung ist jedoch für die Isometrie zweier Flächen nur notwendig, aber nicht hinreichend.

Die letzte Bemerkung wird belegt durch das

Beispiel 2: Ordnet man auf den beiden Flächen (hyperbolischen Paraboloiden)

$$\mathfrak{x} = x\mathfrak{e}_1 + y\mathfrak{e}_2 + (x^2 - y^2)\mathfrak{e}_3 \text{ und } \bar{\mathfrak{x}} = x\mathfrak{e}_1 + y\mathfrak{e}_2 + 2xy\mathfrak{e}_3 \tag{21.14}$$

Punkte $\mathfrak{x}(x, y)$ und $\bar{\mathfrak{x}}(x, y)$ mit gleichen Grundrissen (x, y) einander zu, so hat wegen

$$\begin{aligned} p &= 2x,\ q = -2y; \quad r = 2,\ s = 0,\ t = -2 \\ \bar{p} &= 2y,\ \bar{q} = +2x; \quad \bar{r} = 0,\ \bar{s} = 2,\ \bar{t} = 0 \end{aligned} \tag{21.15}$$

nach (10.19) die Gaußsche Krümmung $K(x, y)$ bzw. $\bar{K}(x, y)$ dieser Flächen in entsprechenden Punkten denselben Wert

$$K(x, y) = -\frac{4}{(1 + 4x^2 + 4y^2)^2} = \bar{K}(x, y). \tag{21.16}$$

Trotzdem sind die beiden Flächen nicht isometrisch aufeinander bezogen; denn für ihre Bogenelemente ds und $d\bar{s}$ findet man aus (15) nach (III. 11. 7) die beiden verschiedenen Werte

$$\begin{aligned} ds^2 &= (1 + 4x^2)dx^2 - 8xy\,dx\,dy + (1 + 4y^2)dy^2, \\ d\bar{s}^2 &= (1 + 4y^2)dx^2 + 8xy\,dx\,dy + (1 + 4x^2)dy^2. \end{aligned} \tag{21.17}$$

Die Gaußsche Krümmung einer (reellen) Kugel (Radius $R \neq 0$) hat den festen positiven Wert $K = 1/R^2 > 0$, jene einer (reellen) Ebene den festen Wert $\overline{K} = 0$. Wegen $\overline{K} \neq K$ folgt nach Gauß der nach (III. 28. Beisp. 1) schon von Euler (1777) bewiesene

Satz 2: *Es gibt keine längentreue stetig ableitbare Abbildung der Kugel oder eines (noch so kleinen) Stückes der Kugel auf die Ebene.*

Bemerkung 5: Sind $\mathfrak{x}(u, v)$ und $\bar{\mathfrak{x}}(u, v)$ zwei durch gleiche Parameter (u, v) isometrisch aufeinander bezogene Flächen, so ist nach Gauß $K(u, v) \equiv \overline{K}(u, v)$. Aus der Definition (20. 4) von K folgt dann, daß die sphärischen Bilder $\mathfrak{n}(u, v)$ und $\bar{\mathfrak{n}}(u, v)$ der isometrischen Flächen $\mathfrak{x}(u, v)$ und $\bar{\mathfrak{x}}(u, v)$ gleichsinnig flächentreu aufeinander bezogen sind.

In (III. 19. Satz 2) wurde bewiesen, daß die Tangentenfläche jeder metrisch regulären, dreimal stetig ableitbaren (nicht isotropen) Raumkurve in die euklidische Ebene abwickelbar ist. Dasselbe gilt nach (III. 17. Satz 1) und (III. 18. Satz 1 und Satz 2) für die stetig gekrümmten (nicht isotropen) Kegel und für alle stetig gekrümmten Zylinder. Alle diese Flächen haben verschwindende Gaußsche Krümmung und erfüllen damit die für die Abwickelbarkeit in die Ebene notwendige Bedingung $K = 0$.

In (19. Satz 1) wurde sodann bewiesen, daß umgekehrt außer den (nicht isotropen) Ebenen die stetig gekrümmten (nicht isotropen) Kegel, die Zylinder und die (nicht isotropen) Torsen die einzigen Flächen der Gaußschen Krümmung $K = 0$ sind. Daraus folgt der

Satz 3: *Notwendig und hinreichend dafür, daß eine metrisch reguläre und dreimal stetig ableitbare Fläche in die Ebene abgewickelt werden kann, ist das Verschwinden ihrer Gaußschen Krümmung:* $K = K(u, v) \equiv 0$. *Außer den (nicht*

isotropen) Ebenen sind diese Flächen entweder (nicht isotrope) Kegel oder Zylinder oder (nicht isotrope) Torsen.

Damit ist die Kennzeichnung dieser Flächen als „abwickelbare Flächen" gerechtfertigt, wenigstens soweit man nur an metrisch reguläre und dreimal stetig ableitbare Flächen denkt.

Bemerkung 6: Läßt man dagegen auch allgemeinere, z. B. unstetig gekrümmte (reelle) Flächen zu, so gibt es, wie Henri Lebesgue (1902) erkannte, auch noch andere (reelle) auf die Ebene abwickelbare Flächen, z. B. sogar Drehflächen, die weder Drehkegel noch Drehzylinder sind und die überhaupt kein (noch so kleines) Stück einer Geraden enthalten. Umgekehrt gibt es nach Lebesgue, wie schon in (III. 19. Bem. 1) erwähnt, Tangentenflächen von Raumkurven, die zwar längs jeder Erzeugenden die Schmiegebene des Kurvenpunktes als feste Tangentenebene besitzen, aber dennoch nicht in eine Ebene abwickelbar sind.

22. Geodätische Polarkoordinaten. Riemannsche Zentralkoordinaten. Biegungsinvariante Erklärung der Gaußschen Krümmung. Das von einem regulären Punkte (Zentrum) O der viermal stetig ableitbaren Fläche $\mathfrak{x}=\mathfrak{x}(u,v)$ ausstrahlende Büschel geodätischer Linien überdeckt eine gewisse Umgebung $\mathfrak{U}$ von O schlicht (abgesehen vom Punkte O selbst) und bildet in $\mathfrak{U}$ ein Feld geodätischer Linien. Trägt man (Bild 22) auf ihnen vom Zentrum O aus die feste Bogenlänge u auf, so bilden die Endpunkte P nach dem Satze von Gauß (III. 36. Satz 1) insgesamt eine (geschlossene) Orthogonaltrajektorie des Büschels der Geodätischen. Die Linien $u = \text{const}$ sind dabei nach Gauß geodätische Parallelen; sie sind auf der Fläche die Gegenstücke der Kreise $r = \text{const}$ eines ebenen Polarkoordinatensystems (r, φ) und werden als geodätische Abstandskreise (vom Radius u mit der Mitte O) bezeichnet. Das Gegenstück des Polarwinkels φ ist dann der Winkel v, den die einzelnen Geodätischen $v = \text{const}$

im Zentrum O gegen eine feste Anfangsrichtung $v = 0$ bilden.

Das Bogenelement ds hat in einem geodätischen Parallelkoordinatensystems nach (III. 36. 4) die Gestalt

$$ds^2 = du^2 + G(u, v)dv^2. \tag{22.1}$$

In dem Sonderfall unserer **geodätischen Polarkoordinaten**

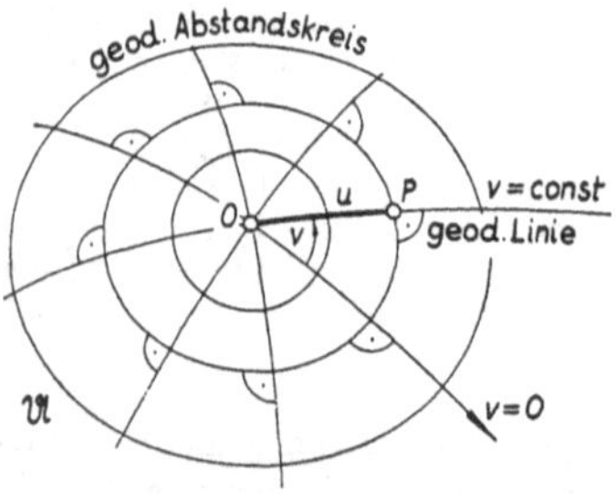

Bild 22. Geodätisches Polarkoordinatensystem, bestehend aus den geodätischen Linien (v = const) durch das Zentrum O und den dazu orthogonalen geodätischen Abstandskreisen (u = const).

(u, v) gelten dabei im Nullpunkt O $(u = 0)$ für $G(u, v)$ überdies für alle v die Gleichungen

$$\begin{cases} \lim\limits_{u\to 0} \sqrt{G(u, v)} = 0, & \lim\limits_{u\to 0} \dfrac{\partial \sqrt{G(u, v)}}{\partial u} = 1, \\ \lim\limits_{u\to 0} \dfrac{\partial^2 \sqrt{G(u, v)}}{\partial u^2} = 0, & \lim\limits_{u\to 0} \dfrac{\partial^3 \sqrt{G(u, v)}}{\partial u^3} = -K_0, \end{cases} \tag{22.2}$$

wobei K_0 die Gaußsche Krümmung der Fläche im Nullpunkt O $(u = 0)$ bedeutet.

Beweis: Wir führen auf der Fläche durch die Formeln

$$\xi = u \cos v, \quad \eta = u \sin v \tag{22.3}$$

statt der im Punkte O ($u = 0$, v = beliebig) singulären geodätischen Polarkoordinaten (u, v) neue, in O reguläre Koordinaten (ξ, η) ein. In diesen neuen Koordinaten (ξ, η), die auf der Fläche i. a. kein Orthogonalsystem bilden, erhält wegen

$$(22.4)\qquad u = \sqrt{\xi^2 + \eta^2}, \qquad v = \operatorname{arc\,tg} \frac{\eta}{\xi}$$

$$du = \frac{\xi\, d\xi + \eta\, d\eta}{u}, \quad dv = \frac{\xi\, d\eta - \eta\, d\xi}{u^2}$$

das Bogenelementquadrat (1) der Fläche die Gestalt

$$(22.5)\qquad \begin{aligned} ds^2 &= \frac{(\xi\, d\xi + \eta\, d\eta)^2}{u^2} + G(u,v)\, \frac{(\xi\, d\eta - \eta\, d\xi)^2}{u^4} = \\ &= E^*(\xi,\eta)\, d\xi^2 + 2F^*(\xi,\eta)\, d\xi\, d\eta + G^*(\xi,\eta)\, d\eta^2, \end{aligned}$$

wobei nach (3)

$$\begin{aligned} E^*(\xi,\eta) &= \frac{\xi^2}{u^2} + G(u,v)\, \frac{\eta^2}{u^4} = \cos^2 v + \frac{G(u,v)}{u^2} \sin^2 v \\ F^*(\xi,\eta) &= \frac{\xi\eta}{u^2} - G(u,v)\, \frac{\xi\eta}{u^4} = \cos v \sin v \left(1 - \frac{G(u,v)}{u^2}\right) \\ G^*(\xi,\eta) &= \frac{\eta^2}{u^2} + G(u,v)\, \frac{\xi^2}{u^4} = \sin^2 v + \frac{G(u,v)}{u^2} \cos^2 v \end{aligned}$$

ist. Nun bilden die neuen Flächenparameter (ξ, η) in der Umgebung erster Ordnung des Nullpunktes $O(\xi = 0, \eta = 0)$ nach (3) ein reguläres cartesisches Koordinatennetz, für das somit

$$E^*(0,0) = G^*(0,0) = 1, \quad F^*(0,0) = 0$$

gilt. Daraus folgt für $G(u,v) \geqq 0$ im Nullpunkt O $(u = 0)$ die Grenzwertformel

$$\lim_{u \to 0} \frac{G(u,v)}{u^2} = 1, \text{ also auch } \lim_{u \to 0} \frac{\sqrt{G(u,v)}}{u} = 1.$$

Für $\sqrt{G(u,v)}$ gilt daher in O eine Entwicklung der Form

$$(22.6)\qquad \sqrt{G(u,v)} = u\left(1 + \gamma(u,v)\right) \text{ mit } \lim_{u \to 0} \gamma(u,v) = 0,$$

wobei $\gamma(u,v)$ in der Umgebung von O (bei $u = 0$) regulär ist. Aus (6) folgen für $u \to 0$ die beiden ersten Grenzwertformeln in (2).

Nach (21.10) lautet nun die Gaußsche Krümmung $K(u,v)$ der Fläche $\mathfrak{x}(u,v)$ im Punkt $P(u,v)$

$$(22.7)\qquad K = -\frac{1}{\sqrt{G(u,v)}}\, \frac{\partial^2 \sqrt{G(u,v)}}{\partial u^2}.$$

Es folgt

$$(22.8)\qquad \frac{\partial^2 \sqrt{G(u,v)}}{\partial u^2} = -K(u,v)\sqrt{G(u,v)},$$

$$\frac{\partial^3 \sqrt{G(u,v)}}{\partial u^3} = -\frac{\partial K(u,v)}{\partial u}\sqrt{G(u,v)} - K(u,v)\frac{\partial \sqrt{G(u,v)}}{\partial u}.$$

Daraus und aus den beiden ersten Gleichungen (2) erhält man für $u \to 0$ die beiden letzten Formeln (2).

Insgesamt gilt also wegen (2) für die Größe $\sqrt{G(u,v)}$ im Nullpunkt O unseres geodätischen Polarkoordinatensystems die Taylor-Entwicklung

$$(22.9)\qquad \sqrt{G(u,v)} = u - \frac{K_0}{6}u^3 + \cdots,$$

in der die folgenden Glieder auch noch von v abhängen; für das Bogenelementquadrat (1) folgt die Entwicklung

$$(22.10)\qquad ds^2 = du^2 + u^2\left(1 - \frac{K_0}{3}u^2 + \cdots\right)dv^2.$$

Bemerkung 1: Man kann auf der Fläche nach dem Vorgange von Bernhard Riemann (1854) in der nächsten Umgebung des Nullpunktes O die in (3) auftretenden (auch in O regulären) Koordinaten (ξ, η) als Gaußsche Parameter wählen. Für diese **Riemannschen Normalkoordinaten** (ξ, η) der Fläche im Punkte O (die man oft auch als Riemannsche Zentralkoordinaten bezeichnet) gilt dann nach (4)

$$(22.11)\qquad du^2 + u^2 dv^2 = d\xi^2 + d\eta^2, \quad dv = \frac{\xi\, d\eta - \eta\, d\xi}{\xi^2 + \eta^2}.$$

Daraus ergibt sich die Entwicklung

$$(22.12)\qquad ds^2 = d\xi^2 + d\eta^2 - \frac{K_0}{3}(\xi\, d\eta - \eta\, d\xi)^2 + \cdots$$

als **Riemannsche Normalform** des Bogenelementquadrates der Fläche im Punkt O.

Aus unseren Formeln folgt ein interessanter direkter Weg, die Gaußsche Krümmung K_0 einer Fläche im Punkte O durch interne geodätische Messungen in der Flächenhaut zu bestimmen, woraus dann unmittelbar die Biegungsinvarianz von K_0 folgt.

Man findet nämlich aus (9) und (10) für den geodätischen Abstandskreis mit dem Radius $u = r = \text{const}$ $(du = 0)$ und der Mitte O in Bild 22 den Umfang

$$l = \int_{v=0}^{2\pi} \sqrt{G(r,v)}\,dv = \int_{0}^{2\pi} \left(r - \frac{K_0}{6} r^3 + \cdots\right) dv = \tag{22.13}$$
$$= 2r\pi - \frac{K_0}{3} r^3\pi + \cdots$$

und, weil nach (1) noch $W = \sqrt{G}$ ist, den Flächeninhalt

$$f = \int_{v=0}^{2\pi} \int_{u=0}^{r} \sqrt{G(u,v)}\,du\,dv = 2\pi \int_{u=0}^{r} \left(u - \frac{K_0}{6} u^3 + \cdots\right) du = \tag{22.14}$$
$$= r^2\pi - \frac{K_0}{12} r^4\pi + \cdots.$$

Daraus folgen für die Gaußsche Krümmung K_0 der Fläche im Punkte O die beiden Grenzwertformeln

$$K_0 = \frac{3}{\pi} \cdot \lim_{r\to 0} \frac{2r\pi - l}{r^3} = \frac{12}{\pi} \cdot \lim_{r\to 0} \frac{r^2\pi - f}{r^4}, \tag{22.15}$$

die von Joseph Bertrand und Victor Alexandre Puiseux (1848) bzw. von dem Studenten Diguet (1848) stammen. Hierin ist $2r\pi - l$ bzw. $r^2\pi - f$ der Überschuß des Umfanges bzw. des Inhaltes eines ebenen Kreises vom Radius r über Umfang und Inhalt des (um den Flächenpunkt O geschlagenen) geodätischen Abstandskreises vom Radius r. Da alle in (15) auftretenden Größen durch geodätische Messungen auf der Fläche feststellbar sind, enthalten die Formeln (15) zwei einfache biegungsinvariante Erklärungen der Gaußschen Krümmung K_0 der Fläche im Punkte O.

Bemerkung 2: Flächenhafte Wesen, die auf der Fläche hausen, und deren Beobachtung lediglich die zweidimensionale Flächenhaut zugänglich ist (nicht jedoch ein sie vielleicht umgebender dreidimensionaler Raum, in den die Fläche eingebettet ist), vermögen nach (15) durch interne Vermessung des Umfanges l

oder Inhaltes f der geodätischen Abstandskreise um O und ihres Radius r zu entscheiden, ob ihre zweidimensionale Welt an der Stelle O „gekrümmt" ($K \neq 0$) oder „ungekrümmt" ($K = 0$) ist. Nur wenn in allen Punkten der zweidimensionalen Welt $K = 0$ ist, ist die Welt ungekrümmt oder eben und ihre Geometrie euklidisch. Im Gegenfall ($K \neq 0$) ist die zweidimensionale Welt gekrümmt oder uneben, und ihre Geometrie ist nichteuklidisch.

Bemerkung 3: Für viele Untersuchungen ist jenes besondere normale geodätische Parallelkoordinatensystem zweckmäßig, dessen geodätische u-Linien ($v =$ const) eine feste geodätische Flächenkurve $u = 0$ normal durchsetzen. Die orthogonalen v-Linien ($u =$ const) schneiden dann nach (III. 36. Satz 1) aus den geodätischen u-Linien wieder Bogen gleicher Länge aus. Das Bogenelementquadrat der Fläche hat dann nach (III. 36. 4) wieder die Gestalt

$$ds^2 = du^2 + G(u, v)dv^2. \tag{22.16}$$

Wählt man v als Bogen der ausgezeichneten geodätischen Linie $u = 0$, so ist auf $u = 0$ stets $ds = dv$, d. h. $G(0, v) \equiv 1$ (für alle v). Da ferner die Linie $u = 0$ geodätisch ist, verschwindet ihre geodätische Krümmung $\varkappa_g$, also ist nach (III. 39. 8) für alle v außerdem $G_u(0, v) \equiv 0$, folglich auch $\left(\sqrt{G(0, v)}\right)_u \equiv 0$.

Zusammenfassend gilt somit bei diesen besonderen normalen geodätischen Parallelkoordinaten für $u = 0$ und alle v

$$\lim_{u \to 0} \sqrt{G}(u, v) = 1, \quad \lim_{u \to 0} \frac{\partial \sqrt{G(u, v)}}{\partial u} = 0. \tag{22.17}$$

23. Satz von Gauß und Bonnet. Auf der reellen, stetig gekrümmten Fläche $\mathfrak{x} = \mathfrak{x}(u, v)$ werde der einfach zusammenhängende Bereich $\mathfrak{B}(u, v)$ mit der Oberfläche O (Flächenelement $dO = W\,du\,dv$) von der geschlossenen, stetig gekrümmten (doppelpunktfreien) Randkurve R mit der Darstellung $\mathfrak{x} = \mathfrak{x}(s)$ mit dem Bogen s und dem Umfang l berandet. Dieser Rand R werde bei wachsendem s in positivem Sinne, d. h. (für einen in der Flächennormalen $\mathfrak{n}$ stehenden Beobachter) so durchlaufen, daß dabei das Innere von $\mathfrak{B}(u, v)$ zur Linken liegt. Dann besteht zwischen dem über $\mathfrak{B}$ erstreckten Flächenintegral der Gaußschen Krümmung $K(u, v)$ und dem über den Rand R von $\mathfrak{B}$ erstreckten Linienintegral der geodätischen Krümmung $\varkappa_g(s)$ die zuerst von Ossian Bonnet (1848) bewiesene, aber schon C. F. Gauß bekannte grundlegende **Integralformel von Gauß und Bonnet**

$$(23.1) \qquad \boxed{\iint_{\mathfrak{B}} K(u, v)\,dO + \oint_R \varkappa_g(s)\,ds = 2\pi}\,.$$

Mit $K(u, v)$ und $\varkappa_g(s)$ sind auch die Integrale in (1) Biegungsinvarianten. Man bezeichnet das Flächenintegral der Gaußschen Krümmung

$$(23.2) \qquad \iint_{\mathfrak{B}} K\,dO = \iint_{\mathfrak{B}} K(u, v)\,W\,du\,dv$$

als die **Gesamtkrümmung** (totale Krümmung, curvatura integra) des Flächenstückes $\mathfrak{B}$.

Bevor wir die Formel (1) beweisen, geben wir den beiden darin auftretenden Integralen noch eine einfache geometrische Deutung.

Bildet man die Fläche $\mathfrak{x}(u, v)$ sphärisch, d. h. durch parallele Normalen $\mathfrak{n}(u, v)$ auf die Einheitskugel σ mit dem Ortsvektor $\mathfrak{n} = \mathfrak{n}(u, v)$ ab, und bezeichnet wie in (III. 6. 22)

$$(23.3) \qquad dO^* = |[\mathfrak{n}_u \mathfrak{n}_v]|\,du\,dv = W^*\,du\,dv$$

das sphärische Bild des Flächenelementes $dO = W\,du\,dv$, so gilt nach (20. 2) für K die Darstellung $K = dO^*/dO$. *Daher bedeutet das Flächenintegral der Gaußschen Krümmung*

$$(23.4) \qquad \iint_{\mathfrak{B}(u,v)} K(u, v)\,dO = \iint_{\mathfrak{B}^*(u,v)} dO^* = O^*$$

den Flächeninhalt des sphärischen Bildes $\mathfrak{B}^*(u, v)$ *des Flächenstückes* $\mathfrak{B}(u, v)$. Das Vorzeichen von O^* richtet sich also nach dem Vorzeichen von K.

Nach (III. 41. 5) gilt für die geodätische Krümmung $\varkappa_g$ einer Flächenkurve $\mathfrak{x}(s)$ die Formel

(23. 5) $$\varkappa_g = \frac{d\varphi}{ds} \quad \text{oder} \quad d\varphi = \varkappa_g ds,$$

in der $d\varphi$ den Kontingenzwinkel der berührenden geodätischen Linien und ds das Bogenelement von $\mathfrak{x}(s)$ bedeutet; nach (III. 41. Bem. 4) ist $d\varphi$ der Winkel, um den irgendein längs der Kurve $\mathfrak{x}(s)$ um das Bogenelement ds im absoluten Sinne parallelverschobener Vektor $\mathfrak{p}(s)$ sich gegen die Tangente $\mathfrak{t}(s)$ der Kurve $\mathfrak{x}(s)$ dreht. Daher gilt

Satz 1: *Das Linienintegral der geodätischen Krümmung*

(23. 6) $$\oint_R \varkappa_g ds = \oint_R d\varphi = \Delta\varphi$$

ist gleich dem Gesamtwinkel $\Delta\varphi$, um den ein beliebiger Flächenvektor $\mathfrak{p}(s)$ sich dreht, wenn er einmal um die geschlossene Randkurve R herum im absoluten Sinne parallel verschoben wird.

Beweis: Um nun die Gauß-Bonnetsche Formel (1) zu beweisen, denken wir uns der Fläche $\mathfrak{x}(u, v)$ längs der geschlossenen Randkurve $\mathfrak{x}(s)$ der Länge l den berührenden Streifen umschrieben. Für dessen begleitendes (positiv-orientiertes) Dreibein, bestehend aus dem Tangentenvektor $\mathfrak{t}(s) = \mathfrak{x}'(s)$ der Leitkurve R, dem dazu normalen Seitenvektor $\mathfrak{s}(s)$ und dem Normalenvektor $\mathfrak{n}(s)$ der Fläche, gelten die Ableitungsformeln (1. 9) von Burali-Forti, aus denen wie in (1. 12)

(23. 7) $$\mathfrak{s}\,d\mathfrak{t} = \mathfrak{s}\,\mathfrak{t}'\,ds = \gamma(s)ds = \varkappa_g(s)\,ds$$

folgt, wobei $\gamma(s) = \varkappa_g(s)$ nach (2. 1) die geodätische Krümmung der Flächenkurve $\mathfrak{x}(s)$ bedeutet. Also ist

(23. 8) $$\oint_R \varkappa_g(s)ds = \oint_R \mathfrak{s}(s)d\mathfrak{t}(s).$$

Wir ziehen noch das sphärische Bild $\mathfrak{x}^* = \mathfrak{n}(u, v)$ der Fläche $\mathfrak{x} = \mathfrak{x}(u, v)$ heran, das auf der Einheitskugel $|\mathfrak{x}^*| = |\mathfrak{n}| = 1$ liegt. Die Vektoren $\mathfrak{t}(s)$ und $\mathfrak{s}(s)$, im Punkte $\mathfrak{x}^*(s) = \mathfrak{n}(s)$ des sphärischen Bildes R^* der Randkurve R befestigt, bilden dann zwei zueinander normale Tangenten der Bildkugel $|\mathfrak{n}| = 1$. Das rechte Integral (8) ist damit ebenfalls auf die Einheitskugel $|\mathfrak{n}| = 1$ des sphärischen Bildes bezogen; man kann daher in ihm die Randkurve R durch ihr sphärisches Bild R^* ersetzen.

Um das Integral (8) leicht berechnen zu können, wollen wir uns in Anlehnung an einen Gedanken von Gerrit Bol (1948) die orthogonalen Kugeltangenten $\mathfrak{t}(s)$ und $\mathfrak{s}(s)$ jeweils in der Tangentenebene $\pi(s)$ der Kugel (d. h. um die Achse $\mathfrak{n}(s)$) stetig um geeignete Winkel $\alpha(s)$ gedreht denken, die in differenzierbarer Weise von s abhängen sollen, wodurch aus ihnen die Vektoren

$$(23.9)\qquad \begin{aligned} \mathfrak{t}^*(s) &= +\mathfrak{t}(s)\cos\alpha(s) + \mathfrak{s}(s)\sin\alpha(s),\\ \mathfrak{s}^*(s) &= -\mathfrak{t}(s)\sin\alpha(s) + \mathfrak{s}(s)\cos\alpha(s)\end{aligned}$$

entstehen. Bei einmaligem Umlauf um R bzw. R^* sollen dabei $\mathfrak{t}^*(s)$ und $\mathfrak{s}^*(s)$ wieder in die Ausgangslage zurückkehren, d. h. es soll $\mathfrak{t}^*(s+l) = \mathfrak{t}^*(s)$ und $\mathfrak{s}^*(s+l) = \mathfrak{s}^*(s)$ sein. Das bedeutet nach (9), daß sich der Winkel $\alpha(s)$ dabei um ein ganzzahliges Vielfaches von 2π ändert:

$$(23.10)\qquad \Delta\alpha = \oint d\alpha(s) = \alpha(l) - \alpha(0) = 2n\pi \qquad (n \text{ ganz}).$$

Wir wollen nun die Änderung des Integrals (8) bei den stetigen Drehungen (9) von $\mathfrak{t}(s)$ und $\mathfrak{s}(s)$ berechnen. Aus

$$(23.11)\qquad d\mathfrak{t}^* = d\mathfrak{t}\cos\alpha + d\mathfrak{s}\sin\alpha - (\mathfrak{t}\sin\alpha - \mathfrak{s}\cos\alpha)d\alpha$$

und den Identitäten

$$(23.12)\qquad \mathfrak{t}^2 = 1,\ \mathfrak{t}\mathfrak{s} = 0,\ \mathfrak{s}^2 = 1;\ \mathfrak{t}d\mathfrak{t} = 0,\ \mathfrak{t}d\mathfrak{s} + \mathfrak{s}d\mathfrak{t} = 0,\ \mathfrak{s}d\mathfrak{s} = 0$$

folgt

$$(23.13)\qquad \mathfrak{s}^*d\mathfrak{t}^* = \mathfrak{s}d\mathfrak{t} + d\alpha.$$

Daher ist, wenn man längs R^* integriert,

$$(23.14)\qquad \oint \mathfrak{s}^*d\mathfrak{t}^* = \oint \mathfrak{s}d\mathfrak{t} + \oint d\alpha(s)$$

oder nach (8) schließlich wegen (14) und (10)

$$(23.15)\qquad \oint_R \varkappa_g(s)ds = \oint_R \mathfrak{s}d\mathfrak{t} = \oint_{R^*} \mathfrak{s}^*d\mathfrak{t}^* - \oint_{R^*} d\alpha = \oint_{R^*} \mathfrak{s}^*d\mathfrak{t}^* - 2n\pi.$$

Um auch noch das längs des Randes R^* des sphärischen Bildes $\mathfrak{B}^*$ erstreckte Integral $\oint \mathfrak{s}^*d\mathfrak{t}^*$ möglichst einfach zu berechnen, stellen wir die Bildkugel $|\mathfrak{n}| = 1$ in sphärischen Polarkoordinaten (Zentrum = Nordpol N, λ = geographische Länge, ϑ = Poldistanz) dar:

$$(23.16)\qquad \mathfrak{x}^* = \mathfrak{n} = \sin\vartheta\cos\lambda\,\mathfrak{e}_1 + \sin\vartheta\sin\lambda\,\mathfrak{e}_2 + \cos\vartheta\,\mathfrak{e}_3.$$

Ist dann $(\vartheta(s), \lambda(s))$ ein Punkt $\mathfrak{x}^*$ von R^*, so wählen wir den Drehungswinkel $\alpha(s)$ so, daß der Vektor $\mathfrak{t}^*(s)$ den jeweiligen (im Sinne wachsender ϑ orientierten) Meridiankreis und der Vektor $\mathfrak{s}^*$ den (im Sinne wachsender λ orientierten) Breitenkreis der Kugel berührt. Dann wird $\mathfrak{t}^* = \mathfrak{x}^*_\vartheta$, $\mathfrak{s}^* = \mathfrak{x}^*_\lambda/\sin\vartheta$ und $[\mathfrak{t}^*\mathfrak{s}^*\mathfrak{n}] = +1$; ausführlich ist

$$(23.17)\qquad \begin{aligned} \mathfrak{t}^*(s) &= \cos\vartheta(s)\cos\lambda(s)\mathfrak{e}_1 + \cos\vartheta(s)\sin\lambda(s)\mathfrak{e}_2 - \sin\vartheta(s)\mathfrak{e}_3,\\ \mathfrak{s}^*(s) &= -\sin\lambda(s)\mathfrak{e}_1 + \cos\lambda(s)\mathfrak{e}_2. \end{aligned}$$

Daraus folgt

$$(23.18)\qquad \oint_{R^*} \mathfrak{s}^*\,d\mathfrak{t}^* = \oint_{R^*} \cos\vartheta(s)\,d\lambda(s).$$

Der Inhalt O^* des Flächenstückes $\mathfrak{B}^*$ (sphärisches Bild von $\mathfrak{B}$), das von der Randkurve R^* auf der Bildkugel σ begrenzt wird, kann nun durch das Linienintegral

$$(23.19)\qquad O^* = \oint_{R^*} (1 - \cos\vartheta)\,d\lambda$$

dargestellt werden. Das Linienintegral ist dabei längs der Randkurve R^* von $\mathfrak{B}^*$ zu erstrecken, deren Punkte $\mathfrak{x}^*$ die sphärischen Polarkoordinaten $(\vartheta(s), \lambda(s))$ haben $(0 \leqq s \leqq l)$.

Die Formel (19) ist das sphärische Gegenstück der Leibnizschen Sektorformel in der Ebene und kann ebenso begründet werden: Zwei vom Nordpol N ausstrahlende Polarradien (Meridiankreisbogen) der Länge ϑ, die den Winkel $d\lambda$ einschließen, begrenzen auf der Kugel zusammen mit dem ihre Enden verbindenden Breitenkreisbogen einen sphärischen Sektor (Bruchteil einer Kugelkappe der Höhe $h = 1 - \cos\vartheta$), dessen Fächeninhalt nach Archimedes (287?–212 v. Chr.) die Größe $dO^* = (1 - \cos\vartheta)\,d\lambda$ hat. Durch Integration um den Rand R^* ergibt sich daraus die Formel (19) für den von R^* begrenzten sphärischen Flächeninhalt O^* des Bereiches $\mathfrak{B}^*$.

Umwindet bei einmaligem Umlauf von R die Randkurve R^* auf der Kugel σ den Nordpol N insgesamt m mal ($m > 0$ bei positivem, $m < 0$ bei negativem Umlaufsinn), so ist $\oint d\lambda = 2m\pi$, also nach (19)

$$(23.20)\qquad O^* = 2m\pi - \oint_{R^*} \cos\vartheta(s)\,d\lambda(s).$$

Addiert man dann die Gleichungen (4), (8), (15), (18) und (20), so folgt

$$\iint\limits_{\mathfrak{B}} K\,dO + \oint\limits_{R} \varkappa_g\,ds = 2(m-n)\pi = 2f\pi, \tag{23.21}$$

wobei $m - n = f$ eine ganze Zahl ist, die man schließlich durch eine Stetigkeitsüberlegung wie folgt gewinnen kann.

Die Glieder der linken Seite von (21) hängen stetig von dem Bereiche $\mathfrak{B}$ und seinem Rande R ab, so daß ihre Summe (die rechte Seite) bei stetiger Änderung von $\mathfrak{B}$ ungeändert, d. h. konstant bleibt. Ziehen wir nun den (einfach zusammenhängenden) Bereich $\mathfrak{B}$ der Fläche $\mathfrak{x}(u, v)$ stetig auf einen seiner inneren Punkte M zusammen, so kann sein Rand R schließlich beliebig genau als ein beliebig kleiner Kreis R' in der Tangentenebene von M aufgefaßt werden. Dabei geht in (21)

$$\iint\limits_{\mathfrak{B}} K\,dO = O^* \to 0 \quad \text{und} \quad \oint\limits_{R} \varkappa_g\,ds = \oint\limits_{R} d\varphi \to 2\pi;$$

also ist $f = 1$. Damit ist die Integralformel (1) von Gauß und Bonnet bewiesen.

Eine Verallgemeinerung der Formel (1) von Gauß und Bonnet für einen einfach zusammenhängenden Bereich $\mathfrak{B}$ entsteht, wenn die Randkurve R von $\mathfrak{B}$ aus n stetig gekrümmten Bögen R_i besteht $(i = 1, 2, \ldots, n)$, die in n Ecken A_i unter den Außenwinkeln α_i mit $(-\pi < \alpha_i < +\pi)$ zusammenstoßen (Bild 23).

Gehören die Ecken A_i auf R zu den Bogenlängen s_i und sind auf der Kugel $\alpha(s_i - 0)$ und $\alpha(s_i + 0)$ die (modulo 2π bestimmten) Drehungswinkel der ankommenden und abgehenden Tangenten $\mathfrak{t}(s_i - 0)$ und $\mathfrak{t}(s_i + 0)$ von R in der Ecke A_i, sind ferner $\alpha_i = \alpha(s_i - 0) - \alpha(s_i + 0)$ die Außenwinkel von R an den Ecken A_i, d. h. die Drehungswinkel von $\mathfrak{t}(s_i - 0)$ nach $\mathfrak{t}(s_i + 0)$, dann hat das in (10) und (15) auftretende, längs R erstreckte Linienintegral $\oint d\alpha$ wegen $\alpha(s_1 + 0) = \alpha(s_{n+1} + 0)$ den Wert

$$\begin{aligned}\oint\limits_R d\alpha = \sum_{i=1}^{n} \int\limits_{R_i} d\alpha &= \sum_{i=1}^{n} \left(\alpha(s_{i+1} - 0) - \alpha(s_i + 0)\right) + 2n\pi \\ &= \sum_{i=1}^{n} \left(\alpha(s_i - 0) - \alpha(s_i + 0)\right) + 2n\pi \\ &= \sum_{i=1}^{n} \alpha_i + 2n\pi.\end{aligned} \tag{23.22}$$

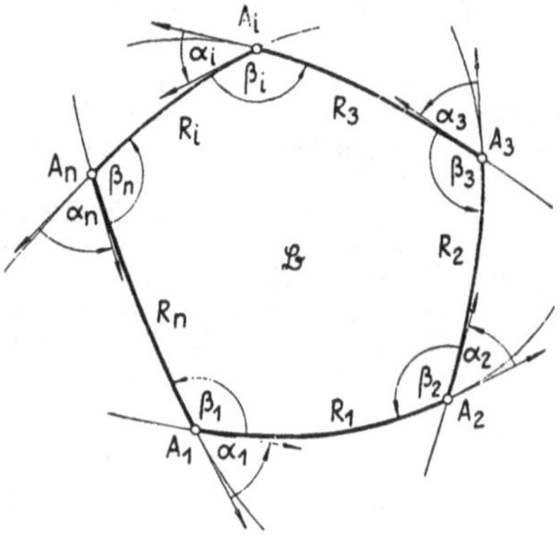

Bild 23. Einfach zusammenhängender Bereich $\mathfrak{B}$ auf der Fläche $\mathfrak{x}(u, v)$, begrenzt von n stetig gekrümmten Bögen R_i, der unter Außenwinkeln α_i aneinanderstoßen.

Die Formel (15) nimmt damit die Gestalt an:

$$(23.15') \qquad \oint_R \varkappa_g ds = \sum_{i=1}^{n} \int_{R_i} \varkappa_g(s) ds = \oint_{R^*} \mathfrak{s}^* dt^* - \sum_{i=1}^{n} \alpha_i - 2n\pi,$$

und aus (21) wird

$$(23.21') \qquad \iint_{\mathfrak{B}} K dO + \oint_R \varkappa_g ds + \sum_{i=1}^{n} \alpha_i = 2(m-n)\pi = 2f\pi,$$

wobei die ganze Zahl $f = 1$ sein muß, wie man erkennt, wenn man z. B. durch stetige Deformation von $\mathfrak{B}$ die Ecken A_i von R glättet ($\alpha_i \to 0$), wodurch (21') auf der rechten Seite ohne Änderung in (1) übergehen muß.

Der **Satz von Gauß-Bonnet** (1) erhält daher für einen einfach zusammenhängenden Bereich $\mathfrak{B}$, dessen Randkurve R aus n stetig gekrümmten Bögen R_i besteht, die in n Ecken A_i unter den Außenwinkeln $\alpha_i (-\pi < \alpha_i < \pi)$ aneinanderstoßen, die allgemeine Gestalt

(23. 23)
$$\iint_{\mathfrak{B}} K\,dO + \oint_R \varkappa_g\,ds + \sum_{i=1}^{n} \alpha_i = 2\pi.$$

24. Anwendungen der Gauß-Bonnetschen Integralformel. Die Formeln (23. 1) bzw. (23. 23) zählen wegen ihrer vielseitigen Anwendungen zu den wichtigsten der Flächentheorie, wie die folgenden Bemerkungen und Beispiele belegen werden.

Beispiel 1: Ist die stetig gekrümmte Fläche $\mathfrak{B}$ geschlossen und vom topologischen Zusammenhang der Kugel, so zerfällt sie durch die beliebige einfach geschlossene (stetig gekrümmte) Linie R in zwei Teilflächen $\mathfrak{B}_1$ und $\mathfrak{B}_2$, deren Ränder R_1 und R_2 die beiden Ufer von R sind und entgegengesetzten Umlaufsinn haben. Nach (23. 1) ist dann

(24. 1)
$$\iint_{\mathfrak{B}_1} K\,dO + \oint_{R_1} \varkappa_g\,ds = 2\pi, \quad \iint_{\mathfrak{B}_2} K\,dO + \oint_{R_2} \varkappa_g\,ds = 2\pi.$$

Addiert man, so heben sich die Linienintegrale (wegen der verschiedenen Umlaufsinne der Ränder R_1 und R_2) weg, und man erhält für die Gesamtkrümmung der geschlossenen Fläche $\mathfrak{B} = \mathfrak{B}_1 + \mathfrak{B}_2$ den Wert

(24. 2)
$$\iint_{\mathfrak{B}} K\,dO = 4\pi.$$

Daraus folgt sofort, daß es keine stetig gekrümmte geschlossene Fläche vom topologischen Zusammenhang der Kugel gibt, die nirgends positiv gekrümmt ($K \leqq 0$) ist. Aus $K \leqq 0$ folgt nämlich durch Integration über die Fläche $\iint K\,dO \leqq 0$, im Widerspruch zu (2).

Bemerkung 1: Allgemeiner gilt für geschlossene orientierbare (d. h. zweiseitige) stetig gekrümmte Flächen $\mathfrak{B}$, die man topologisch (d. h. umkehrbar eindeutig und stetig) auf eine Kugel mit

p aufgesetzten Henkeln abbilden kann, die Formel

$$\iint_{\mathfrak{B}} K\,dO = 4\pi(1-p). \tag{24.3}$$

Die Zahl p heißt nach Bernhard Riemann (1857) das Geschlecht der geschlossenen orientierbaren Fläche $\mathfrak{B}$. Für die Kugel ist $p = 0$, für den Torus (Ringfläche) $p = 1$.

Zum Beweise von (3) zerlegt man die Fläche $\mathfrak{B}$ durch kanonische Zerschneidung in ein einfach zusammenhängendes Flächenstück $\mathfrak{B}^*$, auf das dann wieder die Formel (23.23) anwendbar ist. Auf $\mathfrak{B}$ existieren nämlich nach den Lehren der Topologie genau p Paare geschlossener Kurven (Rückkehrschnitte) derart, daß sich nur die Kurven eines jeden Paares in genau einem Punkte P_i treffen, die Kurven verschiedener Paare aber nicht. Verbindet man dann noch einen festen Punkt O der Fläche $\mathfrak{B}$ geeignet mit den p Kreuzungspunkten P_i der Rückkehrschnitte, und schneidet man $\mathfrak{B}$ längs aller dieser Schnitte auf, so entsteht durch diese kanonische Zerschneidung aus $\mathfrak{B}$ das gewünschte einfach zusammenhängende Flächenstück $\mathfrak{B}^*$, auf das (23.23) angewandt, die allgemeine Formel (3) von Gauß und Bonnet ergibt.

Bemerkung 2: Die Formeln (2) und (3) verbinden eine lokale Größe, nämlich die Gaußsche Krümmung K der Fläche, mit einer globalen Größe, nämlich dem Geschlecht p der Fläche. Die Formeln (2) und (3) von Gauß und Bonnet gehören daher der Differentialgeometrie im Großen an.

Beispiel 2: Ist der einfach zusammenhängende Bereich $\mathfrak{B}$ der zweiseitigen Fläche $\mathfrak{x}(u, v)$ ein von n geodätischen Bogen ($\varkappa_g = 0$) begrenztes geodätisches n-Eck ($A_1, A_2, \ldots, A_n$) mit den Außenwinkeln α_i (Innenwinkeln $\beta_i = \pi - \alpha_i$), so folgt aus (23.23) wegen

$$\sum_{i=1}^{n} \alpha_i = \sum_{i=1}^{n} (\pi - \beta_i) = n\pi - \sum_{i=1}^{n} \beta_i \tag{24.4}$$

die Formel

$$\iint_{\mathfrak{B}} K\,dO = \sum_{i=1}^{n} \beta_i - (n-2)\pi = \sigma - (n-2)\pi, \tag{24.5}$$

wenn $\sigma = \Sigma\,\beta_i$ die Summe der Innenwinkel des geodätischen Polygons bedeutet.

Insbesondere folgt für geodätische Dreiecke ($n = 3$) mit den Innenwinkeln α, β, γ und der Winkelsumme $\sigma = \alpha + \beta + \gamma$ die Formel

$$(24.6) \qquad \iint_{\mathfrak{B}} K\,dO = \alpha + \beta + \gamma - \pi = \sigma - \pi = \varepsilon .$$

Dies ist das

Theorema elegantissimum von Gauß (1827): *Die Gesamtkrümmung (curvatura integra) eines geodätischen Dreieckes auf einer (zweiseitigen, einfach zusammenhängenden) Fläche ist gleich dem Überschuß seiner Winkelsumme $\sigma = \alpha + \beta + \gamma$ über zwei Rechte, d. h. gleich dem Exzeß $\varepsilon = \sigma - \pi$ des geodätischen Dreiecks.*

Legt man um den Flächenpunkt P ein beliebiges Dreieck $\mathfrak{B}$ mit geodätischen Seiten und sind α, β, γ die Winkel und $O(\mathfrak{B})$ der Flächeninhalt dieses geodätischen Dreiecks, so erhält man durch Zusammenziehen des dabei andauernd geodätischen Dreiecks $\mathfrak{B}$ auf den Punkt P aus (6) die folgende Grenzwertformel für die Gaußsche Krümmung K der Fläche in P:

$$(24.7) \qquad K = \lim_{\mathfrak{B} \to P} \frac{\alpha + \beta + \gamma - \pi}{O(\mathfrak{B})} .$$

Wegen der *Biegungsinvarianz* aller rechts vorkommenden Größen ist *auch K biegungsinvariant. Die Gaußsche Krümmung K ist nach dieser Formel durch interne geodätische Messungen auf der Fläche bestimmbar.*

Aus (6) folgt weiter

Satz 1: *Auf einem elliptisch gekrümmten Flächenstück ($K > 0$), z. B. der Kugel, ist die Winkelsumme jedes geodätischen Dreiecks $\alpha + \beta + \gamma > \pi$, auf einem hyperbolisch gekrümmten ($K < 0$) ist $\alpha + \beta + \gamma < \pi$. Auf einem parabolisch gekrümmten ($K = 0$), d. h. auf einem in die Ebene abwickelbaren (reellen) Flächenstück (Ebene,*

Kegel, Zylinder, Torse) ist die Winkelsumme jedes geodätischen Dreiecks (z. B. jedes geradlinigen Dreiecks der Ebene) stets gleich zwei Rechten: $\alpha + \beta + \gamma = \pi$.

Hat das Flächenstück $\mathfrak{B}$ konstante Gaußsche Krümmung $K = \text{const}$, so wird

$$\iint_{\mathfrak{B}} K\,dO = K \iint_{\mathfrak{B}} dO = K \cdot O. \tag{24.8}$$

Der Flächeninhalt O des geodätischen Dreiecks hat dann nach (6) die Größe

$$O = \frac{\alpha + \beta + \gamma - \pi}{K} = \frac{\varepsilon}{K}. \tag{24.9}$$

Für die Einheitskugel (Radius $R = 1$, $K = 1/R^2 = 1$) folgt daraus

$$O = \alpha + \beta + \gamma - \pi = \varepsilon, \tag{24.10}$$

d. h. der aus der sphärischen Trigonometrie wohlbekannte

Satz von Thomas Harriot (1603): *Der Flächeninhalt O eines sphärischen Dreiecks der Einheitskugel ist gleich seinem sphärischen Exzeß* (10).

Als Gegenstück gilt nach (9) für Flächen der konstanten negativen Krümmung $K = -1$ der

Satz von Gauß (1828): *Auf einer Fläche der konstanten negativen Krümmung* $K = -1$ *ist der Flächeninhalt O eines geodätischen Dreiecks*

$$O = \pi - (\alpha + \beta + \gamma) = \delta, \tag{24.11}$$

d. h. gleich dem Defekt seiner Winkelsumme.

Beispiel 3: Eulerscher Polyedersatz. Die geschlossene (einfach zusammenhängende) Fläche $\mathfrak{B}$ sei mit einem Polygonnetz überdeckt, bestehend aus $e \geqq 1$ Ecken P_α, k Kanten k_β, die einen zusammenhängenden Linienzug bilden, und f einfach zusammenhängenden Flächen f_γ. Die f Polygonflächen seien von glatten Kurvenbögen begrenzt, den k „Kanten" des Netzes. Die Fläche $\mathfrak{B}$ sei ferner orientierbar (zweiseitig), d. h. für das Polygonnetz gelte das

Möbiussche Kantengesetz: Die Umlaufsinne der Flächen f_γ des Polygonnetzes können so gewählt werden, daß dabei jede Kante k_β auf den beiden an sie grenzenden Polygonflächen f_γ und $f_{\gamma'}$ in einander entgegengesetzten Sinnen durchlaufen wird.

Sind dann $\alpha_{\gamma i}$ die Außenwinkel der Fläche f_γ, folglich $\varphi_{\gamma i} = \pi - \alpha_{\gamma i}$ ihre Innenwinkel, und bezeichnet R_γ den Rand von f_γ, so gilt nach (23. 23)

$$\iint_{f_\gamma} K dO + \oint_{R_\gamma} \varkappa_g ds + \sum_i (\pi - \varphi_{\gamma i}) = 2\pi \qquad (\gamma = 1, 2, \ldots, f).$$

Durch Addition dieser f Gleichungen folgt

$$\iint_{\mathfrak{B}} K dO + 2k \cdot \pi - e \cdot 2\pi = f \cdot 2\pi,$$

weil 1) wegen der gegensinnigen Durchlaufung der Kanten sich die Linienintegrale in der Summe paarweise herausheben, 2) in Σ insgesamt ebenso viele Summanden π auftreten wie Polygonwinkel, also $2k$, und 3) die Polygoninnenwinkel in jeder der e Ecken die Summe 2π besitzen, ihre Gesamtsumme also $e \cdot 2\pi$ ist. Somit folgt die Formel

$$\frac{1}{2\pi} \iint_{\mathfrak{B}} K dO = e - k + f. \tag{24.12}$$

Die linke Seite ist hierin von der Polygonzerlegung der Fläche $\mathfrak{B}$ unabhängig, folglich auch die rechte Seite. Hat die geschlossene Fläche $\mathfrak{B}$ den topologischen Zusammenhang der Kugel, so hat die linke Seite von (12) nach (2) den Wert 2 und es folgt

$$e - k + f = 2. \tag{24.13}$$

Wegen der Invarianz von e, k, f bei stetigen Deformationen der das Polygonnetz tragenden Fläche $\mathfrak{B}$ gilt die **Eulersche Polyederformel** (13) für beliebige polygonale Zerlegungen („Triangulierungen") jeder geschlossenen Fläche $\mathfrak{B}$ vom topologischen Typus der Kugel.

Leonhard Euler (1752) bewies den Satz (13) für konvexe Polyeder mit e Ecken, k Kanten und f Seitenflächen. Nach dem Zeugnis von G. W. Leibniz (1646—1716) kannte ihn für diesen Fall schon René Descartes (1620); man hat sogar Grund zu der Annahme, daß er schon Archimedes bekannt war.

Bemerkung 3: Liegt die Polygoneinteilung auf einer geschlossenen orientierbaren Fläche $\mathfrak{B}$ vom Geschlechte p (d. h.

auf dem topologischen Bilde einer Kugel mit p Henkeln), so ergibt sich aus (3) und (12) statt (13) die Formel

$$e - k + f = 2(1 - p). \tag{24.14}$$

Man nennt die von der Wahl der Polygoneinteilung von $\mathfrak{B}$ unabhängige Zahl

$$\chi = e - k + f \tag{24.15}$$

die **Eulersche Charakteristik** der Fläche $\mathfrak{B}$.

Bemerkung 4: Man kann mit Hilfe der Formel von Gauß-Bonnet sehr leicht den folgenden Satz beweisen:

Satz 2: *Auf einem regulären, einfach zusammenhängenden Flächenstück $\mathfrak{B}$ mit negativer Gaußscher Krümmung $K < 0$ können sich zwei verschiedene geodätische Linien nur in einem Punkte schneiden.*

Indirekter Beweis: Wären nämlich zwei Schnittpunkte O und A der beiden Geodätischen R_1 und R_2 vorhanden (Bild 24) und dort $\omega < \pi$ und $\alpha < \pi$ die Außenwinkel, also $\pi - \omega > 0$, $\pi - \alpha > 0$ die Innenwinkel des von ihnen umschlossenen Flächenstücks $\mathfrak{B}$, so wäre, weil auf R_1 und R_2 stets $\varkappa_g = 0$ ist, nach (23.23)

$$\iint_{\mathfrak{B}} K\,dO + \alpha + \omega = 2\pi \quad \text{oder} \quad \iint_{\mathfrak{B}} K\,dO = (\pi - \alpha) + (\pi - \omega). \tag{24.16}$$

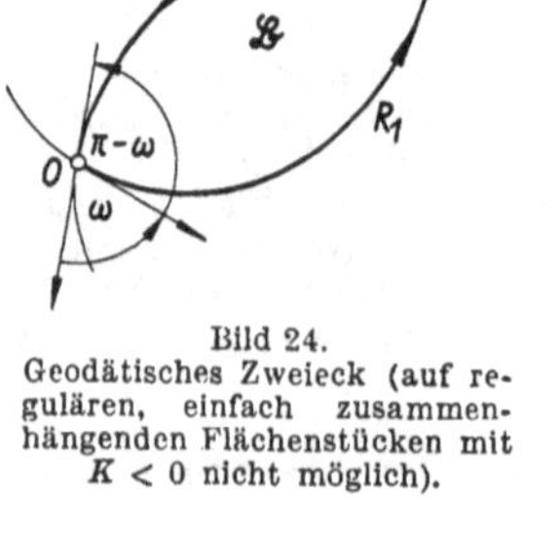

Bild 24.
Geodätisches Zweieck (auf regulären, einfach zusammenhängenden Flächenstücken mit $K < 0$ nicht möglich).

Das ist jedoch wegen $\iint K\,dO < 0$ und $(\pi - \alpha) + (\pi - \omega) > 0$ ein Widerspruch, w. z. b. w.

Der Beweis bleibt schlüssig, wenn $\alpha = 0$ und $\omega \neq 0$ oder wenn $\alpha = 0$ und $\omega = 0$ ist. Daher gilt auch noch

Satz 3: *Auf einem regulären, einfach zusammenhängenden Flächenstück $\mathfrak{B}$ negativer Gaußscher Krümmung $K < 0$ gibt es keine sich selbst schneidende oder geschlossene geodätische Linie.*

Aus Satz 2 folgt noch

Satz 4: *Zieht man auf einem regulären, einfach zusammenhängenden Flächenstück $\mathfrak{B}$ negativer Gaußscher Krümmung $K < 0$ durch einen*

Punkt O das Büschel der Geodätischen, so entsteht ein ganz $\mathfrak{B}$ schlicht überdeckendes geodätisches Feld.

Bemerkung 5: Aus Satz 4 folgt schließlich als Ergänzung zu den Untersuchungen in (III. 36) über die Minimumseigenschaft der geodätischen Linien der

Satz 5: *Zwischen zwei beliebigen Punkten O und A eines regulären einfach zusammenhängenden Flächenstücks $\mathfrak{B}$ negativer Gaußscher Krümmung $K < 0$ gibt es genau eine sie verbindende stetig gekrümmte kürzeste Flächenkurve, nämlich die von O nach A laufende geodätische Linie.*

Bemerkung 6: Die in Bem. 4 aus (23. 23) gezogenen Schlüsse gelten auch noch für Flächen der Gaußschen Krümmung $K = 0$, d. h. für die Ebene und für stetig gekrümmte und einfach zusammenhängende Flächenstücke von Kegeln, Zylindern und Torsen. Dabei ist jedoch Vorsicht nötig, wenn singuläre Punkte oder Linien vorhanden sind. Solche waren in unseren Untersuchungen immer ausgeschlossen, weil Regularität des jeweiligen geodätischen Parameternetzes vorausgesetzt war. Bei Torsen z. B. ist die Sonderstellung der von ihren Erzeugenden eingehüllten Gratlinie zu beachten. Liegen z. B. die Punkte O und A nach (II. 19. Bem. 4) so auf demselben Mantel der Torse, daß in der Abwicklung auf die Ebene ihre geradlinige Verbindung die abgewickelte Gratlinie in zwei verschiedenen Punkten trifft, so setzt sich die kürzeste O und A verbindende Flächenkurve aus drei Teilen zusammen, bestehend aus einem geradlinigen Stück einer Erzeugenden, einem anschließenden Bogen der Gratlinie und einem ihn berührenden krummen geodätischen Linienstück.

Dieselbe Bemerkung gilt auch bei Flächen negativer Gaußscher Krümmung mit singulären Punkten oder Linien. Das ist deshalb wichtig, weil es nach einem von David Hilbert (1900) bewiesenen Satz keine im Endlichen unberandeten, überall regulären Flächen konstanter negativer Gaußscher Krümmung $K = K_0 < 0$ gibt.

Bemerkung 7: Der einfache Zusammenhang der betrachteten Flächenstücke ist für die Gültigkeit der obigen Sätze unentbehrlich. Wählt man z. B. auf einem (überall negativ gekrümmten aber nicht einfach zusammenhängenden) einschaligen Drehhyperboloid zwei diametrale Punkte A und B, so gibt es sogleich zwei (zueinander symmetrische) A und B verbindende geodätische Bogen. Ebenso können geschlossene geodätische Linien existieren. Ein Beispiel dafür ist der Kehlkreis des einschaligen Drehhyperboloids.

Bemerkung 8: Als weitere Anwendung der Formel von Gauß-Bonnet beweisen wir noch den folgenden von Carl Gustav Jakob Jacobi (1804—1851) stammenden Satz der globalen Kurventheorie.

Satz 6 (von C. G. J. Jacobi, 1842): *Die viermal stetig differenzierbare Raumkurve* $\mathfrak{x} = \mathfrak{x}(s)$ *sei geschlossen (Bogenlänge s, Umfang l) und überall positiv gekrümmt, also* $\varkappa = \varkappa(s) > 0$ *für* $0 \leqq s \leqq l$. *Besitzt ihr sphärisches Hauptnormalenbild* $\mathfrak{h} = \mathfrak{h}(s)$ *dann keine mehrfachen Punkte, so zerlegt es die Oberfläche der Einheitskugel in zwei flächengleiche Teile (je vom Inhalt* 2π*).*

Beweis: Für die Bogenlänge β des Hauptnormalenbildes $\mathfrak{h} = \mathfrak{h}(s)$ gilt zunächst nach der zweiten Frenetschen Formel $\mathfrak{h}' = -\varkappa\mathfrak{t} + \tau\mathfrak{b}$, wie schon aus (II. 10. 3) bekannt ist,

$$d\beta = \sqrt{\mathfrak{h}'^2(s)}\, ds = \sqrt{\varkappa^2(s) + \tau^2(s)}\, ds. \tag{24. 17}$$

Wegen der Geschlossenheit der Raumkurve $\mathfrak{x}(s)$ ist auch ihr von dem Vektor $\mathfrak{h}(s)$ auf der Einheitskugel beschriebenes Hauptnormalenbild $\mathfrak{h} = \mathfrak{h}(s)$ eine geschlossene Linie h. Wenn dieses (zweimal stetig ableitbare) Hauptnormalenbild h eine einfach geschlossene Kurve ist, d. h. (wie angenommen) keine mehrfachen Punkte aufweist, so zerlegt es die Kugel in zwei einfach zusammenhängende Flächenstücke. Es sei dann $\mathfrak{B}$ jenes von h berandete sphärische Flächenstück, das bei dem (zu wachsendem s gehörenden) positiven Umlauf von h zur Linken von h liegt, und es sei O der Flächeninhalt von $\mathfrak{B}$.

Ist sodann $\varkappa_g = \varkappa_g(\beta)$ die geodätische Krümmung der Kugellinie h, so erhält man, weil die Kugel die feste Gaußsche Krümmung $K = 1$ besitzt, für den Inhalt O von $\mathfrak{B}$ aus dem Gauß-Bonnetschen Satz (23. 1) die Formel

$$O = \iint\limits_{\mathfrak{B}} K dO = 2\pi - \oint \varkappa_g(\beta) d\beta. \tag{24. 18}$$

Nun besteht für die geodätische Krümmung $\varkappa_g$ der Kugellinie h nach (III. 34. 6), weil für die Kugelnormale $\mathfrak{n}$ in den Punkten von h stets $\mathfrak{n} = \mathfrak{h}(s)$ gilt, die Formel

$$\varkappa_g(\beta) = [\mathfrak{h}\mathfrak{h}'\mathfrak{h}''] \cdot \left(\frac{ds}{d\beta}\right)^3. \tag{24. 19}$$

Da nach (II. 10. 35) weiter $[\mathfrak{h}\mathfrak{h}'\mathfrak{h}''] = \varkappa\tau' - \varkappa'\tau$ ist, folgt schließlich im Hinblick auf (17) die Formel

$$\varkappa_g(\beta) = \frac{\varkappa\tau' - \varkappa'\tau}{\varkappa^2 + \tau^2} \cdot \frac{ds}{d\beta} = \frac{d}{ds}\left(\operatorname{arc}\ \operatorname{tg}\frac{\tau}{\varkappa}\right) \cdot \frac{ds}{d\beta}. \tag{24.20}$$

Weil nun wegen der Voraussetzung $\varkappa = \varkappa(s) > 0$ die Funktion $\operatorname{arc}\ \operatorname{tg}\frac{\tau}{\varkappa}$ längs h eindeutig ist und beim Umlaufen der Kugellinie h zu ihrem Ausgangswert zurückkehrt, gilt

$$\oint_h \varkappa_g(\beta)d\beta = \oint_h d\left(\operatorname{arc}\ \operatorname{tg}\frac{\tau}{\varkappa}\right) = 0. \tag{24.21}$$

Aus (18) folgt daher schließlich das Ergebnis

$$O = 2\pi. \tag{24.22}$$

Das Hauptnormalenbild h der geschlossenen Raumkurve hälftet also tatsächlich (unter den genannten Voraussetzungen) die Einheitskugel. Damit ist der Jacobische Satz 6 bewiesen.

25. Flächen konstanter Gaußscher Krümmung. Die Ebene ($K=0$), die Kugel ($K=1/R^2>0$) und die Pseudosphäre ($K=-1/R^2<0$) beweisen das Vorhandensein von Flächen konstanter Gaußscher Krümmung K.

Um Einsicht in die metrischen Eigenschaften einer allgemeinen Fläche mit $K = \text{const}$ zu erhalten, wählen wir auf ihr nach Bild 22 einen beliebigen regulären Punkt O als Zentrum $u=0$ eines Systems geodätischer Polarkoordinaten (u, v) und eine beliebige Richtung in O als Nullrichtung des Polarwinkels v. Das Bogenelementquadrat der Fläche hat dann nach (22.1) die Gestalt

$$ds^2 = du^2 + G(u, v)dv^2, \tag{25.1}$$

wobei für $G(u, v)$ die Beziehungen (22.2) gelten, die besagen, daß für $u=0$ (im Nullpunkt O)

$$\sqrt{G(0, v)} = 0, \quad \frac{\partial\sqrt{G(0, v)}}{\partial u} = 1 \tag{25.2}$$

ist. Ferner gilt wegen $E=1$, $F=0$ für die Gaußsche Krümmung $K = \text{const}$ der Fläche in einem beliebigen Punkte $P(u, v)$ nach (21.10)

$$(25.\,3)\quad K = -\frac{1}{\sqrt{G(u,v)}}\frac{\partial^2\sqrt{G(u,v)}}{\partial u^2} \quad\text{oder}\quad \frac{\partial^2\sqrt{G}}{\partial u^2} + K\sqrt{G} = 0.$$

Diese (gewöhnliche) Differentialgleichung 2. Ordnung für $\sqrt{G(u,v)}$ hat für konstantes K die folgenden allgemeinen Lösungen (A, B nur von v abhängig):

α) $K = 0$	$\sqrt{G(u,v)} = Au + B$,
β) $K = +1/R^2 > 0$	$\sqrt{G(u,v)} = A \sin u/R + B \cos u/R$,
γ) $K = -1/R^2 < 0$	$\sqrt{G(u,v)} = A\,\mathfrak{Sin}\,u/R + B\,\mathfrak{Cof}\,u/R$.

Die beiden Anfangsbedingungen (2) liefern die für uns maßgeblichen Lösungen

$$\alpha)\ \sqrt{G} = u,\quad \beta)\ \sqrt{G} = R \sin u/R,\quad \gamma)\ \sqrt{G} = R\,\mathfrak{Sin}\,u/R$$

und damit die drei folgenden **Normalformen der Bogenelementquadrate** der Flächen konstanter Gaußscher Krümmung K in geodätischen Polarkoordinaten:

	α) $K = 0$	$ds^2 = du^2 + u^2 dv^2$,
(25. 4)	β) $K = +\frac{1}{R^2} > 0$	$ds^2 = du^2 + R^2 \sin^2 \frac{u}{R}\, dv^2$,
	γ) $K = -\frac{1}{R^2} < 0$	$ds^2 = du^2 + R^2\,\mathfrak{Sin}^2 \frac{u}{R}\, dv^2$.

Daraus folgt

Satz 1 (von Minding, 1839): *Irgend zwei (genügend kleine) Flächenstücke Φ und $\overline{\Phi}$ derselben festen Gaußschen Krümmung $K = const$ können stets längentreu aufeinander abgebildet werden. Man kann dabei einem festen Linienelement des festen Punktes O von Φ ein beliebiges Linienelement des beliebigen Punktes $\overline{O}$ von $\overline{\Phi}$ entsprechen lassen. Daher gibt es insgesamt ∞^3 isometrischen Abbildungen der beiden (genügend kleinen) Flächenstücke $\overline{\Phi}$ und Φ fester Gaußscher Krümmung aufeinander.*

Wie Eugenio Elia Levi (1907) gezeigt hat, können diese ∞^3 Isometrien (im Falle $K > 0$ allenfalls nach Zwischenschalten einer Spiegelung von $\overline{\Phi}$ an einer Ebene) sogar durch stetige Verbiegungen von Φ auf $\overline{\Phi}$ hergestellt werden, vorausgesetzt, daß die beiden Flächen im Falle $K \leqq 0$ gewissen Differenzierbarkeitsbedingungen genügen, im Falle $K > 0$ aber sogar analytisch sind.

Bemerkung 1: Haben die beiden Flächen Φ und $\overline{\Phi}$ konstante Gaußsche Krümmung, so ist (nach Satz 1) für ihre Isometrie die Gleichheit der Gaußschen Krümmungen $K = \overline{K}$ nicht bloß notwendig, sondern auch hinreichend.

Läßt man Φ und $\overline{\Phi}$ zusammenfallen, so folgt

Satz 2: *Jede Fläche Φ konstanter Gaußscher Krümmung $K = const$ kann auf ∞^3 Arten gleichsinnig längentreu auf sich selbst abgebildet werden. Nimmt man noch die isometrischen Spiegelungen hinzu, bei denen u festbleibt, v aber durch $-v$ ersetzt wird, so erhält man noch ∞^3 ungleichsinnig längentreue Selbstabbildungen von Φ. Ordnet man einem festen (regulären) Linienelement von Φ ein beliebiges anderes zu, so ist dadurch eine gleich- und eine gegensinnig längentreue Selbstabbildung von Φ eindeutig festgelegt. Im gleichsinnigen Falle ist es stets möglich, diese isometrischen Abbildungen durch eine stetige Biegung, d. h. durch eine stetige „Drehung" und „Verschiebung" des (genügend kleinen) Flächenstückes Φ in sich zu verwirklichen.*

Die gleichsinnigen Isometrien bilden insgesamt eine dreigliedrige stetige Gruppe, zusammen mit den ungleichsinnigen Isometrien bilden sie eine dreiparametrige gemischte Gruppe.

Die Formel (4. α) hat die Gestalt des Bogenelementes einer Ebene in Polarkoordinaten ($r = u$, $\varphi = v$) und (4. β) die Gestalt des Bogenelementes einer Kugel vom Radius R in sphärischen Polarkoordinaten ($\vartheta = u =$ Poldistanz, $\varphi = v =$ geographische Länge). Läßt man schließlich, einem Vorschlage von Johann Heinrich Lambert (1766) folgend, auch Kugeln von rein imaginärem Radius iR

(nullteilige Kugeln) zu, so ist $K = 1/(iR)^2 = -1/R^2 < 0$, und das Bogenelementquadrat nimmt (in den genannten sphärischen Polarkoordinaten) die Gestalt (4. γ) an. Es folgt

Satz 3: *Die Metrik der Flächen Φ konstanter Gaußscher Krümmung K ist α) für $K = 0$ bzw. β) für $K = 1/R^2 > 0$ identisch mit der Metrik α) der euklidischen Ebene bzw. β) der Kugel vom Radius R. Sie kann schließlich im Falle γ) $K = -1/R^2 < 0$ als Metrik einer imaginären Kugel vom Radius iR gedeutet werden.*

Im Reellen kann also jedes (genügend kleine) Stück einer Fläche Φ mit K = const im Falle $K = 0$ isometrisch auf die (euklidische) Ebene, im Falle $K > 0$ auf die Kugel vom Radius $R = 1/\sqrt{K} > 0$ abgebildet werden.

Damit ist nochmals bestätigt, daß alle (zweimal stetig ableitbaren) Flächen mit $K = 0$ auf die euklidische Ebene abwickelbar sind.

Man nennt die Flächen der festen Krümmung $K = 1/R^2 > 0$, welche (im Kleinen) auf die Kugel vom Radius R stetig abwickelbar sind, **sphärische Flächen.** Entsprechend heißen Flächen der festen Krümmung $K = -1/R^2 < 0$ **pseudosphärische Flächen,** weil die einfachste reelle Drehfläche, auf die sie (im Kleinen) stetig abwickelbar sind, die uns aus (11. Beisp. 4) bekannte Pseudosphäre ist, die durch Drehung einer Traktrix der festen Tangentenlänge R (= Pseudoradius) um ihre Basis (Asymptote) entsteht.

Bemerkung 2: Wie zuerst David Hilbert (1900) bewiesen hat, ist jede geschlossene singularitätenfreie sphärische Fläche (der positiv-konstanten Gaußschen Krümmung $K = 1/R^2 > 0$) eine Kugel (vom Radius $R > 0$). Es ist daher, wie schon J. L. Lagrange (1812) vermutet hatte, aber erst Heinrich Liebmann (1900) nachwies, unmöglich, eine Kugel als ganzes stetig so zu verbiegen, daß keine Singularitäten auftreten.

Bemerkung 3: Wie Hilberts Schüler Georg Lütkemeyer (1902) und Erik Holmgren (1902) bewiesen, ist jedes Stück einer singularitätenfreien sphärischen Fläche (fester Gaußscher Krümmung $K = K_0 > 0$) von selbst analytisch.

Dagegen gibt es nach Lütkemeyer nichtanalytische pseudosphärische Flächenstücke (konstanter negativer Gaußscher Krümmung $K = K_0 < 0$). Es gibt jedoch, wie Hilbert (1901) für den analytischen Fall und Lütkemeyer allgemein zeigte, keine im Endlichen überall reguläre, unberandete pseudosphärische Fläche; vielmehr kommt man, wie schon Hermann von Helmholtz (1870) vermutet hatte, bei genügend weitem Fortschreiten auf den Geodätischen einer pseudosphärischen Fläche notwendig stets zu Singularitäten (singulären Punkten oder Linien) der Fläche.

26. Reelle Drehflächen konstanter Gaußscher Krümmung K = const. In der Parameterdarstellung der reellen, stetig gekrümmten Drehfläche

$$\mathfrak{x} = r(u)\cos v\,\mathfrak{e}_1 + r(u)\sin v\,\mathfrak{e}_2 + z(u)\mathfrak{e}_3 \tag{26. 1}$$

mit der z-Achse als nichtisotroper Drehachse bedeute u den Bogen der Meridiankurve

$$r = r(u),\ z = z(u), \tag{26. 2}$$

d. h. es sei nach (I. 6. 8)

$$r'^2(u) + z'^2(u) \equiv 1 \qquad \{u\}. \tag{26. 3}$$

Bezeichnet φ den Neigungswinkel der Meridiantangente gegen die Drehachse (z-Achse), so ist dabei (Bild 25)

$$\frac{dr}{du} = r'(u) = \sin\varphi,\quad \frac{dz}{du} = z'(u) = \cos\varphi. \tag{26. 4}$$

Das Bogenelementquadrat der Drehfläche lautet in dem geodätischen Parallelkoordinatensystem (u, v), das von den (geodätischen) Meridianen v = const (v = Drehwinkel der Meridianebenen) und den (geodätisch parallelen) Breitenkreisen u = const (u = Meridianbogenlänge) gebildet wird,

$$ds^2 = du^2 + r^2(u)dv^2. \tag{26. 5}$$

Wegen $E = 1$, $F = 0$, $G = r^2(u)$ hat die Drehfläche (1) nach (21. 10) dann und nur dann die feste Gaußsche Krümmung

$$K = -\frac{1}{\sqrt{G}}\frac{\partial^2\sqrt{G}}{\partial u^2} = -\frac{r''(u)}{r(u)} = \text{const}, \tag{26. 6}$$

wenn $r(u)$ der linearen Differentialgleichung 2. Ordnung

$$r''(u) + K\cdot r(u) = 0 \tag{26. 7}$$

genügt. Jede Lösung $r = r(u)$ von (7) bestimmt zusammen mit den aus (3) folgenden Werten

$$(26.8) \qquad z = z(u) = \int_0^u \sqrt{1 - r'^2(u)}\, du$$

den Meridian (2) einer Drehfläche (1) der festen Gaußschen Krümmung $K = \text{const}$. Diese reellen Drehflächen mit $K = \text{const}$ haben erstmals Ferdinand August Minding (1839) und Ulisse Dini (1865) angegeben.

Wir trennen nun die **drei Fälle:** 1. $K = 0$, 2. $K = 1/R^2 > 0$, 3. $K = -1/R^2 < 0$. In den Fällen 2. und 3. kann man dabei noch durch eine Ähnlichkeitstransformation die Normierung $R = 1$, also 2. $K = +1$ bzw. 3. $K = -1$ erreichen.

Fall 1: $K = 0$ (abwickelbare Drehflächen). Nach (7) und (4) ist mit konstantem A und B

$$(26.9) \qquad r''(u) = 0, \text{ also: } r = Au + B, \quad \sin\varphi = A.$$

Die Meridiantangente ist wegen $\sin\varphi = A = \text{const}$ gegen die Drehachse unter festem Winkel φ geneigt. Man erhält für $|A| \leqq 1$ **drei Möglichkeiten,** nämlich für

1. α) $A = 0$ $(\varphi = 0, r = B)$ einen Drehzylinder,
1. β) $0 < A < 1$ $(0 < \varphi < \pi/2)$ einen Drehkegel,
1. γ) $A = 1$ $(\varphi = \pi/2, z = 0)$ eine Ebene.

Dies sind die einzigen reellen, stetig gekrümmten, auf die euklidische Ebene abwickelbaren Drehflächen.

Fall 2: $K = +1$ (sphärische Drehflächen). Für diese zuerst von F. A. Minding (1839) angegebenen Drehflächen ist nach (7)

$$(26.10) \qquad r''(u) + r(u) = 0, \text{ also } r = k\cos(u + l).$$

Dabei bedeuten $k > 0$ und l Konstanten. Durch geeignete Wahl des Nullpunktes der Bogenzählung u kann man $l = 0$ erreichen. Die Meridiankurve (2) jeder reellen, stetig gekrümmten sphärischen Drehfläche der Gaußschen Krümmung $K = +1$ kann daher wegen (8) durch

$$(26.11) \qquad r = k\cos u, \quad z = \int_0^u \sqrt{1 - k^2\sin^2 u}\, du.$$

beschrieben werden. Aus (4) folgt dazu $\sin\varphi = -k\sin u$.

Es gibt gestaltlich wieder **drei Möglichkeiten:**

2. α) $k = 1$ **(Kugel).** Die Meridiankurve (11)

$$(26.12) \qquad r = \cos u, \; z = \sin u$$

ist (Bild 25) ein Kreis (Radius 1). Die reelle, stetig gekrümmte sphärische Drehfläche mit $K = +1$ ist in diesem einfachsten Falle eine **Kugel** vom Radius 1.

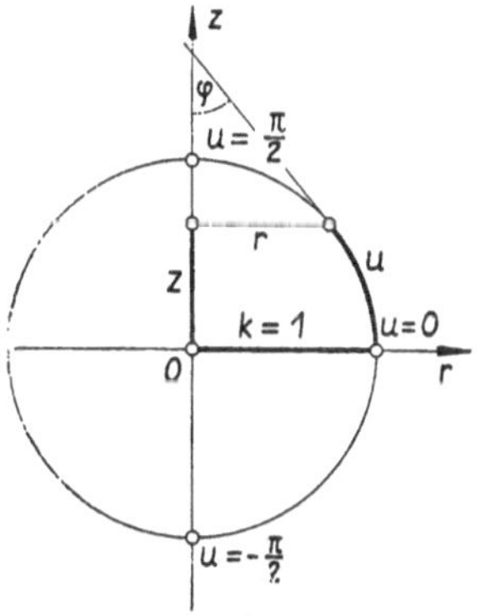

Bild 25. Kugel als einfachste Drehfläche der konstanten positiven Gaußschen Krümmung $K = +1$.

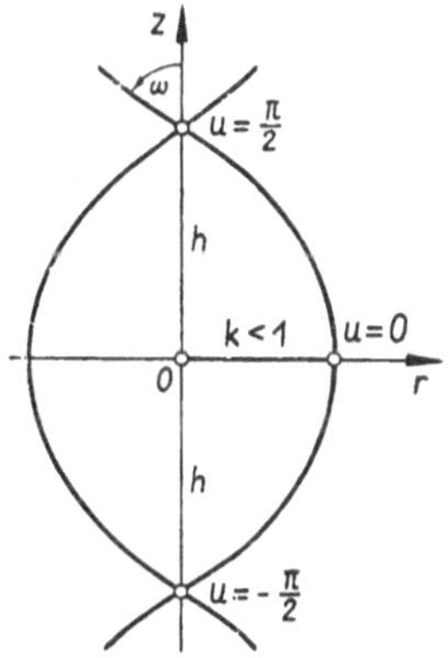

Bild 26. Spindeltyp der Drehflächen konstanter positiver Gaußscher Krümmung $K = +1$.

2. β) $0 < k < 1$ **(Spindeltyp).** Dann ist z in (11) mit der Legendreschen Normalform des elliptischen Integrals 2. Gattung $E(k, u)$ identisch. Die Meridiankurve

$$r = k \cos u, \quad z = E(k, u) = \int_0^u \sqrt{1 - k^2 \sin^2 u}\, du \tag{26.13}$$

pendelt wellenförmig (nach Art einer Kosinuslinie) längs der z-Achse dahin (Bild 26).

Dieser Spindeltyp der reellen, stetig gekrümmten, sphärischen Drehflächen (13) besteht aus unendlich vielen, periodisch wiederholten, spindelförmigen Teilen, deren Wulstkreise ($u = 0$, $z = 0$, Radius $r_0 = k < 1$) von den benachbarten Knoten ($u = \pm \pi/2$) den Abstand $h = E(k, \pi/2)$ haben (Bild 62). Für den halben Öffnungswinkel ω der Knoten gilt $\sin \omega = \pm k$.

2. γ) $k > 1$ **(Wulsttyp).** Wir setzen $\varkappa = 1/k < 1$. Reelle Meridianpunkte (r, z) ergeben sich nur für $|\sin u| \leqq 1/k = \varkappa$,

d. h. für $|u| \leqq \arcsin \varkappa$. Wenn man durch

$$k \sin u = \sin w \quad \text{oder} \quad \sin u = \varkappa \sin w$$

statt des Meridianbogens u die neue Veränderliche w einführt und die Identität

$$\cos^2 w = 1 - \sin^2 w = \frac{1 - \varkappa^2 \sin^2 w}{\varkappa^2} + \frac{\varkappa^2 - 1}{\varkappa^2}$$

beachtet, nehmen die Formeln (11) des Meridians (Bild 27) die Gestalt

$$(26.14) \quad r = \frac{1}{\varkappa} \sqrt{1 - \varkappa^2 \sin^2 w}, \quad z = \frac{1}{\varkappa} E(\varkappa, w) + \frac{\varkappa^2 - 1}{\varkappa} F(\varkappa, w)$$

an, wobei

$$(26.15) \qquad F(\varkappa, w) = \int_0^w \frac{dw}{\sqrt{1 - \varkappa^2 \sin^2 w}} \qquad (0 < \varkappa < 1)$$

die Legendresche Normalform des elliptischen Integrals 1. Gattung bezeichnet.

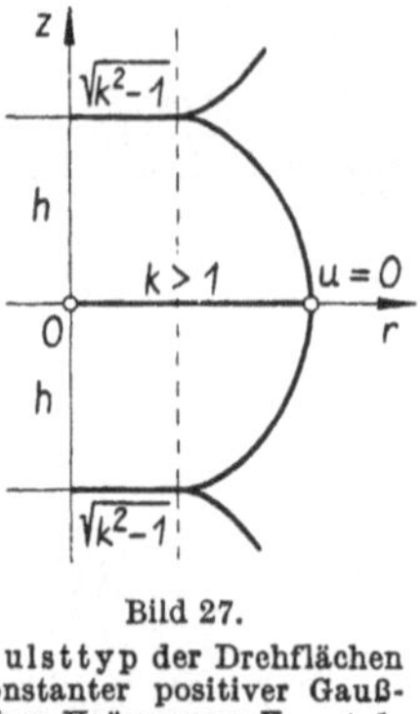

Bild 27.
Wulsttyp der Drehflächen konstanter positiver Gaußscher Krümmung $K = +1$.

Dieser Wulsttyp der reellen, stetig gekrümmten, sphärischen Drehflächen (14) besteht (Bild 27) aus unendlich vielen, periodisch wiederholten, wulstförmigen Teilen, deren weitester Wulstkreis ($w = 0$, Radius $k = 1/\varkappa > 1$) von den benachbarten Rückkehrkreisen

$$(w = \pm \pi/2,$$
$$\text{Radius } \sqrt{k^2 - 1} = \sqrt{1 - \varkappa^2}/\varkappa)$$

den Abstand

$$h = \frac{1}{\varkappa} E(\varkappa, \pi/2) + \frac{\varkappa^2 - 1}{\varkappa} F(\varkappa, \pi/2)$$

hat. Die Meridianlänge zwischen Wulst- und Rückkehrkreis ist

$$u = \arcsin \varkappa < \pi/2.$$

Bemerkung 1: Sowohl die Spindelflächen (13) als auch die Wulstflächen (14) kann man längentreu auf die Kugel (12) abbilden. Man kann sie sogar (nach Aufschneiden längs eines Meridians) stetig in die Kugel verbiegen, so daß ihr Wulstkreis auf den Kugeläquator fällt. Die Spindelhaut ($k < 1$) überdeckt dabei nur das k-fache der Kugel (bis zu den Polen), der Rest bleibt frei. Die Wulsthaut ($k > 1$) überdeckt jedoch nach der Abwicklung, wenn $1 \leq n < k < n+1$ ist, die Kugel n-fach und den $(k-n)$-fachen Teil der Kugel sogar $(n+1)$-fach.

Fall 3: $K = -1$ (pseudosphärische Drehflächen). Für diese zuerst von Ferdinand Adolf Minding (1839) angegebenen reellen, stetig gekrümmten Drehflächen gilt nach (7)

$$(26.16) \qquad r''(u) - r(u) = 0, \quad \text{also} \quad r = Ae^u + Be^{-u}.$$

Es ergeben sich wieder **drei Möglichkeiten.**

Wir nehmen den Fall vorweg, wo eine der Konstanten A oder B verschwindet. Es genügt dabei (weil das Vorzeichen von u in unserer Hand ist), anzunehmen:

3. α) $A = 1$, $B = 0$ **(Pseudosphäre).** Die Meridiankurve lautet dann nach (16) und (8)

$$(26.17) \qquad r = e^u, \quad z = \int_0^u \sqrt{1 - e^{2u}}\, du.$$

Aus Realitätsgründen ist dabei $1 - e^{2u} \geq 0$, also $r = e^u \leq 1$. Nach (4) gilt dann für den Neigungswinkel φ der Meridiantangente gegen die z-Achse $\sin\varphi = dr/du = e^u$. Die Länge der Tangentenstrecke $a = TP$ des Meridians (17) vom Berührpunkt bis zur z-Achse ist daher $a = r/\sin\varphi = r/r' = 1 = \text{const.}$ Der Meridian (17) ist daher eine Traktrix (Zuglinie), für deren cartesische Gleichung man aus (17)

$$(26.18) \qquad z = \int_1^r \sqrt{1 - r^2}\, \frac{dr}{r} = \sqrt{1 - r^2} - \operatorname{ArCos} \frac{1}{r}$$

erhält, die (bis auf die Normierung $a = 1$ und das unwesentliche Vorzeichen von z) mit den Gleichungen (11.4) und (I.19.15) übereinstimmt (Bild 28).

Als einfachste, stetig gekrümmte, reelle Drehfläche mit $K = -1$ ergibt sich somit die schon aus (11. Beisp. 4) bekannte **Pseudosphäre** (mit dem Pseudoradius $a = OS = TP = 1$).

Es bleiben nun noch die Fälle, wo in (16) keine der beiden Konstanten A und B verschwindet, also entweder β) $A \cdot B < 0$ oder γ) $A \cdot B > 0$ ist. Durch geeignete Wahl des Nullpunktes der Bogenzählung kann man sogar im Falle β) $A = -B \neq 0$ und im Falle γ) $A = B \neq 0$ erreichen. Wir schreiben dann mit $k > 0$:

3. β) $A = k/2$, $B = -k/2$ **(Kegeltyp).** Die Meridiankurve (Bild 29) lautet nach (16) und (8)

$$r = k\,\mathfrak{Sin}\,u, \quad z = \int_0^u \sqrt{1 - k^2\,\mathfrak{Cof}^2\,u}\,du, \tag{26.19}$$

wobei aus Realitätsgründen $0 < k < 1$ und $1 \leqq \mathfrak{Cof}\,u \leqq 1/k$, d. h. $0 \leqq u \leqq \mathfrak{Ar}\,\mathfrak{Cof}\,1/k$ und $0 \leqq r \leqq \sqrt{1 - k^2}$ sein muß.

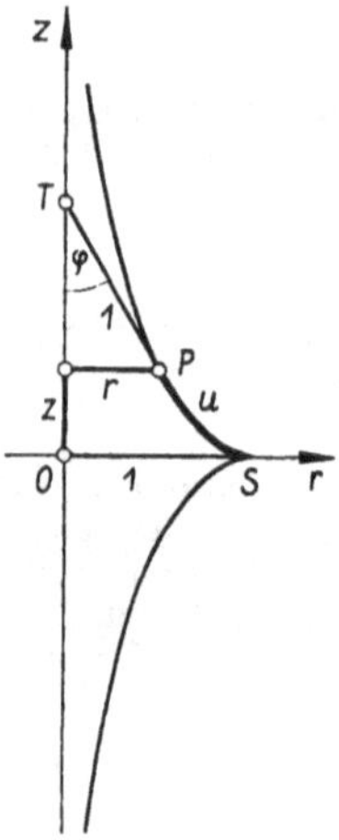

Bild 28. Pseudosphäre als einfachste Drehfläche der konstanten negativen Gaußschen Krümmung $K = -1$. (Vgl. auch Bild 16.)

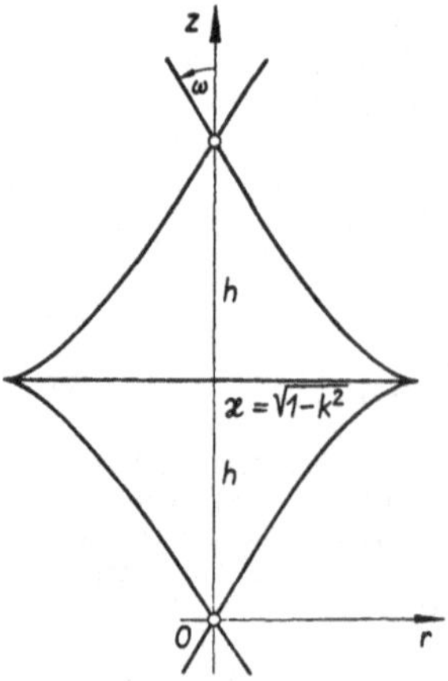

Bild 29. Kegeltyp der Drehflächen konstanter negativer Gaußscher Krümmung $K = -1$.

Um das elliptische Integral in (19) durch Legendresche Normalintegrale darzustellen, führen wir statt u durch

$$\mathfrak{Sin}\,u = \frac{\sqrt{1 - k^2}}{k}\cos w \tag{26.20}$$

die neue Veränderliche w ein. Setzt man dann noch $\varkappa = \sqrt{1 - k^2}$, so entsteht aus (19) als neue Meridiandarstellung

$$r = \varkappa \cos w, \quad z - h = E(\varkappa, w) - F(\varkappa, w) \tag{26.21}$$

mit $h = F(\varkappa, \pi/2) - E(\varkappa, \pi/2)$. Zu $w = 0$ gehört der maximale Parallelkreisradius $r_{\max} = \varkappa = \sqrt{1-k^2}$.

Dieser Kegeltyp der reellen, stetig gekrümmten, pseudosphärischen Drehflächen (Bild 29) besteht aus unendlich vielen periodisch wiederholten konischen Flächenteilen, die auf Rückkehrkreisen ($w = 0$) vom Radius $r_{\max} = \varkappa$ aufruhen und in konischen Knotenpunkten ($w = \pm\pi/2$) zusammenhängen. Für den halben Öffnungswinkel ω der Knoten gilt $\sin\omega = \pm k$.

3. γ) $A = k/2$, $B = k/2$ **(Kehltyp).** Die Meridiankurve (Bild 30) lautet nach (16) und (8)

$$(26.22)\quad r = k\,\mathfrak{Cos}\,u,\qquad z = \int_0^u \sqrt{1-k^2\,\mathfrak{Sin}^2 u}\,du,$$

wobei aus Realitätsgründen $|\mathfrak{Sin}\,u| \leqq 1/k$ und $k \leqq r \leqq \sqrt{1+k^2}$ ist.

Um auch diesen Meridian durch Legendresche Normalintegrale darzustellen, führen wir statt u durch

$$(26.23)\quad k\,\mathfrak{Sin}\,u = \cos w$$

die neue Veränderliche w ein und erhalten, wenn wir noch

$$\varkappa = 1/\sqrt{1+k^2} < 1$$

setzen, aus (22) die Formeln

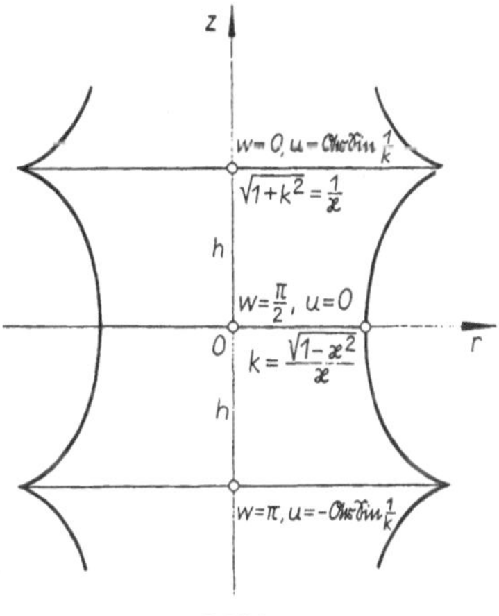

Bild 30.
Kehltyp der Drehflächen konstanter negativer Gaußscher Krümmung $K = -1$.

$$(26.24)\quad r = \frac{1}{\varkappa}\sqrt{1-\varkappa^2\sin^2 w},\quad z - h = \frac{1}{\varkappa}\,[E(\varkappa, w) - F(\varkappa, w)]$$

$$\text{mit } h = \frac{1}{\varkappa}\,[F(\varkappa, \pi/2) - E(\varkappa, \pi/2)].$$

Dieser Kehltyp der reellen, stetig gekrümmten, pseudosphärischen Drehflächen besteht aus unendlich vielen periodisch wiederholten gekehlten Ringen der Höhe $2h$, deren Kehlkreise (Radius $k = \sqrt{1-\varkappa^2}/\varkappa$) jeweils in der Mitte zwischen zwei Rückkehrkreisen (Radius $\sqrt{1+k^2} = 1/\varkappa$) liegen und von ihnen den Abstand h besitzen.

Bemerkung 2: Wie man sieht, sind alle reellen, stetig gekrümmten Drehflächen konstanter Gaußscher Krümmung außer der Kugel, der Ebene und dem Drehzylinder mit Singularitäten (singulären Punkten oder Linien) behaftet. Insbesondere gibt es überhaupt keine im Endlichen unberandete, singularitätenfreie, reelle Drehfläche konstanter negativer Krümmung. Dies steht in Einklang mit den in (25. Bem. 3) angeführten allgemeinen Sätzen von David Hilbert über Flächen fester Gaußscher Krümmung $K \neq 0$.

27. Drehflächen konstanter Gaußscher Krümmung K = const mit (eigentlicher) isotroper Drehachse. Neben den Drehungen des euklidischen Raumes um (eigentliche) reelle oder komplexe nichtisotrope Achsen gibt es noch die schon in (II. 11. Bem. 4) erwähnten Drehungen des Raumes um (stets komplexe) isotrope eigentliche Achsen.

Wählt man als Drehachse die isotrope Gerade

$$X + iY = 0,\ Z = 0, \tag{27.1}$$

so lautet die Darstellung der zugehörigen eingliedrigen (komplexen) stetigen Drehungsgruppe

$$\begin{aligned} X &= (1+2t^2)x + 2it^2y + 2itz,\\ Y &= +2it^2x + (1-2t^2)y - 2tz,\\ Z &= -2itx + 2ty + z. \end{aligned} \tag{27.2}$$

Der (komplexe) Parameter t kennzeichnet das Maß der Drehung um die isotrope Achse (1); er verhält sich bei der Zusammensetzung zweier Drehungen (2) additiv.

Die Raumpunkte $P(x,y,z)$ beschreiben bei (2), wenn sie in der (einzigen) isotropen Ebene $X + iY = 0$ durch die isotrope Drehachse (1) liegen ($x + iy = 0$), als Bahnen parallele isotrope Geraden, sonst parabolische Kreise, die in den zueinander parallelen isotropen Ebenen $X + iY = x + iy \neq 0$ liegen und uns aus (II. 7. Beisp. 1) bekannt sind. Alle diese parabolischen Bahnkreise sind untereinander kongruent.

Wählt man in der (reellen) Ebene $Z = 0$ (Hauptmeridianebene der Drehung (2)) eine beliebige analytische, auf ihren Bogen s bezogene Kurve

$$x = x(s),\ y = y(s),\ z = 0 \text{ mit } x'^2(s) + y'^2(s) \equiv 1, \tag{27.3}$$

so entsteht durch deren Drehung um die isotrope Achse (1) eine komplexe analytische Drehfläche mit dem Hauptmeridian (3), deren Ortsvektor $\mathfrak{X}(s, t)$ nach (2) durch die Formeln

$$\mathfrak{X} = \mathfrak{X}(t, s)\begin{cases} X = (1 + 2t^2)x(s) + 2it^2y(s), \\ Y = + 2it^2x(s) \quad + (1 - 2t^2)y(s), \\ Z = - 2itx(s) \quad + 2ty(s) \end{cases} \tag{27.4}$$

dargestellt wird, die man noch so zusammenfassen kann:

$$\begin{aligned} X + iY &= x + iy, \\ X - iY &= (x - iy) + 4t^2(x + iy), \\ iZ &= 2t(x + iy). \end{aligned} \tag{27.5}$$

Aus (5) folgt noch

$$X^2 + Y^2 + Z^2 = x^2(s) + y^2(s) \tag{27.6}$$

sowie

$$2it(X + iY) + Z = 0. \tag{27.7}$$

Die Linien $t = \text{const}$ (s-Linien) der Drehfläche (4) liegen somit in Ebenen durch die Drehachse (1) und sind die (untereinander kongruenten) Meridiane der Drehfläche; für $t = 0$ ergibt sich der Hauptmeridian (3). Die Linien $s = \text{const}$ (t-Linien) sind die (untereinander ebenfalls kongruenten) Parallelkreise der Drehfläche (parabolische Kreise).

Aus (4) findet man als Fundamentalgrößen der Drehfläche die Werte

$$\begin{aligned} &E = \mathfrak{X}_s^2 = x'^2 + y'^2 \equiv 1, \quad G = \mathfrak{X}_t^2 = -4(x + iy)^2, \\ &F = \mathfrak{X}_s\mathfrak{X}_t \equiv 0, \qquad W^2 = EG - F^2 = -4(x + iy)^2 \not\equiv 0; \\ &L = x'y'' - x''y', \quad M \equiv 0, \quad N = 4i(x + iy)(x' + iy'). \end{aligned} \tag{27.8}$$

Wegen $F \equiv 0$ sind Parallelkreise und Meridiane wieder orthogonal, wegen $M \equiv 0$ auch konjugiert, also Krümmungslinien der Drehfläche. Die Punkte des ausgezeichneten Meridians $x + iy = 0$ sind wegen $W^2 = 0$ metrisch singulär und sollen weiterhin ausgeschlossen werden.

Aus (8) folgt als Wert der Gaußschen Krümmung der Drehfläche (4)

$$K = \frac{LN - M^2}{EG - F^2} = -i\,\frac{(x' + iy')(x'y'' - x''y')}{x + iy} \tag{27.9}$$

und als ihre (doppelte) mittlere Krümmung

$$2H = \frac{EN - 2FM + GL}{EG - F^2} = (x'y'' - x''y') - i\,\frac{x' + iy'}{x + iy}. \tag{27.10}$$

Da $x'y'' - x''y' = \varkappa = 1/R_1$ die Normalkrümmung des Meridians ist, bedeutet $-i\,\frac{x'+iy'}{x+iy} = 1/R_2$ die Normalkrümmung des Parallelkreises der Drehfläche (4).

Man kann die Formeln (9) und (10) noch vereinfachen. Aus (3), d. h. aus $x'^2 + y'^2 \equiv 1$, folgt neben $x' + iy' \neq 0$ noch

$$(27.11) \qquad x'x'' + y'y'' \equiv 0 \text{ und } x' - iy' = \frac{1}{x'+iy'},$$

somit

$$(27.12) \qquad \frac{x''+iy''}{x'+iy'} = (x'-iy')(x''+iy'') = i(x'y'' - x''y').$$

Daher ist nach (9) und (10) schließlich

$$(27.13) \quad K = -\frac{x''+iy''}{x+iy}, \; 2H = -i\left(\frac{x''+iy''}{x'+iy'} + \frac{x'+iy'}{x+iy}\right).$$

Um die komplexen analytischen Drehflächen der festen (reellen oder komplexen) Gaußschen Krümmung K=const mit isotroper Drehachse (1) zu bestimmen, muß man nach (3) und (13) das Differentialsystem

$$(27.14) \quad x'^2 + y'^2 = 1, \quad (x''+iy'') + K(x+iy) = 0$$

lösen. Wir unterscheiden die beiden Fälle 1) $K = 0$ und 2) $K \neq 0$.

1. Im Falle $K = 0$ folgt aus (14) und (11) für die Meridiankurve der Drehfläche

$$x' + iy' = a, \quad x' - iy' = 1/a$$

mit konstantem komplexen $a \neq 0$ und daraus

$$(27.15) \qquad x + iy = as, \quad x - iy = \frac{s}{a}.$$

Integrationskonstanten können in (15) unterdrückt werden, weil erstens der Anfangspunkt der Bogenzählung willkürlich wählbar ist und zweitens Schiebungen des Meridians in Richtung der Drehachse (1) freistehen.

Die geradlinige Meridiankurve (15) erzeugt bei Drehung um die isotrope Achse (1) nach (5) einen **Drehkegel,** mit der Darstellung

$$X + iY = as, \; X - iY = s/a + 4t^2as, \; iZ = 2tas,$$

und der Gleichung

$$(27.16) \qquad a^2(X^2+Y^2+Z^2) = (X+iY)^2,$$

welcher den isotropen Kegel $X^2 + Y^2 + Z^2 = 0$ des Nullpunktes O längs der isotropen Drehachse (1) hyperoskuliert.

2. Im Falle $K = p + iq \neq 0$ folgt aus (14) für $(x + iy)$ eine der beiden folgenden typischen Lösungen α) $Ae^{i\sqrt{K}s}$ oder β) $A \sin \sqrt{K}s$. Dabei ist $A \neq 0$ eine (komplexe) Konstante.

Im Fall 2. α) ist

$$x + iy = Ae^{i\sqrt{K}s} \tag{27.17}$$

und nach (11)

$$x' - iy' = \frac{1}{x' + iy'} = \frac{1}{iA\sqrt{K}} e^{-i\sqrt{K}s},$$

also

$$x - iy = \frac{1}{iA\sqrt{K}} \int e^{-i\sqrt{K}s}\, ds = \frac{1}{AK} e^{-i\sqrt{K}s}. \tag{27.18}$$

Die Drehfläche der festen (komplexen) Gaußschen Krümmung $K \neq 0$ mit isotroper Drehachse (1) besitzt also im Falle α) in der Ebene $z = 0$ den Kreis $x^2 + y^2 = 1/K$ als Hauptmeridian; sie selbst ist nach (6) die komplexe **Kugel** vom (komplexen) Radius $1/\sqrt{K} \neq 0$ mit der Gleichung

$$X^2 + Y^2 + Z^2 = 1/K. \tag{27.19}$$

Für reelle positive Werte $K = 1/R^2 > 0$ erhält man reelle Kugeln vom Radius R. *Die Kugel* (19) *besitzt folglich auch jeden ihrer isotropen Durchmesser als Drehachse.*

Im Fall 2. β) ist

$$x + iy = A \sin \sqrt{K}s \tag{27.20}$$

und nach (11)

$$x' - iy' = \frac{1}{x' + iy'} = \frac{1}{A\sqrt{K} \cos \sqrt{K}s},$$

also

$$x - iy = \frac{1}{A\sqrt{K}} \int \frac{ds}{\cos \sqrt{K}s} = \frac{1}{AK} \mathfrak{Ar}\mathfrak{Tg}\,(\sin \sqrt{K}s). \tag{27.21}$$

Die Drehfläche der festen (komplexen) Gaußschen Krümmung $K \neq 0$ mit isotroper Drehachse (1) besitzt also im Falle β) in der Ebene $z = 0$ die (komplexe) transzendente Linie

$$x + iy = A\, \mathfrak{Tg}\,[AK(x - iy)] \tag{27.22}$$

als Hauptmeridian; ihre Gleichung lautet nach (5), (6) und (20)

(27.23) $$X^2 + Y^2 + Z^2 = \frac{X + iY}{AK} \cdot \mathfrak{Ar}\,\mathfrak{Tg}\,\frac{X + iY}{A}.$$

Damit sind auch alle analytischen Drehflächen fester Gaußscher Krümmung K mit isotroper Drehachse bestimmt.

28. Nichteuklidische Geometrie. Hyperbolische Ebene. Φ sei ein auf geodätische Polarkoordinaten (u, v) mit dem Zentrum $Z(u = 0)$ bezogenes reguläres Stück einer reellen pseudosphärischen Fläche der festen Gaußschen Krümmung $K = -1$, und nach (25.4 γ)

(28.1) $$ds^2 = du^2 + \mathfrak{Sin}^2 u\, dv^2$$

sein Bogenelementquadrat. Wir wollen die Fläche Φ durch die Formeln

(28.2) $$\xi = \mathfrak{Tg}\, u \cos v, \quad \eta = \mathfrak{Tg}\, u \sin v$$

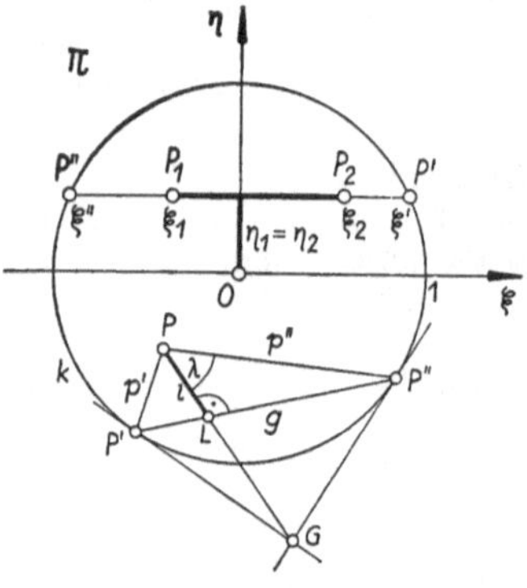

Bild 31.
Projektives Modell der hyperbolischen Ebene. Schauplatz der hyperbolischen Geometrie ist das Innere des absoluten Kreises k. Der Kreis k selbst ist der Ort der Fernpunkte der hyperbolischen Ebene.

umkehrbar eindeutig auf die (ξ, η)-Ebene π abbilden. Dem Zentrum $Z(u = 0)$ auf Φ entspricht dann (Bild 31) der Nullpunkt $O(0, 0)$ der Ebene π und dem Punkt (u, v) der Fläche Φ jener Punkt (ξ, η) der Ebene π, dessen Polarkoordinaten (r, φ) lauten

(28.3) $$r = \mathfrak{Tg}\, u, \quad \varphi = v.$$

Den geodätischen u-Linien $v = \text{const}$ der Fläche (geodätischen Radien durch das Zentrum Z) entsprechen durch die Abbildung (2) die Geraden $\eta = \xi \cdot \operatorname{tg} v$ durch den Nullpunkt O der Ebene und den dazu orthogonalen geodätischen Abstandskreisen $u = \text{const}$ die konzentrischen Kreise $\xi^2 + \eta^2 = \mathfrak{Tg}^2 u$ der Ebene.

Wegen $|\mathfrak{Tg}\, u| \leqq 1$ liegt in der Ebene π der Bildbereich von Φ im Inneren des Einheitskreises $|r| \leqq 1$, wobei Randpunkte ($r = 1$) dieses Einheitskreises k von π stets Fernpunkten ($u = \infty$) von Φ entsprechen. Weil die pseudosphärische Fläche nach dem Satz von David Hilbert in (25. Bem. 3) notwendig singuläre Punkte oder Linien enthält, überdeckt ihr Bildbereich gewiß nicht den ganzen Einheitskreis $|r| \leqq 1$.

Das Bogenelementquadrat (1) der pseudosphärischen Fläche Φ erhält in den Variablen (ξ, η) von (2) wegen

$$u = \mathfrak{ArTg}\sqrt{\xi^2 + \eta^2}\,, \quad v = \operatorname{arc\,tg}(\eta/\xi)$$

die von Eugenio Beltrami (1866) angegebene Gestalt

$$(28.\ 4) \qquad ds^2 = \frac{d\xi^2 + d\eta^2 - (\xi d\eta - \eta d\xi)^2}{(1 - \xi^2 - \eta^2)^2}\,.$$

Nach (III. 6. 14) bilden dann die beiden im Punkte (ξ, η) der Fläche Φ liegenden Tangentenrichtungen $(d\xi_1, d\eta_1)$ und $(d\xi_2, d\eta_2)$ miteinander den Winkel ψ mit

$$(28.\ 5) \quad \cos\psi = \frac{d\xi_1 d\xi_2 + d\eta_1 d\eta_2 - (\xi d\eta_1 - \eta d\xi_1)(\xi d\eta_2 - \eta d\xi_2)}{(1 - \xi^2 - \eta^2)^2}\,.$$

Vermessen wir nun die Ebene $\pi(\xi, \eta)$ nach dem Vorbilde von Bernhard Riemann (1854) nicht mittels des euklidischen Bogenelementquadrates $d\xi^2 + d\eta^2$, sondern mittels des Beltramischen Bogenelementquadrates ds^2 in (4) und der zugehörigen Winkelmetrik (5), so entsteht in ihr eine (von der euklidischen Metrik verschiedene) **nichteuklidische Metrik,** die man nach Felix Klein (1871) genauer als **hyperbolische Metrik** bezeichnet. Die mit dieser nichteuklidischen Metrik versehene **nichteuklidische Ebene (hyperbolische Ebene)** $\pi(\xi, \eta)$ ist durch die Formeln (2) auf die pseudosphärische Fläche Φ (u, v) längentreu (isometrisch) abgebildet.

Diese Abbildung ist, wenn man die Fläche Φ euklidisch und die Ebene π nichteuklidisch (hyperbolisch) durch die

Metrik (4) ausmißt, gleichzeitig längentreu, winkeltreu und flächentreu. Als Flächeninhalt f eines Bereiches $\Phi(u, v)$ der Fläche Φ und seines Bildbereiches $\pi(\xi, \eta)$ in der hyperbolischen Ebene π findet man dabei aus (1) bzw. (4)

$$(28.\,6)\quad f = \iint\limits_{\Phi(u,v)} \mathfrak{Sin}\, u\, du\, dv = \iint\limits_{\pi(\xi,\eta)} \frac{d\xi\, d\eta}{(1-\xi^2-\eta^2)^{3/2}}\,.$$

Diese beiden einander gleichen Werte von f hängen durch die Formeln (2) miteinander zusammen.

Weil Φ und π vermöge (2) dieselbe Metrik haben, stimmen sie auch in ihrer (nach dem Theorema egregium durch die Metriken (1) und (4) eindeutig bestimmten) Gaußschen Krümmung K überein, die daher in beiden Fällen nach (21. 6) den festen Wert $K = -1$ hat.

Man kann die mit der Riemannschen Metrik (4) versehene Ebene π und ihre nichteuklidische (hyperbolische) Geometrie als ein ebenes Modell der krummen pseudosphärischen Fläche Φ und ihrer (von der euklidischen Geometrie ihres dreidimensionalen Einbettungsraumes induzierten) Metrik und Geometrie auffassen. Umgekehrt kann man die (euklidisch vermessene) pseudosphärische Fläche Φ als ein Modell der nichteuklidischen Ebene π mit der Riemannschen Metrik (4) auffassen.

Wie schon erwähnt, ist der Schauplatz dieser nichteuklidischen (hyperbolischen) Geometrie in der Ebene π das Innere des Einheitskreises k

$$(28.\,7)\qquad |r| < 1 \text{ oder } 1-\xi^2-\eta^2 > 0,$$

wobei die Randpunkte ($r = 1$) von k für die hyperbolische Metrik (4) der Ebene Fernpunkte darstellen. Man bezeichnet diese Kreislinie k

$$(28.\,8)\qquad r = 1 \text{ oder } 1-\xi^2-\eta^2 = 0,$$

d. h. den Inbegriff der Fernpunkte der hyperbolischen

Metrik (4) als den **absoluten Kreis** k der hyperbolischen Ebene π (Bild 31).

Bemerkung 1: Wie wir aus (IV. 25) wissen und auch direkt aus (1) entnommen werden kann, gestattet die innere Geometrie und Metrik der pseudosphärischen Flächen $\Phi(u, v)$ die Drehungen ($u' = u$, $v' = v + \text{const}$) um den Pol $Z(u = 0)$ des geodätischen Polarkoordinatensystems (u, v). Dementsprechend ist, wie auch direkt aus (4) und der Drehsymmetrie des absoluten Kreises (8) folgt, die hyperbolische Ebene $\pi(\xi, \eta)$ mit ihrer Geometrie und Metrik unempfindlich gegenüber Drehungen um den Nullpunkt $O(r = 0)$. Diese Drehungen sind nichteuklidische Bewegungen, welche den Nullpunkt O festlassen.

Wir wollen diese **nichteuklidische Geometrie** der Ebene π genauer studieren, um ihre grundsätzlichen Unterschiede gegenüber der euklidischen Geometrie der Ebene kennenzulernen, und bestimmen zuerst die Gestalt ihrer geodätischen Linien, d. h. die Bildkurven der geodätischen Linien der pseudosphärischen Fläche Φ. Wir beweisen:

Satz 1: *Die Geodätischen der nichteuklidischen Metrik* (4) *der hyperbolischen Ebene π sind gerade Linien (Geradenstücke), die im Inneren des absoluten Kreises verlaufen.*

Zum Beweise ist es zweckmäßig,

$$(28.9)\qquad \operatorname{Tg} u = \frac{1}{w}\,,\ \text{also}\ \operatorname{Sin} u = \frac{1}{\sqrt{w^2-1}}\,,\quad \operatorname{Cof} u = \frac{w}{\sqrt{w^2-1}}$$

zu setzen. Das Bogenelement (1) der pseudosphärischen Fläche Φ erhält dann die Gestalt

$$(28.10)\qquad ds^2 = \frac{dw^2}{(w^2-1)^2} + \frac{dv^2}{w^2-1}\,,$$

und für die zugehörigen Christoffelklammern 2. Art findet man aus (III. 34. 16) die Werte

$$\begin{Bmatrix}1\,1\\1\end{Bmatrix} = \frac{-2w}{w^2-1}\,,\quad \begin{Bmatrix}1\,2\\1\end{Bmatrix} = 0,\qquad \begin{Bmatrix}2\,2\\1\end{Bmatrix} = w,$$
$$\begin{Bmatrix}1\,1\\2\end{Bmatrix} = 0,\qquad \begin{Bmatrix}1\,2\\2\end{Bmatrix} = \frac{-w}{w^2-1}\,,\quad \begin{Bmatrix}2\,2\\2\end{Bmatrix} = 0.$$

Die Differentialgleichung der geodätischen Linien lautet somit nach (III. 37. 2)

$$\dot{v}\ddot{w} - \ddot{v}\dot{w} + \dot{v}^3 w = 0. \tag{28.11}$$

Sie ist 1) erfüllt, wenn

$$\dot{v} \equiv 0, \text{ also } v = \text{const} \tag{28.12}$$

ist. Das sind auf der pseudosphärischen Fläche Φ die geodätischen Radien (u-Linien) im Zentrum Z des geodätischen Polarkoordinatensystems, in der hyperbolischen Ebene π nach (3) die Geraden $\varphi = \text{const}$ durch den Nullpunkt O (Durchmesser des absoluten Kreises k).

Ist dagegen 2) $\dot{v} \not\equiv 0$, also $v \neq \text{const}$, so kann man auf den Geodätischen v als Parameter wählen und sie in der Gestalt $w = w(v)$ schreiben. Wegen $\dot{v} = dv/dv = 1$, $\ddot{v} = d^2v/dv^2 = 0$ gilt dann nach (11) für die Geodätischen

$$\ddot{w} + w = 0, \quad \text{d. h.} \quad w = A \cos v + B \sin v, \tag{28.13}$$

oder wegen (8)

$$A \operatorname{\mathfrak{Tg}} u \cos v + B \operatorname{\mathfrak{Tg}} u \sin v = 1 \tag{28.14}$$

oder schließlich wegen (2)

$$A\xi + B\eta = 1 \qquad (A, B \text{ Konstante}). \tag{28.15}$$

Das sind in π tatsächlich Geraden, genauer, wegen (7), Geradenstücke innerhalb des absoluten Kreises k, die in reeller Weise nur für $A^2 + B^2 > 1$ existieren.

Auf der pseudosphärischen Fläche Φ sind somit die Geodätischen in den geodätischen Polarkoordinaten (u, v) durch die Gleichungen (12) und (14) dargestellt. (12) beschreibt die geodätischen Radien des Zentrums Z, (14) die übrigen Geodätischen, wobei $A^2 + B^2 > 1$ ist.

Bemerkung 2: Eine Abbildung einer Fläche Φ auf die Ebene π bei der die geodätischen Linien von Φ auf die geraden Linien von π übertragen werden, wird als geodätische Abbildung bezeichnet. Die Formeln (2) liefern somit eine geodätische Abbildung der pseudosphärischen Flächen Φ auf die Ebene π.

29. Projektive Metrik. Projektives Modell der hyperbolischen Ebene. Unter der Entfernung oder dem Abstand s zweier Punkte P_1, P_2 der hyperbolischen Ebene π versteht man die hyperbolische Bogenlänge s der sie verbindenden geodätischen Linie, d. h. ihren mittels der hyperbolischen Metrik (28. 4) gemessenen geradlinigen Abstand. $P_1(\xi_1, \eta_1)$ und $P_2(\xi_2, \eta_2)$ müssen dabei eigentliche Punkte der hyperbolischen Ebene sein, d. h. im Inneren des absoluten Kreises k liegen $(1-\xi^2-\eta^2>0)$. Wegen der Drehsymmetrie der hyperbolischen Ebene π ist es keine Einschränkung der Allgemeinheit, wenn die Verbindungsgerade P_1P_2 normal zur η-Achse ($\eta_1 = \eta_2$) angenommen wird (Bild 31); aus der Gleichung $\eta = \eta_1 = \text{const}$ der geodätischen Linie folgt dann $d\eta = 0$ und die hyperbolische Entfernung $s = \{P_1P_2\}$ ist daher nach (28. 4)

$$
\begin{aligned}
s &= \int_{\xi_1}^{\xi_2} \frac{\sqrt{1-\eta_1^2}\,d\xi}{(1-\eta_1^2)-\xi^2} = \mathfrak{ArTg}\frac{\xi_2}{\sqrt{1-\eta_1^2}} - \mathfrak{ArTg}\frac{\xi_1}{\sqrt{1-\eta_1^2}} \\
&= \frac{1}{2}\ln\left(\frac{\sqrt{1-\eta_1^2}+\xi_2}{\sqrt{1-\eta_1^2}-\xi_2} : \frac{\sqrt{1-\eta_1^2}+\xi_1}{\sqrt{1-\eta_1^2}-\xi_1}\right).
\end{aligned} \tag{29. 1}
$$

Weil die Verbindungsgerade $\eta = \eta_1$ der Punkte P_1 und P_2 den absoluten Kreis k in den absoluten Punkten $P'(\xi' = +\sqrt{1-\eta_1^2}, \eta_1)$ und $P''(\xi'' = -\sqrt{1-\eta_1^2}, \eta_1)$ schneidet (Bild 31), folgt schließlich für den **hyperbolischen Abstand** $\{P_1P_2\}$ der Punkte P_1 und P_2 die Formel

$$
s = \{P_1P_2\} = \frac{1}{2}\ln DV(P_1P_2, P'P''). \tag{29. 2}
$$

Rückt einer der beiden Punkte, z. B. P_2, in den absoluten Punkt P' bzw. P'' der Geraden $\eta = \eta_1$, so strebt das Doppelverhältnis $DV(P_1P_2, P'P'')$ gegen ∞ bzw. 0, und der hyperbolische Abstand $s = \{P_1P_2\}$ wird in beiden Fällen unendlich groß. Die Punkte des absoluten Kreises k haben somit von allen eigentlichen Punkten der hyperbolischen Ebene π unendlich großen Abstand, sie sind also tatsächlich Fernpunkte.

Bemerkung 1: Die Formel (1) vereinfacht sich für die Punkte der ξ-Achse ($\eta = \eta_1 = \eta_2 = 0$). Dann haben nämlich die Punkte $P_1(\xi_1, 0)$ und $P_2(\xi_2, 0)$ nach (1) den hyperbolischen Abstand

$$(29.\,3) \qquad s = \mathfrak{ArTg}\,\xi_2 - \mathfrak{ArTg}\,\xi_1 = \mathfrak{ArTg}\,\frac{\xi_2 - \xi_1}{1 - \xi_1 \xi_2}\,.$$

Insbesondere hat der Punkt $P(\xi, 0)$ von der Mitte $O(0, 0)$ des absoluten Kreises k den hyperbolischen Abstand

$$(29.\,4) \qquad s = \mathfrak{ArTg}\,\xi\,.$$

Zwischen dem euklidischen Abstand $O\,P = \xi > 0$ und dem hyperbolischen Abstand $\{O\,P\} = s$ besteht dann die einfache Beziehung

$$(29.\,5) \qquad \xi = \mathfrak{Tg}\,s\,.$$

Wegen des projektiven Charakters der Formel (2) wird die durch (28. 4) oder (2) beschriebene Metrik der hyperbolischen Ebene π als eine **projektive Metrik** bezeichnet. Nach der Doppelverhältnisformel (2) ist der **hyperbolische Abstand** s zweier Punkte P_1, P_2 unempfindlich gegenüber allen jenen projektiven Transformationen der Ebene π, welche den absoluten Kreis k in sich überführen, d. h. invariant gegenüber allen automorphen Kollineationen des absoluten Kreises (28. 8).

Die **projektiven Automorphien** des absoluten Kreises k führen eine Figur $\mathfrak{f}$ der Ebene π in lauter im Sinne der hyperbolischen Geometrie kongruente Figuren $\mathfrak{f}'$ über und sind daher **kongruente Transformationen** der hyperbolischen Ebene π. Umgekehrt bildet *jede kongruente Transformation* von π das Innere von k punkt- und geradentreu auf sich selbst ab und vertauscht die Punkte von k (Fernpunkte) untereinander; sie ist daher *eine projektive Automorphie des absoluten Kreises k der hyperbolischen Ebene π.* Je nachdem dabei der Umlaufsinn der Figuren (also auch der des absoluten Kreises k)

bewahrt oder geändert wird, spricht man von **Bewegungen** bzw. **Umlegungen** der hyperbolischen Ebene π. Die hyperbolischen Bewegungen der Ebene π bilden dabei für sich eine stetige dreigliedrige Gruppe, welcher durch die Abbildung (28. 2) die dreigliedrige stetige Gruppe der automorphen Biegungen (längentreuen Selbstabbildungen) der pseudosphärischen Fläche Φ entspricht.

Natürlich ist mit der Streckenmetrik auch die **Winkelmetrik** der hyperbolischen Ebene π projektiv. Wegen der projektiven Gleichwertigkeit aller Punkte der hyperbolischen Ebene genügt es, die zu (2) analoge Winkelformel für zwei Richtungen p_1, p_2 zu finden, die vom Nullpunkt $O(0,0)$ ausstrahlen. Wegen (28. 3) ist dieser Winkel $\varphi = \varphi_2 - \varphi_1$ von π gleich dem entsprechenden euklidischen Winkel im Zentrum Z des geodätischen Polarkoordinatensystems auf der pseudosphärischen Fläche Φ, d. h. gleich dem euklidischen Winkel der Richtungen p_1, p_2, der nach Edmond Laguerre (1853) bekanntlich durch die Formel

$$(29.\ 6) \qquad \varphi = \{p_1 p_2\} = \frac{1}{2i} \ln DV(p_1 p_2, p' p'')$$

dargestellt werden kann, wobei p' und p'' die beiden durch $O = [p_1 p_2]$ laufenden isotropen Geraden der Ebene π (mit den Gleichungen $p' \equiv \xi - i\eta = 0$ und $p'' \equiv \xi + i\eta = 0$) bedeuten. Weil diese Geraden mit den beiden (konjugiert komplexen) durch O laufenden Tangenten des absoluten Kreises k identisch sind, gilt Formel (6) auch für den hyperbolischen Winkel $\varphi = \{p_1 p_2\}$ von irgend zwei von einem beliebigen Punkte P der hyperbolischen Ebene π ausstrahlenden Geraden p_1 und p_2, wobei p' und p'' wieder die beiden im hyperbolischen Sinn isotropen Geraden von P, d. h. die beiden (konjugiert komplexen) Tangenten aus F an den absoluten Kreis k bedeuten. Das so entstehende **projektive Winkelmaß** (6) ergibt für den vollen Winkel die Größe 2π (Modul der Winkelmessung).

Bemerkung 2: Zwei Geraden p_1, p_2 heißen im hyperbolischen Sinn rechtwinkelig (aufeinander normal), wenn $\varphi = \pm\pi/2$ ist. Dann wird nach (6)

$$DV(p_1 p_2, p' p'') = e^{2i\varphi} = e^{\pm i\pi} = -1, \tag{29.7}$$

d. h. die beiden Geraden p_1, p_2 trennen die durch ihren Schnittpunkt laufenden Tangenten p', p'' des absoluten Kreises k harmonisch und sind daher zueinander bezüglich des absoluten Kreises k konjugiert, d. h. jede von ihnen enthält den Pol der anderen bezüglich k.

Die Formeln (2) und (6) beschreiben eine im Innern des absoluten Kreises (26. 6) gültige projektive Strecken- und Winkelmetrik, die zuerst Arthur Cayley (1859) angegeben hat. Daß zwischen dieser Cayleyschen Maßbestimmung und der nichteuklidischen Geometrie der (hyperbolischen) Ebene ein einfacher Zusammenhang besteht, hat jedoch erst Felix Klein (1869) erkannt.

Tatsächlich haben wir mit den metrischen Grundformeln (2) und (6) schon das von Felix Klein (1849—1925) entdeckte **projektive Modell** der ebenen hyperbolischen Geometrie gewonnen, dessen Schauplatz, das Innere des absoluten Kreises (Einheitskreises) k, frei von Singularitäten aller Art ist. Dieses Kleinsche projektive Modell ist deshalb ein vollkommeneres Bild der zuerst von Carl Friedrich Gauß (1816), später von Johann Bolyai (1823) und Nikolai Iwanowitsch Lobatschefskij (1829) entdeckten **nichteuklidischen Geometrie** als ihre (nach David Hilbert stets mit Singularitäten behaftete) Verwirklichung auf den euklidisch vermessenen pseudosphärischen Flächen Φ, die zuerst Eugenio Beltrami (1868) fand, indem er die geodätischen Linien dieser Flächen als „Geraden" ihrer inneren (nichteuklidischen) Geometrie deutete.

Von dieser nichteuklidischen (hyperbolischen) Geometrie kennen wir aus (24. Satz 1) schon den

Satz 1 (von Gauß): *Die Winkelsumme in jedem geodätischen, d. h. geradlinigen Dreieck der hyperbolischen Ebene ist kleiner als zwei Rechte* ($\alpha + \beta + \gamma < \pi$).

Ebenso kennen wir aus (IV. 24) den

Satz 2: *Der Flächeninhalt f eines geodätischen, d. h. geradlinigen Dreiecks der hyperbolischen Ebene ist gleich dem Defekt des Dreiecks* ($f = \pi - \alpha - \beta - \gamma > 0$).

Aus dem projektiven Modell entnimmt man noch die folgende wichtige Tatsache (Bild 31): Ist eine Gerade g mit den beiden Fernpunkten P' und P'' und ein ihr nicht angehörender Punkt P gegeben, so heißen die beiden Geraden $p' = [PP']$ und $p'' = [PP'']$, welche die Gerade g in ihren Fernpunkten P' bzw. P'' treffen, zu g **parallel.** Alle im Winkelraume $(P'PP'')$ von p' und p'' liegenden Geraden durch P schneiden g in einem eigentlichen Punkte, alle Geraden des Außenwinkelraumes von p' und p'' schneiden g nicht. Die beiden Parallelen p' und p'' durch P trennen also die g schneidenden von den g nicht schneidenden Geraden.

Daraus folgt

Satz 3: *Während es in der euklidischen Geometrie zu einer Geraden g durch einen Punkt P außerhalb von g genau eine Parallele p gibt, existieren in der hyperbolischen nichteuklidischen Geometrie genau zwei Parallelen.*

Durch den gemeinsamen Fernpunkt zweier paralleler Geraden p_1, p_2 kann man an den Maßkegelschnitt k nur eine Tangente (zwei zusammenfallende isotrope Geraden $p' = p''$) legen; dann ist $DV(p_1 p_2, p' p'') = 1$. Nach (6) bilden daher zwei parallele Geraden p_1, p_2 der hyperbolischen Ebene π miteinander den Winkel $\varphi = 0$.

Daraus folgt, daß es in der hyperbolischen Ebene nullwinkelige Dreiecke ($\alpha = \beta = \gamma = 0$) gibt; ihre Ecken A, B, C sind im Kleinschen Modell Punkte von k (Fernpunkte). Nach Satz 2 *haben alle nullwinkeligen Dreiecke denselben festen Flächeninhalt* $f_0 = \pi$. Da es (nach dem Fundamentalsatz der projektiven Geometrie) genau eine projektive Automorphie des Maßkegelschnittes k gibt, welche irgend drei feste Punkte von k in drei beliebige andere Punkte von k überführt, folgt, daß *alle nullwinkeligen Dreiecke der hyperbolischen Ebene untereinander kongruent* sind. Je nachdem dabei die Dreiecke dieselben oder verschiedene Umlaufsinne haben, kann ihre Kongruenz durch eine hyperbolische Bewegung oder Umlegung erzeugt werden.

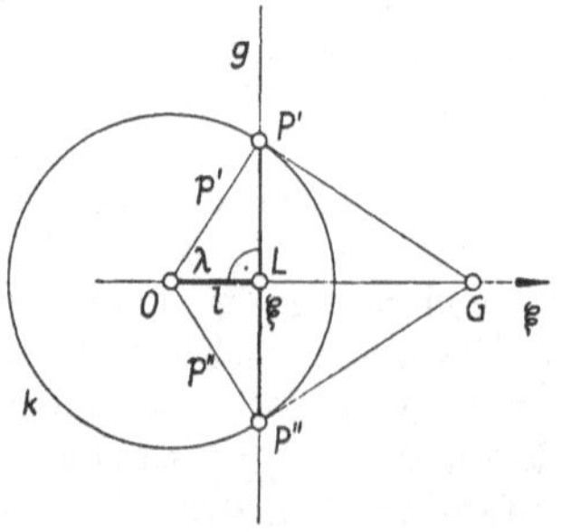

Bild 32. Lobatschefskijscher Parallelwinkel λ und Lotabstand l der Geraden g bezüglich des Punktes O

Bemerkung 3: Lobatschefskijscher Parallelwinkel einer Geraden g bezüglich eines Punktes P. Aus jedem Punkte P gibt es nach (29. Bem. 2) auf jede Gerade g der hyperbolischen Ebene genau eine Normale, nämlich in dem projektiven Modell von Klein die Verbindungsgerade von P mit dem Pol G von g bezüglich des absoluten Kreises k. Bringt man (Bild 32) durch eine hyperbolische Bewegung P in die Kreismitte O und g in eine zur ξ-Achse normale Lage, so wird die ξ-Achse das hyperbolische Lot von O auf g, und man erkennt, daß dieses Lot den hyperbolischen Winkel 2λ der beiden hyperbolischen Parallelen p' und p'' aus O an g halbiert. Ist l der (hyperbolische) Lotabstand von O und g, ferner $\lambda = \Pi(l)$ der halbe (hyperbolische) Winkel der beiden Parallelen (Lobatschefskijs Parallelwinkel im Abstand l), so folgt aus Bild 32 $\xi = \cos\lambda$ und aus (5) $\xi = \mathfrak{T}\mathrm{g}\, l$. Also besteht allgemein (Bild 31) zwischen dem Parallelwinkel λ und dem Lotabstand l die grundlegende Formel von Lobatschefskij (1829)

$$(29.8) \qquad \cos\lambda = \mathfrak{T}\mathrm{g}\, l \quad \text{oder} \quad \cos\Pi(l) = \mathfrak{T}\mathrm{g}\, l.$$

Man kann diese Formel auch noch so schreiben:

$$(29.9)\qquad e^{-l} = \operatorname{tg}\frac{\Pi(l)}{2}, \quad \sin\Pi(l) = \frac{1}{\operatorname{Cof} l}, \quad \operatorname{tg}\Pi(l) = \frac{1}{\operatorname{Sin} l}.$$

Bemerkung 4: Führt man in der Ebene π statt der inhomogenen cartesischen Koordinaten (ξ, η) durch die Formeln

$$(29.10)\qquad \xi = \frac{x_1}{x_3}, \quad \eta = \frac{x_2}{x_3}$$

homogene cartesische Koordinaten $(x_1 : x_2 : x_3)$ ein, so lautet die homogene Gleichung des absoluten Kreises k der hyperbolischen Ebene π

$$(29.11)\qquad -x_1^2 - x_2^2 + x_3^2 = 0$$

und die Gruppe $\mathfrak{G}_3$ der **hyperbolischen Bewegungen,** d. h. die stetige Gruppe der automorphen Kollineationen von (11), kann wie folgt geschrieben werden:

$$(29.12)\qquad \begin{aligned} a_{00}x_1' &= a_{11}x_1 + a_{12}x_2 + a_{13}x_3, \\ a_{00}x_2' &= a_{21}x_1 + a_{22}x_2 + a_{23}x_3, \\ a_{00}x_3' &= a_{31}x_1 + a_{32}x_2 + a_{33}x_3, \end{aligned}$$

wobei die Vorzahlen a_{ik} durch vier homogene Eulersche Parameter $(\alpha_0 : \alpha_1 : \alpha_2 : \alpha_3)$ mit

$$(29.13)\qquad N(\alpha) = \alpha_0^2 - \alpha_1^2 - \alpha_2^2 + \alpha_3^2 \neq 0$$

folgendermaßen ausdrückbar sind:

$$(29.14)\qquad \begin{aligned} a_{00} &= \alpha_0^2 - \alpha_1^2 - \alpha_2^2 + \alpha_3^2, \\ a_{11} &= \alpha_0^2 - \alpha_1^2 + \alpha_2^2 - \alpha_3^2, \\ a_{22} &= \alpha_0^2 + \alpha_1^2 - \alpha_2^2 - \alpha_3^2, \\ a_{33} &= \alpha_0^2 + \alpha_1^2 + \alpha_2^2 + \alpha_3^2, \end{aligned}$$

$$\begin{aligned} a_{12} &= 2(-\alpha_1\alpha_2 + \alpha_0\alpha_3), & a_{21} &= 2(-\alpha_1\alpha_2 - \alpha_0\alpha_3), \\ a_{13} &= 2(+\alpha_1\alpha_3 - \alpha_0\alpha_2), & a_{31} &= 2(-\alpha_1\alpha_3 - \alpha_0\alpha_2), \\ a_{23} &= 2(+\alpha_2\alpha_3 + \alpha_0\alpha_1), & a_{32} &= 2(-\alpha_2\alpha_3 + \alpha_0\alpha_1). \end{aligned}$$

Bei dieser hyperbolischen Bewegung bleibt der Punkt $M(\alpha_1 : \alpha_2 : \alpha_3)$ fest (Drehungsmittelpunkt der hyperbolischen Bewegung) und der Drehwinkel φ ist durch die Formel

$$(29.15)\qquad \operatorname{ctg}\frac{\varphi}{2} = \frac{-\alpha_0}{\sqrt{-\alpha_1^2 - \alpha_2^2 + \alpha_3^2}}$$

bestimmt.

Je nach dem Vorzeichen von

$$D = -\alpha_1^2 - \alpha_2^2 + \alpha_3^2 \tag{29.16}$$

gibt es **drei Arten** von hyperbolischen Bewegungen (Drehungen):

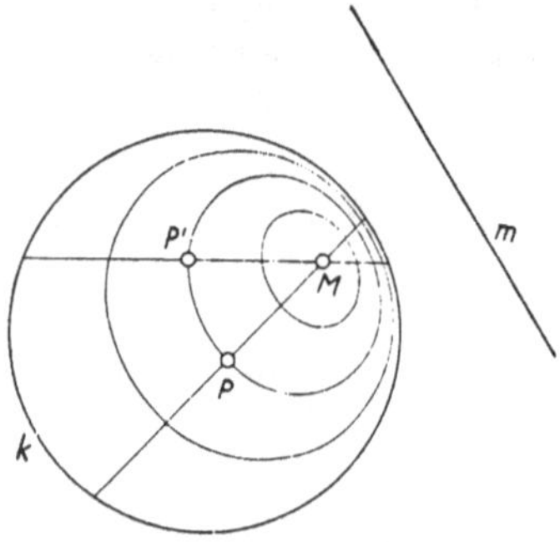

Bild 33. Eigentliche Drehungen der hyperbolischen Ebene

1. $D > 0$ eigentliche Drehungen (Bild 33) mit geschlossenen Bahnkurven (ohne Fernpunkte) und mit eigentlichem Zentrum *M*. Die Bahnkurven sind im Kleinschen projektiven Modell Kegelschnitte, welche den absoluten Kegelschnitt *k* in zwei konjugiert-komplexen Punkten (je zweipunktig) berühren, die auf der Polargeraden *m* des Drehzentrums *M* bezüglich *k* liegen.

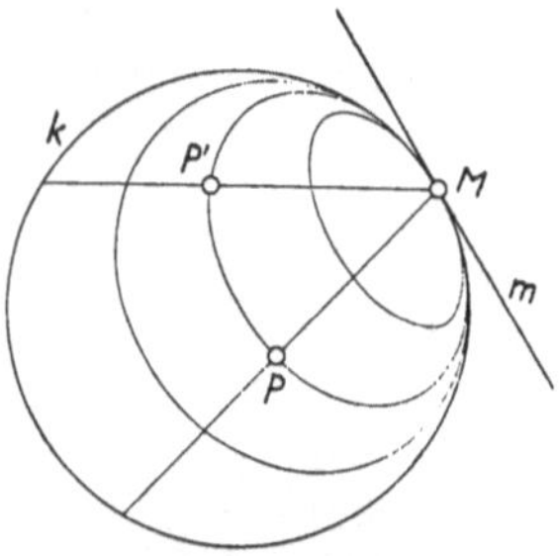

Bild 34. Grenzdrehungen der hyperbolischen Ebene

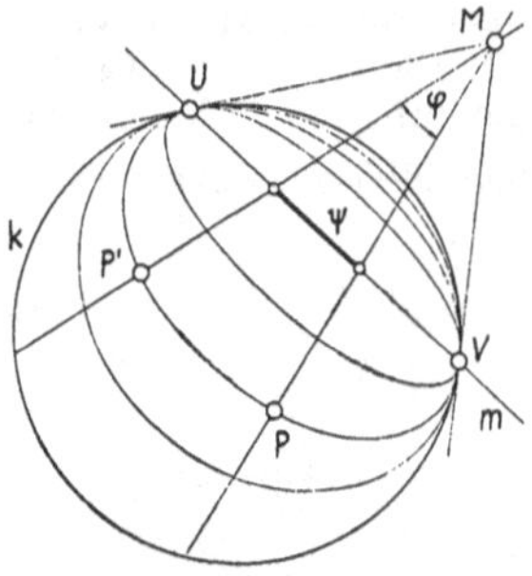

Bild 35. Uneigentliche Drehungen der hyperbolischen Ebene

2. $D = 0$ Grenzdrehungen (Bild 34) mit Bahnkurven, die über einen Fernpunkt geschlossen sind, der zugleich das Drehzentrum *M* ist. Die Bahnkurven sind im Kleinschen projektiven Modell Kegelschnitte, welche den absoluten Kegelschnitt *k* in *M* vierpunktig berühren.

3. $D < 0$ uneigentliche Drehungen (Bild 35) mit Bahnkurven, die über zwei Fernpunkte U, V geschlossen sind und deren Drehzentrum M außerhalb des absoluten Kegelschnittes k (also auch außerhalb der hyperbolischen Ebene) liegt. Die Bahnkurven sind im Kleinschen projektiven Modell Kegelschnitte, welche den absoluten Kegelschnitt k in jenen beiden reellen Punkten U, V (je zweipunktig) berühren, die von der Polaren m des Drehzentrums M bezüglich k ausgeschnitten werden. Man kann diese Drehungen auch als Schiebungen längs der Geraden m auffassen, für deren hyperbolische Schieblänge $\psi = i\varphi$ aus (15) folgt:

$$\mathfrak{Ctg}\,\frac{\psi}{2} = \frac{-\alpha_0}{\sqrt{\alpha_1^2 + \alpha_2^2 - \alpha_3^2}}. \tag{29.17}$$

Ist dabei $\alpha_0^2 > \alpha_1^2 + \alpha_2^2 - \alpha_3^2 = -D$, also ψ reell, so bleibt jeder Punkt der hyperbolischen Ebene auf der gleichen Seite der Schiebachse m; diese Schiebungen sind (wie die eigentlichen Drehungen und die Grenzdrehungen) gleichsinnig kongruente Transformationen der hyperbolischen Ebene (eigentliche Bewegungen).

Ist jedoch $\alpha_0^2 < -D$, also ψ von der Gestalt $\psi' \pm i\pi$, so wechselt jeder Punkt der hyperbolischen Ebene von der einen Seite der Schiebachse m auf die andere Seite; diese uneigentlichen Drehungen sind ungleichsinnig kongruente Transformationen oder Umlegungen der hyperbolischen Ebene.

Für $\alpha_0 = 0$ (und $D \neq 0$) erhält man die involutorischen kongruenten Transformationen der hyperbolischen Ebene, nämlich bei 1. die Spiegelungen an den Punkten M als involutorische hyperbolische Bewegungen und bei 3. die Spiegelungen an den Geraden m als involutorische hyperbolische Umlegungen.

Bemerkung 5: Man kann in der hyperbolischen Ebene π auch Kinematik treiben, also z. B. die (hyperbolischen) Geschwindigkeiten v_1, v_2 zweier gleichförmiger und gleichgerichteter Bewegungen zu einer resultierenden (hyperbolischen) Geschwindigkeit $v = v_1 + v_2$ zusammensetzen. Erfolgen die Bewegungen auf der ξ-Achse, und kommt bei ihnen der Nullpunkt $O(\xi = 0)$ in der Zeiteinheit in die Punkte $P_1(\xi_1)$, $P_2(\xi_2)$, bzw. in den resultierenden Punkt $P(\xi)$, so bestehen zwischen den euklidischen Strecken ξ_1, ξ_2, ξ und den zugehörigen hyperbolischen Strecken $\{OP_1\} = v_1$, $\{OP_2\} = v_2$, $\{OP\} = v$ nach (29.5) die Beziehungen

$$\xi_1 = \mathfrak{Tg}\,v_1, \quad \xi_2 = \mathfrak{Tg}\,v_2, \quad \xi = \mathfrak{Tg}\,v. \tag{29.18}$$

Wegen $v = v_1 + v_2$ folgt daraus

$$\mathfrak{Tg}\, v = \mathfrak{Tg}\,(v_1 + v_2) = \frac{\mathfrak{Tg}\, v_1 + \mathfrak{Tg}\, v_2}{1 + \mathfrak{Tg}\, v_1\, \mathfrak{Tg}\, v_2} \tag{29.19}$$

oder nach (18)

$$\xi = \frac{\xi_1 + \xi_2}{1 + \xi_1 \xi_2}. \tag{29.20}$$

Das ist (wenn man die Lichtgeschwindigkeit $c = 1$ setzt) genau das Einsteinsche relativistische Additionsgesetz der (Galileischen) Geschwindigkeiten. Daraus folgt der von Vladimir Varićak (1910) stammende

Satz 4: *Um zwei Galileische Geschwindigkeiten ξ_1 und ξ_2 (gleicher oder entgegengesetzter Richtung) im relativistischen Sinn zu addieren, muß man die zugehörigen hyperbolischen Geschwindigkeiten v_1 und v_2 addieren, d. h. die hyperbolischen Strecken $\{OP_1\}$ und $\{OP_2\}$ im Sinne der projektiven Metrik von Cayley und Klein addieren.*

30. Konformes Modell der hyperbolischen Ebene. Um uns besonders von der Winkelmetrik des projektiven Modells der hyperbolischen Ebene $\pi(\xi, \eta)$ eine anschauliche Vorstellung zu verschaffen,[1] denken wir uns über dem absoluten Kreis (Grundkreis) k dieser Ebene π die Halbkugel $\varkappa$ mit der Gleichung

$$\zeta = \overset{}{\underset{+}{\sqrt{}}}1 - \xi^2 - \eta^2 \tag{30. 1}$$

errichtet und die Punkte $P(\xi, \eta)$ der projektiven Ebene π normal auf diese Halbkugel $\varkappa$ in die Punkte $P'(\xi, \eta, \zeta)$ projiziert.

Das (euklidische) Bogenelementquadrat der Halbkugel $\varkappa$ lautet nach (1)

$$\begin{aligned} d\sigma^2 &= d\xi^2 + d\eta^2 + d\zeta^2 = (d\xi^2 + d\eta^2) + \frac{(\xi d\xi + \eta d\eta)^2}{1 - \xi^2 - \eta^2} \\ &= \frac{(d\xi^2 + d\eta^2) - (\xi d\eta - \eta d\xi)^2}{1 - \xi^2 - \eta^2}. \end{aligned} \tag{30.2}$$

Mit dem Bogenelement ds der hyperbolischen Ebene hängt $d\sigma$ nach (28. 4) durch die Formel

$$ds^2 = \frac{d\sigma^2}{1 - \xi^2 - \eta^2} \tag{30. 3}$$

zusammen. Die Bogenelemente ds der (nichteuklidischen) Ebene π und $d\sigma$ der (euklidischen) Halbkugel $\varkappa$ sind also zueinander proportional mit dem (nur ortsabhängigen) Verzerrungsmodul

$$\lambda = ds/d\sigma = 1/\sqrt{1 - \xi^2 - \eta^2}. \tag{30. 4}$$

Daraus folgt nach (III. 28) der

Satz 1: *Die Abbildung, welche den Punkten $P(\xi, \eta)$ der hyperbolischen Ebene π die Punkte $P'(\xi, \eta, \zeta)$ der Halbkugel $\varkappa$ (durch Normalprojektion) zuordnet, ist winkeltreu (konform). Jeder (durch die projektive Formel (29. 6) gemessene) Winkel φ der hyperbolischen Ebene π ist also maßgleich mit seiner (euklidisch gemessenen) Normalprojektion φ' auf die Halbkugel $\varkappa$.*

Die mit der Metrik (3) versehene Halbkugel $\varkappa$ liefert also ein einfaches **konformes, d. h. winkeltreues Modell** der nichteuklidischen Ebene π.

Die Geraden (Geodätischen) der hyperbolischen Ebene π bilden sich bei dieser konformen Abbildung auf die in lotrechten Ebenen liegenden, d. h. zum Äquatorkreis k normalen Kreise der Halbkugel $\varkappa$ ab. Diese äquatornormalen Kreise sind auf der Halbkugel $\varkappa$ die geodätischen Linien des nichteuklidischen Bogenelements ds in (3).

Insbesondere entspricht einem geodätischen, d. h. geradlinigen Dreieck $\Delta(A, B, C)$ der hyperbolischen Ebene π auf der Kugel ein Dreieck $\Delta'(A', B', C')$ aus drei äquatornormalen Kreisbogen, wobei die nichteuklidische Winkelsumme $\alpha + \beta + \gamma$ des hyperbolischen Dreiecks Δ in π gleich ist der gewöhnlichen (euklidischen) Winkelsumme $\alpha' + \beta' + \gamma'$ des Kreisbogendreiecks Δ' auf $\varkappa$. Dabei gilt, nach (29. Satz 1), wie man auch auf elementarem Wege leicht zeigen kann stets

$$\alpha + \beta + \gamma = \alpha' + \beta' + \gamma' < \pi. \tag{30.5}$$

Um zu einem ebenen konformen Modell der nichteuklidischen Ebene π zu kommen, projizieren wir nun die Halbkugel $\varkappa$ aus dem Südpol $S(0, 0, -1)$ stereographisch auf die Äquatorebene $\pi^*(\zeta = 0)$. Ist $P^*(x, y)$ der stereographische Bildpunkt des Kugelpunktes $P(\xi, \eta, \zeta)$, so bestehen nach (III. 32. 18) die Formeln

$$\begin{cases} x = \dfrac{\xi}{1+\zeta}, \quad y = \dfrac{\eta}{1+\zeta} & \text{und umgekehrt} \\ \xi = \dfrac{2x}{1+x^2+y^2}, \quad \eta = \dfrac{2y}{1+x^2+y^2}, & \zeta = \dfrac{1-x^2-y^2}{1+x^2+y^2}, \end{cases} \tag{30.6}$$

die man, wie in (II. 15. 12), auch in der folgenden Form zusammenfassen kann:

$$x + iy = \frac{\xi + i\eta}{1+\zeta} = \frac{1-\zeta}{\xi - i\eta}, \quad x - iy = \frac{\xi - i\eta}{1+\zeta} = \frac{1-\zeta}{\xi + i\eta}. \tag{30.7}$$

Zwischen den Punkten $P(\xi, \eta)$ der hyperbolischen Ebene π mit $(1 - \xi^2 - \eta^2 \geqq 0)$ und den Punkten $P^*(x, y)$ der konformen Ebene π^* besteht dann nach (6) die **Darbouxsche Abbildung**

$$\xi = \frac{2x}{1+x^2+y^2}, \quad \eta = \frac{2y}{1+x^2+y^2}. \tag{30.8}$$

Aus $1 - \xi^2 - \eta^2 \geqq 0$ folgt dabei wegen (1) für ζ die Ungleichung $\zeta \geqq 0$ und daraus nach (6)

$$1 - x^2 - y^2 \geqq 0. \tag{30.9}$$

Als Zusammensetzung der Orthogonalprojektion der hyperbolischen Ebene π auf die Halbkugel $\varkappa$ mit der stereographischen Projektion von $\varkappa$ auf die konforme Ebene π^* ist die Darbouxsche Abbildung nach (8) eine quadratische Verwandtschaft zwischen den Ebenen π und π^*, wobei dem Inneren des Einheitskreises k von $\pi(1 - \xi^2 - \eta^2 > 0)$ das Innere des Einheitskreises k^* von $\pi^*(1 - x^2 - y^2 > 0)$ entspricht. Die Randpunkte auf k fallen mit ihren Bildpunkten auf k^* zusammen.

Nun folgt aus (1) und (6)

$$(30.10) \quad \xi\,d\xi + \eta\,d\eta = -\zeta\,d\zeta \text{ und } 1 + \zeta = \frac{2}{1 + x^2 + y^2}.$$

Daraus ergibt sich für das euklidische Bogenelementquadrat $ds^{*2} = dx^2 + dy^2$ der Ebene $\pi^*(x, y)$ die Beziehung

$$(30.11) \quad \begin{aligned} ds^{*2} &= dx^2 + dy^2 = (dx + i\,dy)(dx - i\,dy) \\ &= \frac{d\xi^2 + d\eta^2 + d\zeta^2}{(1+\zeta)^2} = \frac{d\sigma^2}{(1+\zeta)^2} \end{aligned}$$

oder

$$(30.12) \quad d\sigma^2 = (1 + \zeta)^2 ds^{*2} = \frac{4\,ds^{*2}}{(1 + x^2 + y^2)^2}.$$

Nach (3), (1) und (6) ist weiter

$$(30.13) \quad d\sigma^2 = (1 - \xi^2 - \eta^2)\,ds^2 = \zeta^2 ds^2 = \left(\frac{1 - x^2 - y^2}{1 + x^2 + y^2}\right)^2 ds^2,$$

und daraus folgt schließlich durch Vergleich mit (12)

$$(30.14) \quad ds^2 = \frac{4(dx^2 + dy^2)}{(1 - x^2 - y^2)^2} = \frac{4\,ds^{*2}}{(1 - x^2 - y^2)^2}.$$

Die Bogenelemente ds der hyperbolischen Ebene $\pi(\xi, \eta)$ und ds^* der euklidischen Ebene $\pi^*(x, y)$ sind also ebenfalls zueinander proportional mit dem nur ortsabhängigen Verzerrungsmodul

$$(30.15) \quad \lambda^* = ds/ds^* = 2/(1 - x^2 - y^2).$$

Als stereographische Übertragung von Satz 1 folgt daraus der

Satz 2: *Die durch Zusammensetzung der Normalprojektion der hyperbolischen Ebene π auf die Halbkugel $\varkappa$ und der stereographischen Projektion der Halbkugel $\varkappa$ auf die konforme*

Ebene (Äquatorebene) π^* entstehende Darbouxsche Abbildung (8) liefert ein (winkeltreues) konformes ebenes Modell der hyperbolischen nichteuklidischen Geometrie von π. Jeder durch die projektive Formel (29. 6) gemessene Winkel φ der hyperbolischen Ebene π ist maßgleich zu seinem (euklidisch gemessenen) Darbouxschen Bildwinkel φ^* in der konformen Ebene π^*. Der Schauplatz dieser konformen Deutung der nichteuklidischen (hyperbolischen) Geometrie ist dabei in π^* für die eigentlichen Punkte das Innere und für die Fernpunkte der Rand des Einheitskreises (absoluten Kreises) k^*.

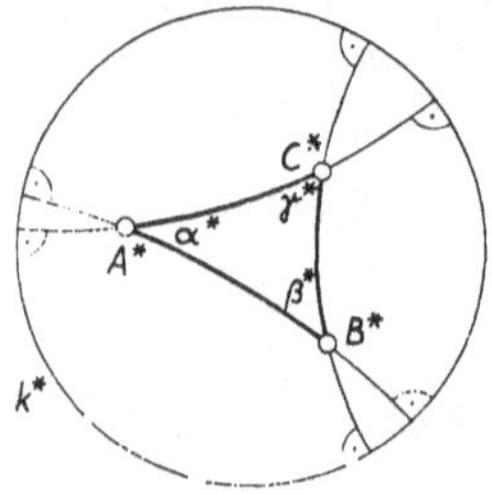

Bild 36. Konformes Modell der hyperbolischen Ebene mit Grundkreis k^* und geodätischem Dreieck $\Delta^*(A^*, B^*, C^*)$. Die Winkel $(\alpha^*, \beta^*, \gamma^*)$ können im euklidischen Winkelmaß abgelesen werden. Als geodätische Linien treten zum Grundkreis k^* orthogonale Kreise und Geraden auf.

Als Gerade (Geodätische) ergeben sich in dem konformen Modell π^* der hyperbolischen Ebene π die zum absoluten Kreis k^* orthogonalen Kreisbogen, einschließlich der Durchmesser des absoluten Kreises (stereographische Bilder der äquatornormalen Kugelkreise).

Insbesondere erscheint ein geodätisches Dreieck $\Delta(A, B, C)$ der hyperbolischen Ebene π in unserem konformen Modell π^* als ein Kreisbogendreieck $\Delta^*(A^*, B^*, C^*)$ mit drei zum absoluten Kreis k^* orthogonalen Kreisen als Seiten (Bild 36), wobei die nichteuklidische Winkelsumme $\alpha + \beta + \gamma$ von Δ gleich der euklidischen Winkelsumme $\alpha^* + \beta^* + \gamma^*$ von Δ^* ist. Dabei gilt wieder, wie man auch elementar zeigen kann,

(30. 16) $$\alpha + \beta + \gamma = \alpha^* + \beta^* + \gamma^* < \pi .$$

Im besonderen gibt es nach (IV. 29) in der hyperbolischen Ebene auch Dreiecke mit drei Winkeln Null, deren Ecken Fernpunkte sind. Im konformen Modell erscheinen diese nullwinkeligen Dreiecke als Kreisbogendreiecke aus Orthogonalkreisen von k^*, deren Ecken auf k^* liegen (Bild 37).

Die hyperbolischen Bewegungen erscheinen in diesem konformen Modell als jene (gleichsinnigen) Möbiusschen Kreisverwandtschaften der Ebene π^*, welche den Einheitskreis k^* in sich überführen.

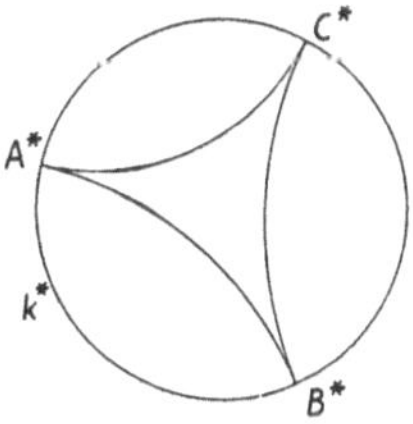

Bild 37. Nullwinkeliges Dreieck $\Delta^*(A^*, B^*, C^*)$ im konformen Modell der hyperbolischen Ebene, bestehend aus drei sich paarweise berührenden Orthogonalkreisen des Grundkreises k^*.

Um diese Bewegungen analytisch zu beschreiben, belegen wir die Punkte $P^*(x, y)$ der konformen Ebene π^* mit den komplexen Zahlen $z = x + iy$. Die gesuchten Kreisverwandtschaften haben dann die Form

$$z' = \frac{\alpha z + \beta}{\gamma z + \delta} \qquad (\alpha\delta - \beta\gamma \neq 0), \tag{30.17}$$

wobei der Einheitskreis k^* in sich übergehen soll, d. h. aus $|z|^2 = z\bar{z} = 1$ stets $|z'|^2 = z'\bar{z}' = 1$ folgen soll. Geht dabei der Punkt $z = a$ des Kreisinneren ($|a| < 1$) in den Nullpunkt $z' = 0$ über, so von selbst der inverse Punkt $z = 1/\bar{a}$ in den Fernpunkt $z' = \infty$ der konformen Ebene π^*. Die Kreisverwandtschaften (17) in π^*, welche den Einheitskreis k^* in sich überführen und innere Punkte von k^* wieder in innere Punkte von k^* verwandeln, haben daher die Gestalt

$$z' = c\,\frac{z - a}{z - 1/\bar{a}} = k\,\frac{z - a}{1 - \bar{a} z} \qquad (k = -c\bar{a}),$$

wobei für einen Punkt z mit $|z| = 1$ auch

$$|z'| = |k| \cdot \left| \frac{z-a}{1-\bar{a}z} \right| = |k| = 1, \text{ also } k = e^{i\varphi}$$

ist. Es folgt

Satz 3: *Jede hyperbolische Bewegung der konformen Ebene π^* kann in der Gestalt*

$$z' = e^{i\varphi} \frac{z-a}{1-\bar{a}z} \quad (1 - a\bar{a} > 0) \tag{30.18}$$

geschrieben werden. Für $a = 0$ erhält man $z' = e^{i\varphi} \cdot z$, d. h. die Drehungen um den Nullpunkt.

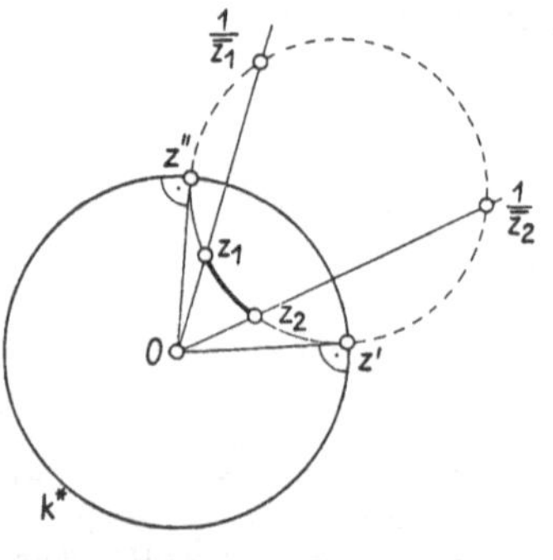

Bild 38. Geodätische Linie durch die Punkte z_1 und z_2 im konformen Modell der hyperbolischen Ebene mit dem Grundkreis k^*.

Sind dann z_1 und z_2 zwei verschiedene Punkte im Inneren des absoluten Kreises k^* (Bild 38), so bestimmen sie eindeutig einen geodätischen Verbindungskreis (auf dessen Außenbogen die inversen Punkte $1/\bar{z}_1$ und $1/\bar{z}_2$ von z_1 und z_2 bezüglich k^* liegen) und einen hyperbolischen Abstand s_{12}.

Um die hyperbolische Entfernung s_{12} der beiden Punkte z_1 und z_2 zu berechnen, denken wir uns zuerst jene (eindeutig bestimmte) hyperbolische Bewegung (18) ausgeübt, welche 1) den Punkt $z = z_1$ in den Nullpunkt $z' = 0$ und 2) den Punkt $z = z_2$ in einen bestimmten Punkt der positiven reellen Achse $z' = r = \text{reell} > 0$ überführt. Diese Bewegung hat nach (18) die Form

$$z' = e^{i\varphi} \frac{z - z_1}{1 - \bar{z}_1 z}, \tag{30.19}$$

wobei wegen 2)

$$r = e^{i\varphi} \frac{z_2 - z_1}{1 - \bar{z}_1 z_2} = \text{reell} > 0 \tag{30.20}$$

sein soll. Daraus folgt

$$(30.21)\qquad r = \left|\frac{z_2 - z_1}{1 - \bar{z}_1 z_2}\right| \quad \text{und} \quad \varphi = -\arg\frac{z_2 - z_1}{1 - \bar{z}_1 z_2}.$$

Der geodätische Kreisbogen (z_1, z_2) hat dann dieselbe hyperbolische Länge s_{12} wie die gerade Strecke $(0, r)$ auf der x-Achse ($y = 0$, $dy = 0$), also nach (14) und (21) die Länge

$$(30.22)\qquad s_{12} = \int_0^r \frac{2\,dx}{1 - x^2} = 2\,\mathfrak{ArTg}\,r = 2\,\mathfrak{ArTg}\left|\frac{z_2 - z_1}{1 - \bar{z}_1 z_2}\right|.$$

Daraus folgt

Satz 4: *Für die hyperbolische Entfernung s_{12} der beiden (im Inneren des Einheitskreises k^* liegenden) Punkte z_1 und z_2 der konformen Ebene π^* gilt die Formel* (22) *oder*

$$(30.23)\qquad \mathfrak{Tg}\,\frac{s_{12}}{2} = \left|\frac{z_2 - z_1}{1 - \bar{z}_1 z_2}\right|.$$

Beispiel 1: Umfang l eines Kreises h vom hyperbolischen Radius ϱ. Bringt man durch eine hyperbolische Bewegung den Mittelpunkt M des Kreises h in den Mittelpunkt O des absoluten Kreises k^*, so entsteht aus h nach (22) ein zu k^* konzentrischer Kreis h_0 mit dem hyperbolischen Radius

$$(30.24)\qquad \varrho = 2\,\mathfrak{ArTg}\,r, \quad \text{wobei } r = \mathfrak{Tg}\,(\varrho/2)$$

den euklidischen Radius von h_0 bedeutet. Dabei soll $\varrho > 0$, also auch $r > 0$ sein. In den (geodätischen) Polarkoordinaten (ϱ, φ) mit dem Zentrum O erhält man dann für den Kreis h_0 die Darstellung

$$(30.25)\qquad x = r\cos\varphi = \mathfrak{Tg}\,\frac{\varrho}{2}\cos\varphi, \quad y = r\sin\varphi = \mathfrak{Tg}\,\frac{\varrho}{2}\sin\varphi$$

und daraus nach (14) als Umfang l von h_0 und h die Länge

$$(30.26)\qquad l = \int_{\varphi=0}^{2\pi} \frac{2\,\mathfrak{Tg}\,\frac{\varrho}{2}\,d\varphi}{1 - \mathfrak{Tg}^2\,\frac{\varrho}{2}} = \int_{\varphi=0}^{2\pi} \mathfrak{Sin}\,\varrho\,d\varphi = 2\pi\,\mathfrak{Sin}\,\varrho.$$

Beispiel 2: Flächeninhalt f eines Kreises h vom hyperbolischen Radius ϱ. Aus dem hyperbolischen Bogenelement (14) mit $E = G = 4/(1 - x^2 - y^2)^2$, $F = 0$ folgt, wenn $W^2 = EG - F^2$ bedeutet, als hyperbolischer Flächeninhalt f eines Bereiches $\mathfrak{B}$ der konformen Ebene π^*

$$f = \iint\limits_{\mathfrak{B}} W\,dx\,dy = \iint\limits_{\mathfrak{B}} \frac{4\,dx\,dy}{(1 - x^2 - y^2)^2}\,. \tag{30.27}$$

Für den zu h hyperbolisch kongruenten Kreis h_0 vom hyperbolischen Radius ϱ der Darstellung (25) ergibt sich daraus wegen $r = \mathfrak{Tg}\,(\varrho/2)$ der hyperbolische Flächeninhalt

$$\begin{aligned} f &= \int\limits_0^r \int\limits_0^{2\pi} \frac{4r\,dr\,d\varphi}{(1 - r^2)^2} = 4\pi \int\limits_0^r \frac{2r\,dr}{(1 - r^2)^2} \\ &= 4\pi\,\frac{r^2}{1 - r^2} = 4\pi\,\mathfrak{Sin}^2\,\frac{\varrho}{2}\,. \end{aligned} \tag{30.28}$$

Zusammenfassend gilt also

Satz 5 (von C. F. Gauß): *Ein Kreis vom hyperbolischen Radius ϱ hat den hyperbolischen Umfang*

$$l = 2\pi\,\mathfrak{Sin}\,\varrho = \pi(e^{\varrho} - e^{-\varrho})$$

und den hyperbolischen Inhalt

$$f = 4\pi\,\mathfrak{Sin}^2\,\frac{\varrho}{2} = 2\pi(\mathfrak{Cof}\,\varrho - 1).$$

Bemerkung 1: Die Grenzwertformel (22.15) erlaubt umgekehrt wieder aus Umfang oder Inhalt des Kreises vom Radius ϱ durch Grenzübergang die Gaußsche Krümmung K der hyperbolischen Ebene π^* mit der Maßbestimmung (14) zu berechnen. Tatsächlich folgt z. B. aus (22.15) und (26)

$$\begin{aligned} K &= \frac{3}{\pi}\cdot\lim_{\varrho\to 0}\frac{2\varrho\pi - l}{\varrho^3} = \frac{3}{\pi}\cdot\lim_{\varrho\to 0}\frac{2\pi\varrho - 2\pi\,\mathfrak{Sin}\,\varrho}{\varrho^3} \\ &= 6\cdot\lim_{\varrho\to 0}\frac{\varrho - (\varrho + \varrho^3/3! + \varrho^5(*))}{\varrho^3} = -1. \end{aligned}$$

Bemerkung 2: Die Geschichte der nichteuklidischen Geometrie beginnt mit der Frage, ob es möglich ist, den euklidischen Parallelensatz aus den übrigen Grundsätzen (Axiomen) der Geometrie herzuleiten. Diese Frage wurde schon im Altertum von Proklos Diadochos (410—485) gestellt. In der Neuzeit wurde sie besonders gefördert von John Wallis (1616—1703), Gerolamo Saccheri (1667—1733), Johann Heinrich Lambert (1728—1777) und Adrien Marie Legendre (1752—1833). Zu der Erkenntnis, daß der Parallelensatz von den übrigen Axiomen der Geometrie völlig unabhängig ist, kam als erster Carl Friedrich Gauß (1816), nachdem es ihm gelungen war, die von ihm als nichteuklidische Geometrie bezeichnete ebene hyperbolische Geometrie mit ihren wichtigsten Sätzen aufzubauen und als widerspruchsfrei zu erkennen.

Bezüglich einer eingehenderen Entwicklung dieser ausführlich von Johann Bolyai (gesprochen: „Bojai") und Nikolai Iwanowitsch Lobatschefskij aufgebauten hyperbolischen Geometrie an Hand des Cayley-Kleinschen projektiven Modells sei auf den Göschen-Band 970 von Richard Baldus und Frank Löbell: „*Nichteuklidische Geometrie*" (4. Aufl., 1964), verwiesen.

31. Entscheidung der Isometrie zweier Flächen (Problem von Minding). Wir wissen aus (III. 6. Satz 3), daß zwei durch gleiche Werte der Parameter (u, v) umkehrbar eindeutig und stetig aufeinander abgebildete (genügend kleine) reelle, stetig gekrümmte Flächenstücke $\mathfrak{x} = \mathfrak{x}(u, v)$ und $\bar{\mathfrak{x}} = \bar{\mathfrak{x}}(u, v)$ dann und nur dann zueinander isometrisch (längentreu verwandt) sind, wenn ihre metrischen Grundformen (Bogenelemente) identisch sind: $ds^2 \equiv d\bar{s}^2$. Aus dem Theorema egregium folgt dann, daß auch die Gaußschen Krümmungen $K(u, v)$ und $\bar{K}(u,v)$ in entsprechenden Punkten (u, v) der beiden isometrischen Flächen einander gleich sind. Diese Bedingung ist jedoch für die Isometrie der beiden Flächen nur notwendig, aber nicht hinreichend, wie uns (21. Beisp. 2) gezeigt hat.

Wir besitzen bisher jedoch noch keinen Entscheid dafür, ob zwei auf beliebige (zulässige) Parametersysteme (u, v) bzw. $(\bar{u}, \bar{v})$ bezogene reelle, stetig gekrümmte Flächenstücke

$$\mathfrak{x} = \mathfrak{x}(u, v) \text{ und } \bar{\mathfrak{x}} = \bar{\mathfrak{x}}(\bar{u}, \bar{v}) \tag{31.1}$$

mit den vorgegebenen (positiv definiten) Bogenelementquadraten

$$(31.2)\quad \begin{cases} ds^2 = E(u,v)du^2 + 2F(u,v)du\,dv + G(u,v)dv^2 \\ d\bar{s}^2 = \bar{E}(\bar{u},\bar{v})d\bar{u}^2 + 2\bar{F}(\bar{u},\bar{v})d\bar{u}\,d\bar{v} + \bar{G}(\bar{u},\bar{v})d\bar{v}^2 \end{cases}$$

isometrisch aufeinander abgebildet werden können, d. h. ob es möglich ist, in genügend kleinen Bereichen der Flächen (1) durch eine umkehrbar eindeutige (reguläre) Parametertransformation

$$(31.3)\quad \bar{u} = \bar{u}(u,v),\ \bar{v} = \bar{v}(u,v) \ \text{mit}\ \frac{\partial(\bar{u},\bar{v})}{\partial(u,v)} \neq 0$$

die beiden Bogenelementquadrate (2) ineinander überzuführen.

Diese Frage nach der **Äquivalenz** der beiden (positiv definiten) quadratischen Differentialformen (2) nennt man das **Problem von Minding,** weil Ferdinand Adolf Minding (1839) es zuerst gelöst hat.

Um dieses Problem zu erledigen, genügt es, zwei aus der Forderung der Isometrie

$$(31.4)\quad ds^2(u,v) \equiv ds^2(\bar{u},\bar{v})$$

folgende, voneinander unabhängige Beziehungen

$$(31.5)\quad f(u,v) = \bar{f}(\bar{u},\bar{v}),\ g(u,v) = \bar{g}(\bar{u},\bar{v}),$$

d. h. zwei unabhängige Biegungsinvarianten

$$(31.6)\quad f = f(u,v),\ g = g(u,v) \ \text{mit}\ \frac{\partial(f,g)}{\partial(u,v)} \not\equiv 0$$

zu kennen; löst man nämlich (5) nach $\bar{u}$ und $\bar{v}$ auf, so erhält man Abbildungsformeln (3), welche schließlich in (2) eingetragen die Isometrie (4) der beiden Flächen (1) zu prüfen gestatten.

Eine erste derartige Beziehung liefert das Gaußsche Theorema egregium; es verlangt im Isometriefalle

Gleichheit der Gaußschen Krümmungen der beiden Flächen $\mathfrak{x}(u, v)$ und $\bar{\mathfrak{x}}(\bar{u}, \bar{v})$, also $K(u, v) = \bar{K}(\bar{u}, \bar{v})$, wenn die Parameter (u, v) und $(\bar{u}, \bar{v})$ entsprechender Punkte durch (3) zusammenhängen.

Wir schließen dabei von vornherein den Fall konstanter Gaußscher Krümmung $K = \bar{K} = \text{const}$ aus, weil für $f = K = \text{const}$ die letzte Bedingung in (6) verletzt wäre, und weil dann die Flächenstücke $\mathfrak{x}$ und $\bar{\mathfrak{x}}$, wie wir schon aus (25. Bem. 1) wissen, stets (sogar auf ∞^3 Arten) zueinander isometrisch sind (im Kleinen auf ∞^3 Arten stetig aufeinander abgewickelt werden können). Wir nehmen also als erste Beziehung (5) genauer an

$$(31.7) \qquad K(u, v) = \bar{K}(\bar{u}, \bar{v}) \neq \text{const}.$$

Weitere Beziehungen (5) erhält man, wenn man auf die nach (7) miteinander identischen skalaren Ortsfunktionen $K(u, v) \equiv \bar{K}(\bar{u}, \bar{v})$ irgendeinen (auf das zuständige Bogenelementquadrat ds^2 bzw. $d\bar{s}^2$ bezogenen) Beltramischen Differentiator anwendet. Daher muß z. B. im Falle der Isometrie notwendig

$$(31.8) \qquad \nabla K(u, v) = \bar{\nabla} \bar{K}(\bar{u}, \bar{v})$$

sein, wobei ∇ bzw. $\bar{\nabla}$ den ersten Beltramischen Differentiator (III. 23. 13) bezeichnet, ∇ bezogen auf ds^2 und $\bar{\nabla}$ auf $d\bar{s}^2$.

Es sind nun drei Fälle möglich:

1. Die beiden Gleichungen (7) und (8) widersprechen sich; dann sind die beiden Flächen (1) mit den Bogenelementquadraten (2) nicht isometrisch.

2. Die Gleichungen (7) und (8) widersprechen sich nicht und sind voneinander unabhängig. Dann kann man aus ihnen $\bar{u}$ und $\bar{v}$ gemäß (3) durch u und v ausdrücken und durch Eintragen in (2) nachprüfen, ob

$ds^2(u, v) \equiv d\bar{s}^2(\bar{u}, \bar{v})$ ist. Trifft dies zu, so sind die Flächen (1) isometrisch; ist jedoch $ds^2(u, v) \not\equiv d\bar{s}^2(\bar{u}, \bar{v})$, so sind die Flächen (1) nicht isometrisch.

3. Die beiden Gleichungen (7) und (8) sind von einander abhängig (also, weil eine aus der anderen folgt, ohne Widerspruch). Dann ist (identisch in u und v) ∇K eine Funktion von K und wegen der Gleichungen (7) und (8) ist $\overline{\nabla}\overline{K}$ dieselbe Funktion von $\overline{K}$, also

$$(31.9)\quad \nabla K(u, v) = \varphi(K(u, v)),\quad \overline{\nabla}\overline{K}(\bar{u}, \bar{v}) = \varphi(\overline{K}(\bar{u}, \bar{v})).$$

In diesem Falle lassen wir neben (7) als zweite Gleichung (5) statt (8) die im Falle der Isometrie ebenfalls notwendig gültige Beziehung

$$(31.10)\qquad \Delta K(u, v) = \overline{\Delta}\overline{K}(\bar{u}, \bar{v})$$

treten, wobei Δ bzw. $\overline{\Delta}$ den zweiten Beltramischen Differentiator (III. 26. 2) bezeichnet (Δ bezogen auf ds^2 und $\overline{\Delta}$ auf $d\bar{s}^2$).

Man hat dann wieder dieselben drei Möglichkeiten:

3. 1. Widerspruch von (7) und (10), also keine Isometrie der beiden Flächen (1) mit den Bogenelementen (2);

3. 2. Kein Widerspruch und keine Abhängigkeit von (7) und (10); daraus folgt die Möglichkeit der Auflösung (3), und nach Eintragen in (2) entweder $ds^2(u, v) \equiv d\bar{s}^2(\bar{u}, \bar{v})$, d. h. Isometrie der Flächen (1), oder $ds^2(u, v) \not\equiv d\bar{s}^2(\bar{u}, \bar{v})$, d. h. keine Isometrie;

3. 3. Auch die Gleichungen (7) und (10) sind von einander abhängig (also ohne Widerspruch), d. h. es besteht neben (9) auch noch eine Relation

$$(31.11)\quad \Delta K(u, v) = \psi(K(u, v)),\quad \overline{\Delta}\overline{K}(\bar{u}, \bar{v}) = \psi(\overline{K}(\bar{u}, \bar{v})).$$

In diesem Falle sind die beiden Flächen (1) sogar auf ∞^1 Arten zueinander isometrisch. Es gibt dann nämlich eine Drehfläche, die zu jeder der beiden Flächen (1) isometrisch ist. Den Parallelkreisen der Drehfläche entsprechen dabei auf den beiden Flächen (1) die Linien (gleicher) fester Gaußscher Krümmung $K = \overline{K} = \text{const}$, während den Meridianen der Drehfläche die Orthogonaltrajektorien der Linien $K(u, v) = \text{const}$ bzw. $\overline{K}(\bar{u}, \bar{v}) = \text{const}$ zugeordnet sind.

Weil jede Drehfläche durch eine stetige Drehungsgruppe in sich bewegt werden kann, wobei ihre Punkte auf Parallelkreisen wandern, kann dann auch jede der beiden isometrischen Flächen (1) stetig in sich verbogen werden, wobei ihre Punkte stetig die Linien fester Gaußscher Krümmung $K = \overline{K} = \text{const}$ durchwandern.

Zum Nachweise dieser Tatsachen ist es zweckmäßig, die Linien $K = \text{const}$ und ihre Orthogonallinien als Parameternetz auf beiden Flächen (1) zu wählen. Es wird sich dabei zeigen, daß man im vorliegenden Falle 3. 3 diese rechtwinkeligen Netze sogar isotherm anordnen kann.

Wir beginnen daher mit der folgenden Bemerkung: Wegen $K \neq \text{const}$ ist $\nabla K > 0$, folglich ist nach (9) und (11)

$$\frac{\triangle K}{\nabla K} = \frac{\psi(K)}{\varphi(K)} = f(K) \tag{31. 12}$$

eine Funktion von $K(u, v)$ allein. Es gilt nun

Satz 1: *Die Gleichung* (12) *ist notwendig und hinreichend dafür, daß man auf der Fläche* $\mathfrak{x}(u, v)$ *aus den Linien* $K(u, v) = \text{const}$ *und ihren Orthogonallinien ein isothermes Netz bilden kann.*

Zum Beweise zeigen wir:

α) Man kann auf den Flächen (1) die Schar der Linien $K(u,v) = \text{const}$ durch Einführen eines neuen Parameters $\Phi = \Phi(K)$ **thermisch anordnen.** Dafür ist nach (III. 26) notwendig und hinreichend, daß die Funktion

$$\Phi = \Phi(K(u, v)) = \Phi(u, v) \tag{31. 13}$$

auf der Fläche $\mathfrak{x}(u, v)$ harmonisch, also nach (III. 26. 2) und (III. 26. 4)

(31.14) $$\triangle\Phi = \frac{1}{W}\left\{\left(\frac{G\Phi_u - F\Phi_v}{W}\right)_u + \left(\frac{E\Phi_v - F\Phi_u}{W}\right)_v\right\} = 0$$

ist. Wegen $\Phi_u = \Phi_K \cdot K_u$ und $\Phi_v = \Phi_K \cdot K_v$ ist nun

$$\triangle\Phi(K) = \frac{1}{W}\left\{\left(\frac{GK_u - FK_v}{W}\cdot\Phi_K\right)_u + \left(\frac{EK_v - FK_u}{W}\cdot\Phi_K\right)_v\right\}.$$

Ausführen der Ableitungen liefert wegen $\Phi_{Ku} = \Phi_{KK}\cdot K_u$ und $\Phi_{Kv} = \Phi_{KK}\cdot K_v$ nach (III.23.13) und (III.26.2) für den zweiten Beltramischen Differentiator der zusammengesetzten Funktion $\Phi(K(u,v))$ die Formel

(31.15) $$\triangle\Phi(K) = \Phi_K\cdot\triangle K + \Phi_{KK}\cdot\nabla K.$$

Aus (14) und $\nabla K \not\equiv 0$ folgt dann wegen (12)

(31.16) $$-\frac{\Phi_{KK}}{\Phi_K} = \frac{\triangle K}{\nabla K} = f(K),$$

oder durch Integration über $\ln\Phi_K = -\int f(K)\,dK$ schließlich

(31.17) $$\Phi = \Phi(K) = \int e^{-\int f(K)\,dK}\cdot dK.$$

Damit haben wir, mit Hilfe der Annahme (12), zunächst die Linien des Systems $K(u,v) = \text{const}$ thermisch angeordnet.

β) Nach (III.26.5) erhält man dann durch Integration des totalen Differentials

(31.18) $$d\chi(u,v) = \frac{G\Phi_u - F\Phi_v}{W}\,dv - \frac{E\Phi_v - F\Phi_u}{W}\,du$$

oder, wegen $\Phi_u = \Phi_K\cdot K_u$ und $\Phi_v = \Phi_K\cdot K_v$, aus

(31.19) $$d\chi(u,v) = \Phi_K\cdot\left(\frac{GK_u - FK_v}{W}\,dv - \frac{EK_v - FK_u}{W}\,du\right)$$

die zu $\Phi = \Phi(u,v)$ konjugierte harmonische Funktion $\chi = \chi(u,v)$ und das zu $\Phi(u,v) = \text{const}$ **orthogonale thermische System** von Parameterlinien $\chi(u,v) = \text{const}$.

Zusammen bilden jetzt die Linien $\Phi(K(u,v)) = \text{const}$ und $\chi(u,v) = \text{const}$ auf der Fläche $\mathfrak{x}(u,v)$ ein **isothermes Netz.** Damit ist Satz 1 bewiesen.

Aus (19) folgt noch wegen (9) und (III.23.13)

(31.20) $$\nabla\chi = \Phi_K^2\cdot\nabla K = \varphi(K)\cdot e^{-2\int f(K)\,dK}.$$

In dem orthogonalen Parameternetz der Linien

$$K = K(u, v) = \text{const} \quad \text{und} \quad \chi = \chi(u, v) = \text{const}$$

erhält dann das Bogenelementquadrat der Fläche $\mathfrak{x}(u, v)$ nach (III. 23. 44), (9) und (20) die Gestalt

$$(31.\,21) \qquad ds^2 = \frac{dK^2}{\nabla K} + \frac{d\chi^2}{\nabla \chi} = \frac{dK^2}{\varphi(K)} + \frac{d\chi^2}{\varphi(K)} \cdot e^{2\int f(K)\,dK}$$

oder schließlich, wenn man statt K noch den neuen Parameter

$$(31.\,22) \qquad \sigma = \int \frac{dK}{\sqrt{\varphi(K)}} = \sigma(K)$$

einführt, die Gestalt

$$(31.\,23) \qquad ds^2 = d\sigma^2 + r^2(\sigma)\,d\chi^2.$$

Genau so erhält man für die Fläche $\bar{\mathfrak{x}}(\bar{u}, \bar{v})$

$$(31.\,24) \qquad d\bar{s}^2 = d\bar{\sigma}^2 + r^2(\bar{\sigma})\,d\bar{\chi}^2.$$

Dies ist aber in beiden Fällen das Bogenelement ein und derselben **Drehfläche**

$$(31.\,25) \qquad \mathfrak{X} = r(\sigma)\cos\chi\,\mathfrak{e}_1 + r(\sigma)\sin\chi\,\mathfrak{e}_2 + z(\sigma)\,\mathfrak{e}_3,$$

deren Meridiane $\chi = \text{const}$ auf ihren Bogen σ als Parameter bezogen sind, für die also $r'^2(\sigma) + z'^2(\sigma) \equiv 1$ ist. Daraus folgt

Satz 2: *Die beiden Flächen* (1) *sind im Falle* 3.3, *in dem sowohl* $\nabla K = \overline{\nabla} \bar{K}$ *als auch* $\Delta K = \bar{\Delta} \bar{K}$ *lediglich Funktionen von* $K = \bar{K}$ *sind, zu derselben Drehfläche* (25), *also auch untereinander isometrisch, und zwar sogar auf* ∞^1 *Arten, weil ihre Bogenelementquadrate* (23) *und* (24) *durch die* ∞^1 *Ersetzungen*

$$(31.\,26) \qquad \bar{\sigma} = \sigma, \quad \bar{\chi} = \pm\chi + \text{const}$$

ineinander übergehen.

Den Linien $K = \text{const}$ entsprechen dabei nach (22) die Parallelkreise $\sigma = \text{const}$ der Drehfläche, ihren Orthogonalkurven $\chi = \text{const}$ entsprechen die Meridiane der Drehfläche. Der Zeichenwechsel von χ in (26) bedeutet Spiegelung der Drehfläche an einer Meridianebene, die Konstanten bei χ bedeuten Rotation der Drehfläche um ihre Achse.

Zusammenfassend ergibt sich schließlich der

Satz 3: *Sind die Bogenelementquadrate* (2) *zweier reeller, stetig gekrümmter Flächen gegeben, so gelingt es mit Hilfe der Beltramischen Differentiatoren* ∇ *und* Δ *durch bloße Differentiationen (Aufstellen der Gleichungen* $K = \overline{K}$, $\nabla K = \overline{\nabla}\,\overline{K}$, $\Delta K = \overline{\Delta}\,\overline{K}$) *und Eliminationen (Auflösung dieser Gleichungen nach* $\bar{u}, \bar{v}$ *und Eintragen in* ds^2) *zu entscheiden, ob die beiden Flächen isometrisch sind oder nicht.*

Damit ist das Mindingsche Problem, die Isometrie zweier reeller, stetig gekrümmter Flächen mit den Bogenelementquadraten (2) oder die Äquivalenz der beiden (positiv definiten) quadratischen Differentialformen (2) zu entscheiden, vollkommen gelöst.

D. Ableitungsgleichungen und Fundamentalsätze der Flächentheorie

32. Die Gaußschen Ableitungsformeln der Flächentheorie. Durch die Weingartenschen Ableitungsformeln gelang es in (19. 3) die Vektoren $\mathfrak{n}_u(u, v)$ und $\mathfrak{n}_v(u, v)$ durch das Dreibein der Vektoren $\mathfrak{x}_u(u, v)$, $\mathfrak{x}_v(u, v)$ und $\mathfrak{n}(u, v)$ darzustellen, vorausgesetzt, daß die Fläche $\mathfrak{x} = \mathfrak{x}(u, v)$ mit dem Normalenvektor $\mathfrak{n} = \mathfrak{n}(u, v)$ stetig gekrümmt und metrisch regulär ($W^2 = EG - F^2 \neq 0$) ist.

Durch die Gaußschen Ableitungsformeln werden die Vektoren $\mathfrak{x}_{uu}(u, v)$, $\mathfrak{x}_{uv}(u, v)$, $\mathfrak{x}_{vv}(u, v)$ durch $\mathfrak{x}_u, \mathfrak{x}_v$ und $\mathfrak{n}$ dargestellt.

Beide Formelsysteme zusammen bilden dann das flächentheoretische Gegenstück der Frenetschen Ableitungsformeln (II. 8. 14) der Kurventheorie und haben für die Flächentheorie eine ähnlich grundlegende Bedeutung.

Ein wesentlicher Unterschied liegt allerdings darin, daß man bei einer Kurve stets einen natürlichen Parameter angeben kann (nämlich den Bogen s der nichtisotropen Kurven und den Study-Vessiotschen Parameter p bei den isotropen Kurven), bei Flächen $\mathfrak{x} = \mathfrak{x}(u, v)$ ein geometrisch ausgezeichnetes natürliches Parametersystem (u, v) jedoch nicht vorhanden ist. Das zieht z. B. nach sich, daß die in den Frenetschen Formeln auftretenden Vorzahlen $\varkappa(s)$, $\tau(s)$ bzw. $J(p)$ sofort ein System von Grundinvarianten der Kurve liefern, aus dem alle anderen bewegungs- und parameterinvariant mit der Raumkurve verbundenen Größen ableitbar sind. Die Vorzahlen der Gaußschen und Weingartenschen Ableitungsformeln sind dagegen mit der Fläche zwar bewegungs-, aber nicht parameterinvariant verbunden, sondern sie ändern ihre Gestalt, wenn man von den regulären Parametern (u, v) zu neuen regulären Parametern $(\bar{u}, \bar{v})$ übergeht.

Die systematische Theorie der Parameterinvarianten einer metrisch regulären Fläche $\mathfrak{x} = \mathfrak{x}(u, v)$ zu entwickeln, gelingt durch verschiedene Verfahren, wie die Methode der absoluten Differentiation (Tensorrechnung, absoluter Differentialkalkül, Ricci-Kalkül von Gregorio Ricci-Curbastro, 1887), oder durch die ebenfalls schon von Ricci-Curbastro (1898), vor allem aber von Johannes Knoblauch (1913) benützte Methode der invarianten Ableitungen nach den Bogenlängen zweier orthogonaler Kurvenscharen der Fläche sowie die damit nahe verwandte natürliche Geometrie der Flächen von Ernesto Cesàro (1901) und schließlich durch die von Élie Cartan (1899) eingeführte Methode der äußeren Ableitungen (Kalkül der alternierenden Differentialformen). Diese Theorien bilden jedoch nicht den Gegenstand unserer auf die Elemente der Flächentheorie beschränkten Darstellung.

Wenn man beachtet, daß nach (3.16)

$$(\mathfrak{n}\mathfrak{x}_{uu}) = L,\ (\mathfrak{n}\mathfrak{x}_{uv}) = M,\ (\mathfrak{n}\mathfrak{x}_{vv}) = N \text{ und } (\mathfrak{n}\mathfrak{x}_u) = (\mathfrak{n}\mathfrak{x}_v) \equiv 0$$

ist, so haben die **Gaußschen Ableitungsformeln** (1827) die folgende Gestalt:

$$\text{(32.1)}\qquad \boxed{\begin{aligned} \mathfrak{x}_{uu} &= \left\{ {1\,1 \atop 1} \right\} \mathfrak{x}_u + \left\{ {1\,1 \atop 2} \right\} \mathfrak{x}_v + L\mathfrak{n}, \\ \mathfrak{x}_{uv} &= \left\{ {1\,2 \atop 1} \right\} \mathfrak{x}_u + \left\{ {1\,2 \atop 2} \right\} \mathfrak{x}_v + M\mathfrak{n}, \\ \mathfrak{x}_{vv} &= \left\{ {2\,2 \atop 1} \right\} \mathfrak{x}_u + \left\{ {2\,2 \atop 2} \right\} \mathfrak{x}_v + N\mathfrak{n}. \end{aligned}}$$

Die sechs schon bei Gauß vorkommenden Größen $\left\{ {\alpha\,\beta \atop \gamma} \right\} = \Gamma_{\alpha}{}^{\gamma}{}_{\beta}$ mit $\alpha, \beta, \gamma = 1, 2$ sind die Christoffelschen Dreizeigersymbole zweiter Art; sie lassen sich nach (III. 34.16) durch E, F, G und ihre ersten Ableitungen nach u und v ausdrücken, hängen also ebenfalls bloß von der metrischen Grundform $I = ds^2$ und den Parametern (u, v) ab.

Beweis: Man findet nämlich allgemein, wenn man die Gleichungen (1) innerlich mit $\mathfrak{x}_u$ bzw. mit $\mathfrak{x}_v$ multipliziert, wegen $(\mathfrak{n}\mathfrak{x}_u) = (\mathfrak{n}\mathfrak{x}_v) \equiv 0$ nach (21. 3) die für $\alpha, \beta = 1, 2$ gültigen Gleichungen

$$\left[{\alpha\beta \atop 1}\right] = \left\{{\alpha\beta \atop 1}\right\} E + \left\{{\alpha\beta \atop 2}\right\} F, \quad \left[{\alpha\beta \atop 2}\right] = \left\{{\alpha\beta \atop 1}\right\} F + \left\{{\alpha\beta \atop 2}\right\} G \tag{32. 2}$$

und daraus umgekehrt die mit (III. 34. 14) übereinstimmenden Werte

$$\begin{aligned} \left\{{\alpha\beta \atop 1}\right\} &= \frac{\left[{\alpha\beta \atop 1}\right] G - \left[{\alpha\beta \atop 2}\right] F}{EG - F^2} = \Gamma^1_{\alpha\beta}, \\ \left\{{\alpha\beta \atop 2}\right\} &= \frac{\left[{\alpha\beta \atop 2}\right] E - \left[{\alpha\beta \atop 1}\right] F}{EG - F^2} = \Gamma^2_{\alpha\beta}. \end{aligned} \tag{32. 3}$$

Damit sind die Vorzahlen von $\mathfrak{x}_u$ und $\mathfrak{x}_v$ in den Gaußschen Ableitungsformeln (1) tatsächlich mit den Christoffel-Klammern zweiter Art identifiziert.

Setzt man die Werte der Klammern $\left[{\alpha\beta \atop 1}\right]$ und $\left[{\alpha\beta \atop 2}\right]$ aus (21.3) ein, so erhält man für die Christoffel-Klammern zweiter Art die schon aus (III. 34. 16) bekannten ausführlichen Werte

$$\begin{aligned} \left\{{1\,1 \atop 1}\right\} &= \Gamma^1_{11} = \frac{GE_u - 2FF_u + FE_v}{2(EG - F^2)}, \\ \left\{{1\,1 \atop 2}\right\} &= \Gamma^2_{11} = \frac{-FE_u + 2EF_u - EE_v}{2(EG - F^2)}, \\ \left\{{1\,2 \atop 1}\right\} &= \Gamma^1_{12} = \frac{GE_v - FG_u}{2(EG - F^2)}, \\ \left\{{1\,2 \atop 2}\right\} &= \Gamma^2_{12} = \frac{EG_u - FE_v}{2(EG - F^2)}, \\ \left\{{2\,2 \atop 1}\right\} &= \Gamma^1_{22} = \frac{-FG_v + 2GF_v - GG_u}{2(EG - F^2)}, \\ \left\{{2\,2 \atop 2}\right\} &= \Gamma^2_{22} = \frac{EG_v - 2FF_v + FG_u}{2(EG - F^2)}. \end{aligned} \tag{32. 4}$$

Bemerkung 1: Die Werte (4) der Christoffelsymbole $\left\{ {\alpha \beta \atop \gamma} \right\}$ vereinfachen sich für orthogonale Parameter wegen $F \equiv 0$, zu

$$\left\{ {1\,1 \atop 1} \right\} = \frac{1}{\sqrt{E}} \cdot \frac{\partial \sqrt{E}}{\partial u}, \quad \left\{ {1\,1 \atop 2} \right\} = -\frac{\sqrt{E}}{G} \cdot \frac{\partial \sqrt{E}}{\partial v},$$

$$\left\{ {1\,2 \atop 1} \right\} = \frac{1}{\sqrt{E}} \cdot \frac{\partial \sqrt{E}}{\partial v}, \quad \left\{ {1\,2 \atop 2} \right\} = \frac{1}{\sqrt{G}} \cdot \frac{\partial \sqrt{G}}{\partial u}, \tag{32.5}$$

$$\left\{ {2\,2 \atop 1} \right\} = -\frac{\sqrt{G}}{E} \cdot \frac{\partial \sqrt{G}}{\partial u}, \quad \left\{ {2\,2 \atop 2} \right\} = \frac{1}{\sqrt{G}} \cdot \frac{\partial \sqrt{G}}{\partial v}.$$

Damit verkürzt sich auch die ausführliche Schreibweise der Gaußschen Ableitungsgleichungen (1).

Bemerkung 2: Für isotherme Parameter (u, v) ist $E \equiv G \equiv W \neq 0$; $F \equiv 0$, also $ds^2 = W(du^2 + dv^2)$. Damit folgt aus (5)

$$(32.6) \quad \begin{aligned} +\left\{ {1\,1 \atop 1} \right\} &= \left\{ {1\,2 \atop 2} \right\} = -\left\{ {2\,2 \atop 1} \right\} = \frac{W_u}{2W}, \\ -\left\{ {1\,1 \atop 2} \right\} &= \left\{ {1\,2 \atop 1} \right\} = +\left\{ {2\,2 \atop 2} \right\} = \frac{W_v}{2W}. \end{aligned}$$

Ferner ist nach (10. 17) und (21. 10)

$$(32.7) \quad 2H = \frac{N + L}{W}, \quad K = -\frac{1}{2W}\left(\frac{\partial^2 \ln W}{\partial u^2} + \frac{\partial^2 \ln W}{\partial v^2}\right).$$

Wendet man dann den zweiten Beltramischen Differentiator $\triangle$ aus (III. 26. 2) auf den Ortsvektor $\mathfrak{x} = \mathfrak{x}(u, v)$ der stetig gekrümmten Fläche an, d. h. bildet man den Vektor

$$(32.8) \quad \triangle \mathfrak{x} = \triangle x(u, v)\mathfrak{e}_1 + \triangle y(u, v)\mathfrak{e}_2 + \triangle z(u, v)\mathfrak{e}_3,$$

so erhält man nach den Gaußschen Ableitungsgleichungen (1) wegen (6) und (7)

$$(32.9) \quad \triangle \mathfrak{x} = \frac{1}{W}(\mathfrak{x}_{uu} + \mathfrak{x}_{vv}) = 2H\mathfrak{n}.$$

Diese Formel $\triangle \mathfrak{x} = 2H\mathfrak{n}$ behält wegen der Parameterinvarianz des Beltramischen Differentiators $\triangle$ sowie von H, $\mathfrak{x}$ und $\mathfrak{n}$ in beliebigen (zulässigen) Parametern (u, v) ihre Gestalt ungeändert bei. Nach (III. 26. 2) erhält man so allgemein die Formel von E. Beltrami (1868)

$$(32.10)\quad \Delta\mathfrak{x} = \frac{1}{W}\left[\frac{\partial}{\partial u}\left(\frac{G\mathfrak{x}_u - F\mathfrak{x}_v}{W}\right) + \frac{\partial}{\partial v}\left(\frac{E\mathfrak{x}_v - F\mathfrak{x}_u}{W}\right)\right] = 2H\mathfrak{n}.$$

33. Die Integrabilitätsbedingungen der Flächentheorie. Formeln von Codazzi und Mainardi. Wie wir gesehen haben, gehören zu jeder stetig gekrümmten (d. h. im Reellen: zweimal stetig ableitbaren, im Komplexen: analytischen) metrisch regulären Fläche $\mathfrak{x} = \mathfrak{x}(u, v)$ zwei wohlbestimmte, bewegungs- und parameterinvariante quadratische Differentialformen, die beiden Grundformen

$$(33.1)\quad \begin{aligned} I &= E(u, v)du^2 + 2F(u, v)du\,dv + G(u, v)dv^2, \\ II &= L(u, v)du^2 + 2M(u, v)du\,dv + N(u, v)dv^2, \end{aligned}$$

welche die Metrik der Fläche und ihre Krümmungseigenschaften eindeutig bestimmen.

Es erhebt sich jetzt die Frage, ob man umgekehrt die sechs Grundfunktionen

$$(33.2)\quad E(u, v), F(u, v), G(u, v) \text{ und } L(u, v), M(u, v), N(u, v)$$

mit $EG - F^2 \neq 0$, von denen (im reellen Falle) E, F, G zweimal und L, M, N einmal stetig ableitbar sind, oder die (im komplexen Falle) sämtlich analytisch sind, ganz beliebig vorschreiben darf, d. h. ob es zu solchen sechs Funktionen (2) umgekehrt stets eine (im reellen Falle) dreimal stetig ableitbare bzw. (im komplexen Falle) eine analytische Fläche $\mathfrak{x} = \mathfrak{x}(u, v)$ im Raume mit den beiden Grundformen (1) gibt. Im reellen Fall soll dabei die Grundform I positiv definit, also noch $E > 0$, $G > 0$ und $EG - F^2 > 0$ sein.

Die Antwort auf diese wichtige Frage lautet: nein! Es gilt vielmehr der grundlegende

Satz 1: *Zwischen den sechs zu einer (dreimal stetig ableitbaren bzw. analytischen) Fläche $\mathfrak{x}(u,v)$ gehörigen Grundfunktionen (2) und ihren Ableitungen nach u und v bestehen notwendigerweise noch drei Beziehungen, die drei Fundamentalgleichungen der Flächentheorie, deren erste*

uns schon als das Theorema egregium von Gauß (1827) *bekannt ist, während die beiden letzten von den Italienern Gaspare Mainardi* (1856) *und Delfino Codazzi* (1868) *gefunden wurden.*

Diese drei notwendigen Bedingungen von Gauß und Codazzi-Mainardi erweisen sich dann sogar als hinreichend dafür, daß es zu sechs ihnen genügenden, vorgegebenen Funktionen (2) eine (bis auf Bewegungen und Umlegungen eindeutig bestimmte) dreimal stetig ableitbare bzw. analytische Fläche $\mathfrak{x}(u, v)$ mit den beiden Grundformen (1) gibt.

Beweis: Soll nämlich zunächst der Ortsvektor $\mathfrak{x} = \mathfrak{x}(u, v)$ zu einer metrisch regulären, dreimal stetig ableitbaren bzw. analytischen Fläche mit den sechs vorgegebenen Fundamentalgrößen (2) gehören, so muß er notwendig die Gaußschen Ableitungsgleichungen (32. 1) erfüllen, deren Vorzahlen aus E, F, G und ihren Ableitungen erster Ordnung sowie aus L, M, N berechenbar sind; ebenso muß der Normalenvektor $\mathfrak{n} = \mathfrak{n}(u, v)$ der Fläche den Weingartenschen Ableitungsgleichungen (19. 3) genügen, deren Vorzahlen mit (2) ebenfalls bekannt sind. Sollen diese insgesamt fünf vektoriellen (15 skalaren) partiellen Differentialgleichungen zweiter Ordnung von Gauß und Weingarten lösbar sein, so müssen nach den Lehren der Analysis notwendig gewisse Integrabilitätsbedingungen erfüllt sein, die ausdrücken, daß die als stetig angenommenen gemischten dritten Ableitungen des Ortsvektors $\mathfrak{x}(u, v)$ bzw. die gemischten zweiten Ableitungen des Normalenvektors $\mathfrak{n}(u, v)$ einander gleich sind. Weil durch die Annahme stetiger zweiter Ableitungen der Fläche schon $\mathfrak{x}_{uv} = \mathfrak{x}_{vu}$ gesichert ist, bleiben lediglich die drei folgenden notwendigen vektoriellen Integrabilitätsbedingungen:

$$(33.3) \qquad (\mathfrak{x}_{uu})_v = (\mathfrak{x}_{uv})_u, \quad (\mathfrak{x}_{uv})_v = (\mathfrak{x}_{vv})_u, \quad (\mathfrak{n}_u)_v = (\mathfrak{n}_v)_u.$$

Aus der ersten Gaußschen Ableitungsgleichung (32. 1) gewinnt man z. B. die Gleichung

$$(33.4) \qquad \begin{aligned} (\mathfrak{x}_{uu})_v = \begin{Bmatrix} 11 \\ 1 \end{Bmatrix}_v \mathfrak{x}_u + \begin{Bmatrix} 11 \\ 2 \end{Bmatrix}_v \mathfrak{x}_v + L_v \mathfrak{n} + \\ + \begin{Bmatrix} 11 \\ 1 \end{Bmatrix} \mathfrak{x}_{uv} + \begin{Bmatrix} 11 \\ 2 \end{Bmatrix} \mathfrak{x}_{vv} + L \mathfrak{n}_v \end{aligned}$$

oder, wenn man $\mathfrak{x}_{uv}$, $\mathfrak{x}_{vv}$ und $\mathfrak{n}_v$ aus den Formeln von Gauß (32. 1) und Weingarten (19. 3) durch $\mathfrak{x}_u$, $\mathfrak{x}_v$, $\mathfrak{n}$ ausdrückt,

$$
\begin{aligned}
(\mathfrak{x}_{uu})_v = & \left[\begin{Bmatrix}11\\1\end{Bmatrix}_v + \begin{Bmatrix}11\\1\end{Bmatrix}\begin{Bmatrix}12\\1\end{Bmatrix} + \begin{Bmatrix}11\\2\end{Bmatrix}\begin{Bmatrix}22\\1\end{Bmatrix} + \frac{L(FN-GM)}{W^2}\right]\mathfrak{x}_u \\
& + \left[\begin{Bmatrix}11\\2\end{Bmatrix}_v + \begin{Bmatrix}11\\1\end{Bmatrix}\begin{Bmatrix}12\\2\end{Bmatrix} + \begin{Bmatrix}11\\2\end{Bmatrix}\begin{Bmatrix}22\\2\end{Bmatrix} + \frac{L(FM-EN)}{W^2}\right]\mathfrak{x}_v \\
& + \left[L_v + \begin{Bmatrix}11\\1\end{Bmatrix} M + \begin{Bmatrix}11\\2\end{Bmatrix} N\right]\mathfrak{n}.
\end{aligned}
$$

Ebenso findet man

$$
\begin{aligned}
(\mathfrak{x}_{uv})_u = & \left[\begin{Bmatrix}12\\1\end{Bmatrix}_u + \begin{Bmatrix}12\\1\end{Bmatrix}\begin{Bmatrix}11\\1\end{Bmatrix} + \begin{Bmatrix}12\\2\end{Bmatrix}\begin{Bmatrix}12\\1\end{Bmatrix} + \frac{M(FM-GL)}{W^2}\right]\mathfrak{x}_u \\
& + \left[\begin{Bmatrix}12\\2\end{Bmatrix}_u + \begin{Bmatrix}12\\1\end{Bmatrix}\begin{Bmatrix}11\\2\end{Bmatrix} + \begin{Bmatrix}12\\2\end{Bmatrix}\begin{Bmatrix}12\\2\end{Bmatrix} + \frac{M(FL-EM)}{W^2}\right]\mathfrak{x}_v \\
& + \left[M_u + \begin{Bmatrix}12\\1\end{Bmatrix} L + \begin{Bmatrix}12\\2\end{Bmatrix} M\right]\mathfrak{n}.
\end{aligned}
$$

Analog kann man mit den Formeln von Weingarten und Gauß $(\mathfrak{x}_{uv})_v$ und $(\mathfrak{x}_{vv})_u$ sowie $(\mathfrak{n}_u)_v$ und $(\mathfrak{n}_v)_u$ durch $\mathfrak{x}_u$, $\mathfrak{x}_v$, $\mathfrak{n}$ ausdrücken.

Die drei notwendigen Integrabilitätsbedingungen (3) nehmen damit die folgende Gestalt an:

$$
\begin{aligned}
(\mathfrak{x}_{uu})_v - (\mathfrak{x}_{uv})_u &= \alpha_1\mathfrak{x}_u + \beta_1\mathfrak{x}_v + \gamma_1\mathfrak{n} \equiv \mathfrak{o}, \\
(\mathfrak{x}_{uv})_v - (\mathfrak{x}_{vv})_u &= \alpha_2\mathfrak{x}_u + \beta_2\mathfrak{x}_v + \gamma_2\mathfrak{n} \equiv \mathfrak{o}, \\
(\mathfrak{n}_u)_v - (\mathfrak{n}_v)_u &= \alpha_3\mathfrak{x}_u + \beta_3\mathfrak{x}_v + \gamma_3\mathfrak{n} \equiv \mathfrak{o}.
\end{aligned}
\tag{33.5}
$$

Da die Vektoren $\mathfrak{x}_u$, $\mathfrak{x}_v$, $\mathfrak{n}$ wegen

$$[\mathfrak{x}_u\mathfrak{x}_v\mathfrak{n}] = [\mathfrak{x}_u\mathfrak{x}_v]\mathfrak{n} = W\mathfrak{n}\cdot\mathfrak{n} = W\mathfrak{n}^2 = W \neq 0$$

linear unabhängig sind, folgen aus (5) die neun Gleichungen

$$\alpha_i = 0, \ \beta_i = 0, \ \gamma_i = 0 \qquad (i = 1, 2, 3), \tag{33.6}$$

die sich jedoch schließlich auf nur drei wesensverschiedene Gleichungen reduzieren. Jede der vier Gleichungen $\alpha_1 = \alpha_2 = \beta_1 = \beta_2 = 0$ stimmt nämlich, wenn man für die Christoffel-Klammern $\begin{Bmatrix}\alpha\,\beta\\\gamma\end{Bmatrix}$ ihre Bedeutungen aus (32.4) einsetzt, mit dem Theorema egregium von Gauß (1827) überein; sie drücken nämlich alle die Gaußsche Krümmung $K = \frac{LN - M^2}{EG - F^2}$ durch E, F, G und ihre Ableitungen erster und zweiter Ordnung nach u und v aus. Genauer erhält man so die folgenden vier neuen Schreibweisen des **Theorema egregium:**

$$(33.7)\quad \left\{\begin{aligned} EK &= \begin{Bmatrix}11\\2\end{Bmatrix}_v - \begin{Bmatrix}12\\2\end{Bmatrix}_u + \begin{Bmatrix}11\\1\end{Bmatrix}\begin{Bmatrix}12\\2\end{Bmatrix} - \begin{Bmatrix}12\\1\end{Bmatrix}\begin{Bmatrix}11\\2\end{Bmatrix} + \\ &\quad + \begin{Bmatrix}11\\2\end{Bmatrix}\begin{Bmatrix}22\\2\end{Bmatrix} - \begin{Bmatrix}12\\2\end{Bmatrix}\begin{Bmatrix}12\\2\end{Bmatrix}, \\ FK &= \begin{Bmatrix}12\\1\end{Bmatrix}_u - \begin{Bmatrix}11\\1\end{Bmatrix}_v + \begin{Bmatrix}12\\1\end{Bmatrix}\begin{Bmatrix}12\\2\end{Bmatrix} - \begin{Bmatrix}11\\2\end{Bmatrix}\begin{Bmatrix}22\\1\end{Bmatrix}, \\ FK &= \begin{Bmatrix}12\\2\end{Bmatrix}_v - \begin{Bmatrix}22\\2\end{Bmatrix}_u + \begin{Bmatrix}12\\1\end{Bmatrix}\begin{Bmatrix}12\\2\end{Bmatrix} - \begin{Bmatrix}22\\1\end{Bmatrix}\begin{Bmatrix}11\\2\end{Bmatrix}, \\ GK &= \begin{Bmatrix}22\\1\end{Bmatrix}_u - \begin{Bmatrix}12\\1\end{Bmatrix}_v + \begin{Bmatrix}11\\1\end{Bmatrix}\begin{Bmatrix}22\\1\end{Bmatrix} - \begin{Bmatrix}12\\1\end{Bmatrix}\begin{Bmatrix}12\\1\end{Bmatrix} + \\ &\quad + \begin{Bmatrix}12\\1\end{Bmatrix}\begin{Bmatrix}22\\2\end{Bmatrix} - \begin{Bmatrix}22\\1\end{Bmatrix}\begin{Bmatrix}12\\2\end{Bmatrix}. \end{aligned}\right.$$

Diese Formeln sind nach den Bedeutungen (32. 4) der Christoffelschen Symbole zueinander und mit der Gaußschen Formel (21. 9) äquivalent.

Die beiden Paare äquivalenter Gleichungen $\alpha_3 = \gamma_1 = 0$ und $\beta_3 = \gamma_2 = 0$ liefern zwei neue notwendige Bedingungen, die zuerst von Gaspare Mainardi (1856) und Delfino Codazzi (1868) angegeben wurden und so lauten:

$$(33.8)\quad \boxed{\begin{aligned} L_v - M_u &= \begin{Bmatrix}12\\1\end{Bmatrix} L + \left(\begin{Bmatrix}12\\2\end{Bmatrix} - \begin{Bmatrix}11\\1\end{Bmatrix}\right) M - \begin{Bmatrix}11\\2\end{Bmatrix} N, \\ M_v - N_u &= \begin{Bmatrix}22\\1\end{Bmatrix} L + \left(\begin{Bmatrix}22\\2\end{Bmatrix} - \begin{Bmatrix}12\\1\end{Bmatrix}\right) M - \begin{Bmatrix}12\\2\end{Bmatrix} N. \end{aligned}}$$

Nach Eduard Study kann man diese **Codazzi-Mainardischen Gleichungen** übersichtlich auch so schreiben:

$$(33.9)\begin{cases} \begin{matrix} +(EG-2FF+GE)(L_v-M_u) \\ -(EN-2FM+GL)(E_v-F_u) \end{matrix} + \begin{vmatrix} E E_u L \\ F F_u M \\ G G_u N \end{vmatrix} = 0, \\ \\ \begin{matrix} +(EG-2FF+GE)(M_v-N_u) \\ -(EN-2FM+GL)(F_v-G_u) \end{matrix} + \begin{vmatrix} E E_v L \\ F F_v M \\ G G_v N \end{vmatrix} = 0. \end{cases}$$

Die Gleichung $\gamma_3 = 0$ schließlich ist von selbst erfüllt.

Zusammenfassend folgt so zunächst der

Satz 2: *Notwendig dafür, daß die sechs beliebig vorgegebenen Funktionen $E(u,v)$, $F(u,v)$, $G(u,v)$ und $L(u,v)$, $M(u,v)$, $N(u,v)$ mit $W^2 = EG - F^2 \neq 0$, von denen (im reellen Falle) E, F, G zweimal und L, M, N einmal stetig ableitbar sind, bzw. die (im komplexen Falle) analytisch sind, die Fundamentalgrößen erster und zweiter Art einer metrisch regulären, dreimal stetig ableitbaren (bzw. analytischen) Fläche $\mathfrak{x} = \mathfrak{x}(u,v)$ sind, ist, daß diese Funktionen 1) dem Theorema egregium von Gauß und 2) den beiden Gleichungen von Codazzi und Mainardi genügen. Für reelle Flächen und reelle Parameter (u,v) muß dabei noch $E > 0$, $G > 0$ und $EG - F^2 > 0$ gelten.*

Bemerkung 1: Wenn man die Fundamentalgrößen L, M, N durch die drei dazu lokal proportionalen Größen

$$(33.10)\qquad \mathfrak{L} = \frac{L}{W}, \quad \mathfrak{M} = \frac{M}{W}, \quad \mathfrak{N} = \frac{N}{W}$$

ersetzt, so nehmen wegen der in (32. 4) enthaltenen Formeln

$$(33.11)\quad W_u = W\left(\begin{Bmatrix}11\\1\end{Bmatrix} + \begin{Bmatrix}12\\2\end{Bmatrix}\right), \qquad W_v = W\left(\begin{Bmatrix}12\\1\end{Bmatrix} + \begin{Bmatrix}22\\2\end{Bmatrix}\right)$$

die Codazzi-Mainardischen Gleichungen (8) die folgende besonders einfache Gestalt an:

$$(33.12)\begin{cases} \mathfrak{N}_u - \mathfrak{M}_v + \begin{Bmatrix}11\\1\end{Bmatrix}\mathfrak{N} - 2\begin{Bmatrix}12\\1\end{Bmatrix}\mathfrak{M} + \begin{Bmatrix}22\\1\end{Bmatrix}\mathfrak{L} = 0, \\ \mathfrak{L}_v - \mathfrak{M}_u + \begin{Bmatrix}11\\2\end{Bmatrix}\mathfrak{N} - 2\begin{Bmatrix}12\\2\end{Bmatrix}\mathfrak{M} + \begin{Bmatrix}22\\2\end{Bmatrix}\mathfrak{L} = 0. \end{cases}$$

Ossian Bonnet (1867) erkannte nun, daß die drei Gleichungen von Gauß, Codazzi und Mainardi nicht nur notwendig, sondern auch hinreichend sind für die Existenz einer metrisch regulären Fläche $\mathfrak{x} = \mathfrak{x}(u, v)$ mit den sechs vorgegebenen Fundamentalgrößen E, F, G und L, M, N (mit $EG - F^2 \neq 0$). Es gilt nämlich genauer der folgende Satz:

34. Fundamentalsatz der Flächentheorie von Ossian Bonnet (1867): *Bestehen zwischen sechs vorgegebenen Funktionen $E(u, v)$, $F(u, v)$, $G(u, v)$ und $L(u, v)$, $M(u, v)$, $N(u, v)$ mit $EG - F^2 \neq 0$, von denen (im reellen Falle) E, F, G zweimal und L, M, N einmal stetig ableitbar sind, bzw. die (im komplexen Falle) analytisch sind, die Gleichungen von Gauß (Theorema egregium) und von Codazzi-Mainardi, so gibt es im Raume eine (bis auf Bewegungen und Umlegungen eindeutig bestimmte) dreimal stetig ableitbare bzw. analytische und metrisch reguläre Fläche $\mathfrak{x} = \mathfrak{x}(u, v)$, deren Fundamentalformen die Gestalt*

$$\left\{\begin{aligned} I &= E(u,v)du^2 + 2F(u,v)du\,dv + G(u,v)dv^2 \\ II &= L(u,v)du^2 + 2M(u,v)du\,dv + N(u,v)dv^2 \end{aligned}\right. \tag{34. 1}$$

haben. (Für reelle Flächen und reelle Parameter u, v ist dabei noch $E > 0$, $G > 0$ und $EG - F^2 > 0$ vorausgesetzt.)

Beweis: Um Raum zu sparen, wollen wir $F(u, v) \equiv 0$ und $M(u, v) \equiv 0$ annehmen; auf der gesuchten Fläche $\mathfrak{x}(u, v)$ werden u und v dann Krümmungsparameter sein.

Die von den vier übrigen Funktionen $E(u, v)$, $G(u, v)$ und $L(u, v)$, $N(u, v)$ mit $W^2 = EG \neq 0$ nach Voraussetzung erfüllten Gleichungen von Gauß (Theorema egregium) (33. 7) und Codazzi-Mainardi (33. 8) verkürzen sich dann auf die drei Gleichungen

$$\left\{\begin{aligned} &\frac{LN}{\sqrt{EG}} + \frac{\partial}{\partial u}\left(\frac{1}{\sqrt{E}}\frac{\partial\sqrt{G}}{\partial u}\right) + \frac{\partial}{\partial v}\left(\frac{1}{\sqrt{G}}\frac{\partial\sqrt{E}}{\partial v}\right) = 0, \\ &\frac{\partial}{\partial v}\left(\frac{L}{\sqrt{E}}\right) - \frac{N}{G}\frac{\partial\sqrt{E}}{\partial v} = 0, \quad \frac{\partial}{\partial u}\left(\frac{N}{\sqrt{G}}\right) - \frac{L}{E}\frac{\partial\sqrt{G}}{\partial u} = 0. \end{aligned}\right. \tag{34. 2}$$

Wir denken uns nun mit jedem Punkte $P(u, v)$ der Fläche $\mathfrak{x}(u,v)$ deren Existenz und Eindeutigkeit wir beweisen wollen, ein orthogonal-normiertes begleitendes Dreibein von Vektoren

$$(34.3)\qquad \mathfrak{u} = \frac{\mathfrak{x}_u}{\sqrt{E}},\quad \mathfrak{v} = \frac{\mathfrak{x}_v}{\sqrt{G}},\quad \mathfrak{n} = [\mathfrak{u}\,\mathfrak{v}] = \frac{[\mathfrak{x}_u\,\mathfrak{x}_v]}{W}$$

verbunden; $\mathfrak{u}$ und $\mathfrak{v}$ sind die Einheitsvektoren der beiden Hauptkrümmungsrichtungen und $\mathfrak{n}$ ist der Einheitsvektor der Flächennormalen.

Die Ableitungsgleichungen von Gauß (32.1) und Weingarten (19.3) lauten dann, auf die Vektoren $(\mathfrak{u}, \mathfrak{v}, \mathfrak{n})$ dieses normierten begleitenden Dreibeins (3) umgeschrieben, wegen (3) und

$$\mathfrak{x}_{uu} = (\sqrt{E}\,\mathfrak{u})_u,\quad \mathfrak{x}_{uv} = (\sqrt{E}\,\mathfrak{u})_v = (\sqrt{G}\,\mathfrak{v})_u = \mathfrak{x}_{vu},\quad \mathfrak{x}_{vv} = (\sqrt{G}\,\mathfrak{v})_v$$

folgendermaßen:

$$(34.4)\qquad \begin{cases} \mathfrak{u}_u = -\dfrac{1}{\sqrt{G}}\dfrac{\partial\sqrt{E}}{\partial v}\,\mathfrak{v} + \dfrac{L}{\sqrt{E}}\,\mathfrak{n},\quad \mathfrak{u}_v = +\dfrac{1}{\sqrt{E}}\dfrac{\partial\sqrt{G}}{\partial u}\,\mathfrak{v}, \\[2ex] \mathfrak{v}_u = +\dfrac{1}{\sqrt{G}}\dfrac{\partial\sqrt{E}}{\partial v}\,\mathfrak{u},\quad \mathfrak{v}_v = -\dfrac{1}{\sqrt{E}}\dfrac{\partial\sqrt{G}}{\partial u}\,\mathfrak{u} + \dfrac{N}{\sqrt{G}}\,\mathfrak{n}, \\[2ex] \mathfrak{n}_u = -\dfrac{L}{\sqrt{E}}\,\mathfrak{u},\quad \mathfrak{n}_v = -\dfrac{N}{\sqrt{G}}\,\mathfrak{v}. \end{cases}$$

Die Vektoren $(\mathfrak{u}, \mathfrak{v}, \mathfrak{n})$ des begleitenden Dreibeins (3) ergeben sich dann durch Integration des Differentialsystems

$$d\mathfrak{u} = \mathfrak{u}_u\,du + \mathfrak{u}_v\,dv,\quad d\mathfrak{v} = \mathfrak{v}_u\,du + \mathfrak{v}_v\,dv,\quad d\mathfrak{n} = \mathfrak{n}_u\,du + \mathfrak{n}_v\,dv,$$

das nach (4) ausführlich folgendermaßen lautet:

$$(34.5)\qquad \begin{cases} d\mathfrak{u} = \left(-\dfrac{1}{\sqrt{G}}\dfrac{\partial\sqrt{E}}{\partial v}\,\mathfrak{v} + \dfrac{L}{\sqrt{E}}\,\mathfrak{n}\right) du + \dfrac{1}{\sqrt{E}}\dfrac{\partial\sqrt{G}}{\partial u}\,\mathfrak{v}\,dv, \\[2ex] d\mathfrak{v} = \dfrac{1}{\sqrt{G}}\dfrac{\partial\sqrt{E}}{\partial v}\,\mathfrak{u}\,du + \left(-\dfrac{1}{\sqrt{E}}\dfrac{\partial\sqrt{G}}{\partial u}\,\mathfrak{u} + \dfrac{N}{\sqrt{G}}\,\mathfrak{n}\right) dv, \\[2ex] d\mathfrak{n} = -\dfrac{L}{\sqrt{E}}\,\mathfrak{u}\,du - \dfrac{N}{\sqrt{G}}\,\mathfrak{v}\,dv. \end{cases}$$

Dieses in den Vektoren $\mathfrak{u}, \mathfrak{v}, \mathfrak{n}$ lineare und homogene Differentialsystem ist vollständig integrabel, weil seine Integrabilitätsbedingungen

$$(34.6) \qquad (\mathfrak{u}_u)_v = (\mathfrak{u}_v)_u, \ (\mathfrak{v}_u)_v = (\mathfrak{v}_v)_u, \ (\mathfrak{n}_u)_v = (\mathfrak{n}_v)_u$$

nach der Entstehungsweise der Gleichungen (5) mit den Gleichungen (2) von Gauß und Codazzi-Mainardi identisch sind, deren Bestehen Voraussetzung war. Übrigens hat das Differentialsystem (5) in $\mathfrak{u}$, $\mathfrak{v}$, $\mathfrak{n}$ schiefsymmetrische Gestalt, wie die folgende Zusammenfassung zeigt:

$$(34.7) \qquad \begin{cases} d\mathfrak{u} = & \qquad - \beta\mathfrak{v} + \gamma\mathfrak{n} \\ d\mathfrak{v} = + \beta\mathfrak{u} & \qquad\qquad - \alpha\mathfrak{n} \\ d\mathfrak{n} = - \gamma\mathfrak{u} + \alpha\mathfrak{v} & \end{cases}$$

in der

$$(34.8) \quad \alpha = -\frac{N}{\sqrt{G}}\,dv, \quad \beta = \frac{1}{\sqrt{G}}\frac{\partial\sqrt{E}}{\partial v}du - \frac{1}{\sqrt{E}}\frac{\partial\sqrt{G}}{\partial u}dv, \quad \gamma = \frac{L}{\sqrt{E}}\,du$$

bedeutet.

Gibt man sich dann drei beliebige Anfangsvektoren $\mathfrak{u}_0$, $\mathfrak{v}_0$, $\mathfrak{n}_0$ vor, die ein orthonormiertes Tripel bilden, d. h. für die gilt:

$$(34.9) \quad \mathfrak{u}_0^2 = \mathfrak{v}_0^2 = \mathfrak{n}_0^2 = 1, \ \mathfrak{u}_0\mathfrak{v}_0 = \mathfrak{v}_0\mathfrak{n}_0 = \mathfrak{n}_0\mathfrak{u}_0 = 0, \ [\mathfrak{u}_0\mathfrak{v}_0\mathfrak{n}_0]^2 = 1,$$

dann lehrt die Analysis, daß das vollständig integrable Differentialsystem (5), dessen Vorzahlen in einem Bereiche $\mathfrak{B}(u, v)$ eindeutig und stetig ableitbar bzw. analytisch sind, in $\mathfrak{B}(u, v)$ stets drei eindeutig bestimmte stetig ableitbare bzw. analytische Lösungsvektoren

$$(34.10) \qquad \mathfrak{u} = \mathfrak{u}(u, v), \ \mathfrak{v} = \mathfrak{v}(u, v), \ \mathfrak{n} = \mathfrak{n}(u, v)$$

besitzt, die für ein vorgegebenes Wertepaar (u_0, v_0) mit den oben vorgegebenen Anfangsvektoren $\mathfrak{u}_0 = \mathfrak{u}(u_0, v_0)$, $\mathfrak{v}_0 = \mathfrak{v}(u_0, v_0)$, $\mathfrak{n}_0 = \mathfrak{n}(u_0, v_0)$ zusammenfallen. Die Vektortripel (10) bilden dabei für alle (u, v) aus $\mathfrak{B}(u, v)$ ebenfalls (gleichsinnige) orthonormierte Dreibeine.

Die letzte Bemerkung folgt aus der in (7) herausgestellten schiefen Symmetrie des Differentialsystems (5), derzufolge

$$\mathfrak{u}\,d\mathfrak{u} \equiv 0, \qquad \text{also } \mathfrak{u}^2 = \text{const} = \mathfrak{u}_0^2 \ = 1 \quad \text{sowie}$$
$$\mathfrak{u}\,d\mathfrak{v} + \mathfrak{v}\,d\mathfrak{u} \equiv 0, \ \text{also } \mathfrak{u}\mathfrak{v} = \text{const} = \mathfrak{u}_0\mathfrak{v}_0 = 0$$

(und reihum in $\mathfrak{u}$, $\mathfrak{v}$, $\mathfrak{n}$) ist; aus Stetigkeitsgründen ist dabei

$$[\mathfrak{u}\mathfrak{v}\mathfrak{n}] \equiv [\mathfrak{u}_0\mathfrak{v}_0\mathfrak{n}_0] = +1 \text{ oder } = -1,$$

d. h. alle Vektortripel $\mathfrak{u}$, $\mathfrak{v}$, $\mathfrak{n}$ haben dieselbe Orientierung wie das Anfangstripel $\mathfrak{u}_0$, $\mathfrak{v}_0$, $\mathfrak{n}_0$.

Hat man dann die nach Wahl des orthonormierten Anfangsdreibeins $(\mathfrak{u}_0, \mathfrak{v}_0, \mathfrak{n}_0)$ eindeutig bestimmten Lösungsdreibeine (10) gewonnen, so erhält man durch Integration des Differentialausdrucks

$$d\mathfrak{x} = \mathfrak{x}_u du + \mathfrak{x}_v dv = \sqrt{E}\,\mathfrak{u}\,du + \sqrt{G}\,\mathfrak{v}\,dv,$$

der zufolge (5) und (6) ein vollständiges Vektordifferential ist, die gesuchte stetig gekrümmte bzw. analytische Fläche $\mathfrak{x}(u, v)$ in der Gestalt

$$(34.11)\quad \mathfrak{x} = \mathfrak{x}(u, v) = \int \sqrt{E(u,v)}\,\mathfrak{u}(u, v)\,du + \sqrt{G(u,v)}\,\mathfrak{v}(u, v)\,dv.$$

Umgekehrt bestätigt man schließlich durch Probe leicht, daß die erhaltene Fläche (11) wirklich die sechs vorgegebenen Fundamentalgrößen E, $F = 0$, G und L, $M = 0$, N besitzt.

Aus (11) folgt nämlich $\mathfrak{x}_u = \sqrt{E}\,\mathfrak{u}$, $\mathfrak{x}_v = \sqrt{G}\,\mathfrak{v}$; also ist wegen $\mathfrak{u}^2 = \mathfrak{v}^2 = 1$ und $(\mathfrak{u}\mathfrak{v}) = 0$ zunächst wirklich

$$\mathfrak{x}_u^2 = E,\quad \mathfrak{x}_u\mathfrak{x}_v = F = 0,\quad \mathfrak{x}_v^2 = G.$$

Weil ferner wegen $(\mathfrak{u}\mathfrak{n}) = (\mathfrak{v}\mathfrak{n}) \equiv 0$ auch $\mathfrak{n}\mathfrak{x}_u = \mathfrak{n}\mathfrak{x}_v \equiv 0$ ist und $\mathfrak{n}^2 = 1$ gilt, ist $\mathfrak{n}$ Flächennormale der Fläche (11). Weil schließlich für die Ableitungen von $\mathfrak{u}$, $\mathfrak{v}$ und $\mathfrak{n}$ die Formeln (4) gelten, folgt aus

$$\mathfrak{x}_{uu} = \frac{\partial\sqrt{E}}{\partial u}\,\mathfrak{u} + \sqrt{E}\,\mathfrak{u}_u,\quad \mathfrak{x}_{vv} = \frac{\partial\sqrt{G}}{\partial v}\,\mathfrak{v} + \sqrt{G}\,\mathfrak{v}_v,$$

$$\mathfrak{x}_{uv} = \frac{\partial\sqrt{E}}{\partial v}\,\mathfrak{u} + \sqrt{E}\,\mathfrak{u}_v = \frac{\partial\sqrt{G}}{\partial u}\,\mathfrak{v} + \sqrt{G}\,\mathfrak{v}_u = \mathfrak{x}_{vu}$$

wegen $W = \sqrt{EG}$ tatsächlich auch

$$\frac{[\mathfrak{x}_u\mathfrak{x}_v\mathfrak{x}_{uu}]}{W} = L,\quad \frac{[\mathfrak{x}_u\mathfrak{x}_v\mathfrak{x}_{uv}]}{W} = M = 0,\quad \frac{[\mathfrak{x}_u\mathfrak{x}_v\mathfrak{x}_{vv}]}{W} = N,$$

w. z. b. w.

Damit ist die Existenz und (nach Wahl von $\mathfrak{u}_0, \mathfrak{v}_0, \mathfrak{n}_0$) die Eindeutigkeit der gesuchten Fläche bewiesen. Wegen der willkürlichen Wahl des orthonormierten Anfangsdreibeins ($\mathfrak{u}_0, \mathfrak{v}_0, \mathfrak{n}_0$) und seines Sinnes ist die Fläche $\mathfrak{x}(u, v)$ insgesamt nur bis auf Bewegungen und Umlegungen festgelegt. Der Fundamentalsatz der Flächentheorie ist damit (für Krümmungsparameter) vollständig bewiesen.

Beim Beweis des Bonnetschen Fundamentalsatzes der Flächentheorie haben wir bisher $F(u, v) \equiv 0$ und $M(u, v) \equiv 0$ vorausgesetzt. Auf der gefundenen Fläche (11) sind dann die Kurven $u = \text{const}$ und $v = \text{const}$ Krümmungslinien. Diese Voraussetzung bedeutet keine Einschränkung für die Gültigkeit des Fundamentalsatzes, weil man den allgemeinen Fall auf unseren speziellen zurückführen kann.

Sind nämlich $\overline{E}, \overline{F}, \overline{G}, \overline{L}, \overline{M}, \overline{N}$ sechs Funktionen der nun beliebigen Parameter $\overline{u}, \overline{v}$, welche den Gleichungen von Gauß (Theorema egregium) und von Codazzi-Mainardi genügen und für welche $(\overline{F}, \overline{M}) \not\equiv (0, 0)$ ist, so kann man diese Parameter $\overline{u}, \overline{v}$ durch solche neue Parameter u, v ersetzen, daß für die transformierten Fundamentalgrößen E, F, G, L, M, N für alle u und v eines gewissen Bereiches $\mathfrak{B}(u, v)$ dann $F(u, v) \equiv 0$ und $M(u, v) \equiv 0$ gilt.

Die gewünschten neuen Parameter u, v müssen Lösungen

$$u = u(\overline{u}, \overline{v}), \quad v = v(\overline{u}, \overline{v}) \tag{34. 12}$$

der Differentialgleichung der Krümmungslinien der als existent zu erweisenden Fläche $\mathfrak{x} = \mathfrak{x}(\overline{u}, \overline{v})$ sein, welche nach (10. 6) die Gestalt hat

$$\begin{vmatrix} \overline{E}d\overline{u} + \overline{F}d\overline{v} & \overline{F}d\overline{u} + \overline{G}d\overline{v} \\ \overline{L}d\overline{u} + \overline{M}d\overline{v} & \overline{M}d\overline{u} + \overline{N}d\overline{v} \end{vmatrix} = 0. \tag{34. 13}$$

Führt man dann die wenigstens in einem gewissen Bereich $\mathfrak{B}(u, v)$ vorhandenen Auflösungen

(34.14) $$\bar{u} = \bar{u}(u, v), \quad \bar{v} = \bar{v}(u, v)$$

der Gleichungen (12) in die von $\bar{u}$ und $\bar{v}$ abhängigen Fundamentalgrößen $\bar{E}$, $\bar{F}$, $\bar{G}$, $\bar{L}$, $\bar{M}$, $\bar{N}$ ein, so erhält man sechs neue Fundamentalgrößen E, F, G, L, M, N, die jetzt so von u und v abhängen, daß $F(u, v) \equiv 0$ und $M(u, v) \equiv 0$ ist, und die den gemäß (14) transformierten Gleichungen von Gauß, Codazzi und Mainardi genügen. Der obige Beweis sichert dann die Existenz und Eindeutigkeit einer zu diesen (in Krümmungsparametern u, v geschriebenen) Fundamentalgrößen E, $F \equiv 0$, G, L, $M \equiv O$, N gehörigen Fläche $\mathfrak{x} = \mathfrak{x}(u, v)$ mit der Darstellung (11). Rückkehr zu den alten Parametern $\bar{u}$, $\bar{v}$ mittels der Formel (12) ergibt schließlich die Existenz und (bis auf kongruente Transformationen) die Eindeutigkeit der zu den Fundamentalgrößen $\bar{E}$, $\bar{F}$, $\bar{G}$, $\bar{L}$, $\bar{M}$, $\bar{N}$ gehörigen Fläche

(34.15) $$\bar{\mathfrak{x}} = \mathfrak{x}(u(\bar{u}, \bar{v}), v(\bar{u}, \bar{v})) = \bar{\mathfrak{x}}(\bar{u}, \bar{v}).$$

Damit ist der Bonnetsche Fundamentalsatz der Flächentheorie für allgemeine Parameter bewiesen.

Bemerkung 1: Die obige Einführung der Krümmungsparameter (12) ist nicht möglich, wenn für die Fundamentalgrößen $\bar{E}$, $\bar{F}$, $\bar{G}$ und $\bar{L}$, $\bar{M}$, $\bar{N}$ die Proportion

$$\bar{E}(u, v) : \bar{F}(u, v) : \bar{G}(u, v) = \bar{L}(u, v) : \bar{M}(u, v) : \bar{N}(u, v)$$

besteht. In diesem Fall ist die Differentialgleichung (13) von allen Flächenkurven erfüllt, d. h. jede Flächenkurve ist Krümmungslinie und jeder Flächenpunkt ist Nabelpunkt. Nach (13. Satz 2) gehört das Flächenstück dann einer Kugel oder einer Ebene an.

Bemerkung 2: Die wirkliche Integration des schiefsymmetrischen Differentialsystems (5) oder (7) läßt sich [wie das entsprechend in (II. 15) bei der Bestimmung einer Raumkurve $\mathfrak{x} = \mathfrak{x}(s)$ aus ihren natürlichen Gleichungen $\varkappa = \varkappa(s)$ und $\tau = \tau(s)$, d. h. bei der Integration des schiefsymmetrischen Differentialsystems der Frenetschen Gleichungen (II. 15. 2) möglich war] auf die Integration einer totalen Riccatischen Differentialgleichung zurückführen.

Wir setzen zu diesem Zwecke nach dem Vorbilde von (II. 15)

$$\mathfrak{u} = \sum \xi_\nu \mathfrak{e}_\nu,\ \mathfrak{v} = \sum \eta_\nu \mathfrak{e}_\nu,\ \mathfrak{n} = \sum \zeta_\nu \mathfrak{e}_\nu \tag{34.16}$$

und bemerken, daß mit $\mathfrak{u}, \mathfrak{v}, \mathfrak{n}$ auch die Vektoren

$$\mathfrak{y}_\nu = \xi_\nu \mathfrak{e}_1 + \eta_\nu \mathfrak{e}_2 + \zeta_\nu \mathfrak{e}_3 \qquad (\nu = 1, 2, 3) \tag{34.17}$$

ein orthogonal normiertes Dreibein bilden, dessen Endpunkte auf der Einheitskugel

$$\mathfrak{y}_\nu^2 = \xi_\nu^2 + \eta_\nu^2 + \zeta_\nu^2 = 1 \tag{34.18}$$

liegen. Belegt man diese Kugel nach Riemann mit komplexen Zahlen $w = \sigma + i\tau$ oder $\overline{w} = \sigma - i\tau$, indem man wie in (II. 15. 12) und (II. 15. 13) setzt:

$$\frac{\xi_\nu + i\eta_\nu}{1 - \zeta_\nu} = \frac{1 + \zeta_\nu}{\xi_\nu - i\eta_\nu} = w_\nu,\quad \frac{\xi_\nu - i\eta_\nu}{1 - \zeta_\nu} = \frac{1 + \zeta_\nu}{\xi_\nu + i\eta_\nu} = \overline{w}_\nu \tag{34.19}$$

oder

$$\xi_\nu = \frac{w_\nu + \overline{w}_\nu}{w_\nu \overline{w}_\nu + 1},\quad \eta_\nu = \frac{w_\nu - \overline{w}_\nu}{i(w_\nu \overline{w}_\nu + 1)},\quad \zeta_\nu = \frac{w_\nu \overline{w}_\nu - 1}{w_\nu \overline{w}_\nu + 1}, \tag{34.20}$$

so nehmen die Ableitungsgleichungen (7) von $\mathfrak{u}, \mathfrak{v}, \mathfrak{n}$ zunächst mit den Bezeichnungen (8) die schiefsymmetrische Gestalt an

$$\begin{gathered} d\xi_\nu = -\beta\eta_\nu + \gamma\zeta_\nu,\quad d\eta_\nu = \beta\xi_\nu - \alpha\zeta_\nu, \\ d\zeta_\nu = -\gamma\xi_\nu + \alpha\eta_\nu. \end{gathered} \tag{34.21}$$

Führt man darin durch die Formeln (20) die komplexen Größen w_ν und $\overline{w}_\nu$ ein, so erhält man für alle Werte $\nu = 1, 2, 3$ des (fortan unterdrückten) Index ν dieselbe totale Riccatische Differentialgleichung

$$dw = -\frac{\gamma - i\alpha}{2} + \beta i w - \frac{\gamma + i\alpha}{2} w^2 \tag{34.22}$$

bzw.

$$d\overline{w} = -\frac{\gamma + i\alpha}{2} - \beta i \overline{w} - \frac{\gamma - i\alpha}{2} \overline{w}^2. \tag{34.$\overline{22}$}$$

Die erste dieser beiden (für reelle α, β, γ konjugiert komplexen) Gleichungen lautet ausführlich

(34. 23) $$dw = w_u du + w_v dv,$$

wobei

(34. 24) $$\begin{cases} w_u = -\dfrac{L}{2\sqrt{E}}(1 + w^2) + \dfrac{i}{\sqrt{G}}\dfrac{\partial\sqrt{E}}{\partial v}w, \\ w_v = -\dfrac{iN}{2\sqrt{G}}(1 - w^2) - \dfrac{i}{\sqrt{E}}\dfrac{\partial\sqrt{G}}{\partial u}w \end{cases}$$

bedeutet.

Die Gleichung (23) ist somit eine totale Riccatische Differentialgleichung, die vollständig integrabel ist, weil ihre Integrabilitätsbedingung

(34. 25) $$(w_u)_v \equiv (w_v)_u \qquad \{u, v\}$$

identisch in (u, v) erfüllt ist. Diese Integrabilitätsbedingung zerfällt nämlich (durch Vergleich der Vorzahlen von w^2, w^1, w^0) in drei Teilbedingungen, die aber mit den drei Gleichungen (2) von Gauß (Theorema egregium) und Codazzi-Mainardi identisch sind, und die (nach Annahme) von den Fundamentalgrößen E, $F = 0$, G und L, $M = 0$, N erfüllt sind.

Bemerkung 3: Übrigens kann man die Lösung der totalen Riccatischen Differentialgleichung (23) nach Paul Du Bois-Reymond (1864) sogar auf die Lösung einer Schar gewöhnlicher Riccatischer Differentialgleichungen zurückführen. Indem man nämlich mit jeweils festem Parameter λ

(34. 26) $$v = \lambda u, \quad dv = \lambda du$$

setzt, erhält man aus (23) bei festem λ eine gewöhnliche Riccatische Gleichung der Form

(34. 27) $$\frac{dw}{du} = a(u, \lambda) + b(u, \lambda)w + c(u, \lambda)w^2.$$

35. Geodätische Abbildung einer Fläche auf die (euklidische) Ebene. Man bezeichnet nach Ulisse Dini (1845 bis 1919) eine Abbildung von zwei reellen, stetig gekrümmten Flächen aufeinander, bei der den geodätischen Linien der einen Fläche die geodätischen Linien der anderen entsprechen (und umgekehrt) als eine geodätische Abbildung der beiden Flächen aufeinander.

Danach sind sicher zwei Flächen, die zueinander isometrisch, insbesondere Biegungsflächen voneinander sind, geodätisch aufeinander abbildbar. Die Umkehrung dieses letzten Satzes trifft aber nicht zu; zwei geodätisch aufeinander abgebildete Flächen müssen keineswegs Biegungsflächen von einander sein. Ein sehr einfacher Beleg dafür sind schon zwei zueinander ähnliche Flächen.

Eine krumme Fläche $\mathfrak{x} = \mathfrak{x}(u, v)$, die wir als dreimal stetig ableitbar voraussetzen, ist auf die Ebene π geodätisch abbildbar, wenn es möglich ist, eine Abbildung ihrer Punkte P auf die Punkte P' der Ebene π anzugeben, bei der den geodätischen Linien der Fläche die geraden Linien der Ebene entsprechen.

Die Frage nach den auf die Ebene geodätisch abbildbaren krummen Flächen hat Eugenio Beltrami vollkommen beantwortet durch den folgenden

Satz von Beltrami (1865): *Eine (dreimal stetig ableitbare) krumme Fläche $\mathfrak{x} = \mathfrak{x}(u, v)$ ist dann und nur dann geodätisch auf die Ebene π abbildbar, wenn sie konstante Gaußsche Krümmung $K = const$ hat.*

Beweis: Wenn eine solche geodätische Abbildung existiert, wählen wir in der Ebene π cartesische Koordinaten (u, v), denen durch die Abbildung auf der Fläche $\mathfrak{x}(u, v)$ gemäß (III. 28. Satz 1) dieselben krummlinigen Koordinaten (u, v) entsprechen sollen.

Für die geradlinigen Geodätischen

$$v = pu + q \quad (p, q = \text{const}) \tag{35.1}$$

der Ebene ist dann (wenn Punkte Ableitungen nach u bedeuten)

$$\ddot{v} = 0, \tag{35.2}$$

und dies muß zugleich (zufolge der geodätischen Abbildung) die Differentialgleichung der Geodätischen der Fläche $\mathfrak{x}(u, v)$ sein, welche nach (III. 37. Bem. 1) ausführlich so lautet:

$$\ddot{v} = \left\{ {22 \atop 1} \right\} \dot{v}^3 + \left(2 \left\{ {12 \atop 1} \right\} - \left\{ {22 \atop 2} \right\} \right) \dot{v}^2 + \left(\left\{ {11 \atop 1} \right\} - 2 \left\{ {12 \atop 2} \right\} \right) \dot{v} - \left\{ {11 \atop 2} \right\}. \tag{35.3}$$

Für die Christoffel-Symbole der Fläche $\mathfrak{x}(u, v)$ gelten daher wegen (2) die Beziehungen

$$\left\{ {11 \atop 1} \right\} = 2 \left\{ {12 \atop 2} \right\}, \quad \left\{ {11 \atop 2} \right\} = 0, \quad \left\{ {22 \atop 1} \right\} = 0, \quad 2 \left\{ {12 \atop 1} \right\} = \left\{ {22 \atop 2} \right\}. \tag{35.4}$$

Bemerkung 1: Diese vier Gleichungen gestatten von den in den Christoffel-Symbolen vorkommenden sechs Ableitungen $E_u, E_v, F_u, F_v, G_u, G_v$ vier durch die beiden restlichen auszudrücken. Z. B. findet man so, wenn man die Ausdrücke (32. 4) der Christoffel-Symbole in (4) einträgt, die Beziehungen

$$\begin{cases} E_v = \dfrac{FGE_u + E^2G_v}{2EG}, & G_u = \dfrac{G^2E_u + EFG_v}{2EG}, \\[2ex] F_u = \dfrac{3FGE_u + E^2G_v}{4EG}, & F_v = \dfrac{G^2E_u + 3EFG_v}{4EG}. \end{cases} \tag{35.5}$$

Für die Christoffel-Klammern folgt dann aus (32. 4) und (5)

$$\begin{cases} \left\{ {11 \atop 1} \right\} = \dfrac{E_u}{2E}, & \left\{ {12 \atop 1} \right\} = \dfrac{G_v}{4G}, & \left\{ {22 \atop 1} \right\} = 0, \\[2ex] \left\{ {11 \atop 2} \right\} = 0, & \left\{ {12 \atop 2} \right\} = \dfrac{E_u}{4E}, & \left\{ {22 \atop 2} \right\} = \dfrac{G_v}{2G}. \end{cases} \tag{35.6}$$

Vermöge der Gleichungen (4) nehmen die vier in (33. 7) gefundenen (zueinander äquivalenten) Gestalten des Theorema egregium die folgende Form an:

$$\begin{gathered} EK = \left\{ {12 \atop 2} \right\} \left\{ {12 \atop 2} \right\} - \left\{ {12 \atop 2} \right\}_u, \quad GK = \left\{ {12 \atop 1} \right\} \left\{ {12 \atop 1} \right\} - \left\{ {12 \atop 1} \right\}_v, \\ FK = \left\{ {12 \atop 1} \right\} \left\{ {12 \atop 2} \right\} + \left\{ {12 \atop 1} \right\}_u - 2 \left\{ {12 \atop 2} \right\}_v, \\ FK = \left\{ {12 \atop 1} \right\} \left\{ {12 \atop 2} \right\} + \left\{ {12 \atop 2} \right\}_v - 2 \left\{ {12 \atop 1} \right\}_u. \end{gathered} \tag{35.7}$$

Aus ihnen gewinnt man für unsere Fläche $\mathfrak{x}(u, v)$ die Formeln

$$(35.8)\quad \begin{cases} \left\{\begin{matrix}12\\1\end{matrix}\right\}_u = \left\{\begin{matrix}12\\1\end{matrix}\right\}\left\{\begin{matrix}12\\2\end{matrix}\right\} - FK, \left\{\begin{matrix}12\\1\end{matrix}\right\}_v = \left\{\begin{matrix}12\\1\end{matrix}\right\}\left\{\begin{matrix}12\\1\end{matrix}\right\} - GK, \\ \left\{\begin{matrix}12\\2\end{matrix}\right\}_u = \left\{\begin{matrix}12\\2\end{matrix}\right\}\left\{\begin{matrix}12\\2\end{matrix}\right\} - EK, \left\{\begin{matrix}12\\2\end{matrix}\right\}_v = \left\{\begin{matrix}12\\1\end{matrix}\right\}\left\{\begin{matrix}12\\2\end{matrix}\right\} - FK. \end{cases}$$

Weil die Fläche $\mathfrak{x}(u, v)$ dreimal stetig ableitbar ist, gilt nun nach dem Satze von H. A. Schwarz

$$(35.9)\qquad \left\{\begin{matrix}12\\1\end{matrix}\right\}_{uv} = \left\{\begin{matrix}12\\1\end{matrix}\right\}_{vu} \text{ und } \left\{\begin{matrix}12\\2\end{matrix}\right\}_{vu} = \left\{\begin{matrix}12\\2\end{matrix}\right\}_{uv}.$$

Führt man an den Größen (8) diese Differentiationen aus, so erhält man, wenn man die entstehenden Ableitungen der Christoffel-Klammern wieder durch die Größen (8) ersetzt, aus (6) die Gleichungen

$$\left\{\begin{matrix}12\\2\end{matrix}\right\}_{vu} - \left\{\begin{matrix}12\\2\end{matrix}\right\}_{uv} = K\left[(E_v - F_u) - \left(E\left\{\begin{matrix}12\\1\end{matrix}\right\} - F\left\{\begin{matrix}12\\2\end{matrix}\right\}\right)\right] + \\ + (EK_v - FK_u) = 0,$$

$$\left\{\begin{matrix}12\\1\end{matrix}\right\}_{vu} - \left\{\begin{matrix}12\\1\end{matrix}\right\}_{uv} = K\left[(F_v - G_u) - \left(F\left\{\begin{matrix}12\\1\end{matrix}\right\} - G\left\{\begin{matrix}12\\2\end{matrix}\right\}\right)\right] + \\ + (FK_v - GK_u) = 0.$$

Nun folgt aus (5) und (6)

$$E\left\{\begin{matrix}12\\1\end{matrix}\right\} - F\left\{\begin{matrix}12\\2\end{matrix}\right\} = E_v - F_u,\ F\left\{\begin{matrix}12\\1\end{matrix}\right\} - G\left\{\begin{matrix}12\\2\end{matrix}\right\} = F_v - G_u.$$

Man erhält also schließlich die Gleichungen

$$(35.10)\quad \begin{aligned} \left\{\begin{matrix}12\\2\end{matrix}\right\}_{vu} - \left\{\begin{matrix}12\\2\end{matrix}\right\}_{uv} &= EK_v - FK_u = 0, \\ \left\{\begin{matrix}12\\1\end{matrix}\right\}_{vu} - \left\{\begin{matrix}12\\1\end{matrix}\right\}_{uv} &= FK_v - GK_u = 0, \end{aligned}$$

aus denen dann wegen $W^2 = EG - F^2 \neq 0$

$$K_u = 0\,, \ K_v = 0\,, \ \text{also } K(u, v) = \text{const} \tag{35.11}$$

folgt.

Wenn also eine dreimal stetig ableitbare krumme Fläche $\mathfrak{x}(u, v)$ auf die Ebene π geodätisch abbildbar ist, so hat sie notwendig konstante Gaußsche Krümmung $K = \text{const}$.

Daß diese Bedingung $K = \text{const}$ für die Möglichkeit geodätischer Abbildung auf die Ebene auch hinreicht, ist bei den auf die Ebene abwickelbaren Flächen mit $K = 0$ trivial. Bei den pseudosphärischen Flächen mit konstantem $K < 0$ liefert die Beltramische Abbildung (28. 2) eine solche geodätische Abbildung. Bei den sphärischen Flächen mit konstantem $K > 0$, die alle zur Kugel $\varkappa$ vom Radius $R = 1/\sqrt{K}$ isometrisch sind, liefert die Projektion der Kugel aus ihrem Mittelpunkt O auf irgendeine Ebene π, die nicht durch O geht, eine solche geodätische Abbildung der Kugel $\varkappa$ auf π. Bei dieser „gnomonischen Projektion" aus der Kugelmitte O entspricht tatsächlich jeder Kugelgeodätischen (d. h. jedem Großkreis) eine gerade Linie, nämlich die Spurgerade der Großkreisebene auf der Bildebene π.

Damit ist der grundlegende Satz von Beltrami in allen Stücken bewiesen.

Bemerkung 2: In den oben benützten krummlinigen Koordinaten (u, v) nimmt die Gleichung $v = v(u)$ der geodätischen Linien die lineare Gestalt (1) an. Allgemein folgt aus dem Satze von Beltrami: Die geodätischen Linien einer (dreimal stetig ableitbaren) Fläche können dann und nur dann durch lineare Gleichungen $v = pu + q$ zwischen (geeignet gewählten) Flächenparametern (u, v) mit konstanten Vorzahlen p und q dargestellt werden, wenn die Fläche konstante Gaußsche Krümmung $K = \text{const}$ hat.

Bemerkung 3: Die einfachsten (nichtisometrischen) geodätischen Abbildungen der Ebene auf sich selbst sind die affinen

Abbildungen der Ebene in sich. Jede geodätische Linie (Gerade der Ebene) geht dabei tatsächlich wieder in eine geodätische Linie (Gerade) über.

Bemerkung 4: Die einfachsten (nichtisometrischen) geodätischen Abbildungen der Kugel auf sich erhält man, indem man das Bündel der Kugeldurchmesser kollinear in sich transformiert; jede geodätische Linie der Kugel (Großkreis in Durchmesserebene) wird dabei wieder in eine geodätische Linie der Kugel (Großkreis in der kollinearen Durchmesserebene) übergeführt.

36. Der Identitätssatz für Eiflächen. Unverbiegbarkeit und Starrheit der Eiflächen. Wir haben bisher meistens nur die differentiellen Eigenschaften einer Fläche $\mathfrak{x} = \mathfrak{x}(u, v)$ in der Umgebung eines ihrer Punkte $P(u, v)$, d. h. die Differentialgeometrie der Fläche **im Kleinen** (lokale Flächentheorie) behandelt, z. B. die Krümmungseigenschaften einer Fläche in einem ihrer Punkte oder die Isometrie zweier genügend kleiner Flächenstücke. Wir wenden uns nun einem wichtigen Theorem der Differentialgeometrie der Flächen **im Großen** (globalen Flächentheorie) zu und beginnen mit den folgenden

Erklärungen: Wie in der Ebene (vgl. I. 26 und I. 27) soll auch im Raum eine Punktmenge $\mathfrak{M}$ konvex heißen, wenn sie mit zwei Punkten P, Q auch ihre Verbindungsstrecke PQ enthält. Sind dann in $\mathfrak{M}$ vier (nicht komplanare) Punkte P, Q, R, S enthalten, so auch ihr räumliches Verbindungstetraeder $(PQRS)$; die konvexe Menge $\mathfrak{M}$ heißt dann dreidimensional. Ist die dreidimensionale konvexe Menge $\mathfrak{M}$ abgeschlossen und beschränkt, so heißt sie ein konvexer Körper. Die Berandung eines konvexen Körpers, d. h. die Menge aller nicht inneren Punkte von $\mathfrak{M}$, heißt eine konvexe Fläche. Jede konvexe Fläche Φ ist geschlossen und besitzt den topologischen Zusammenhang einer Kugelfläche. Sie besitzt ferner in jedem ihrer Punkte P eine Stützebene π, welche mit Φ mindestens den Punkt P

gemeinsam hat, während alle nicht in π liegenden Punkte von Φ sich auf ein und derselben Seite von π befinden.

Uns interessieren im folgenden nur stetig gekrümmte, genauer mindestens zweimal stetig differenzierbare geschlossene konvexe Flächen Φ. Für deren Gaußsche Krümmung gilt $K \geqq 0$, d. h. sie können außer elliptischen Punkten (mit $K > 0$) auch parabolische Punkte (mit $K = 0$) tragen.

Beispiele solcher Flächen sind die Kugel und das Ellipsoid, für welche $K > 0$ gilt. Ein weiteres Beispiel ist die durch Drehung der geschlossenen Laméschen Linie $x^4 + z^4 = a^4$, $y = 0$ um die z-Achse entstehende Drehfläche, deren Gleichung $(x^2 + y^2)^2 + z^4 = a^4$ lautet; diese Fläche besitzt auch parabolische Punkte, nämlich ihren Nordpol $N = (0, 0, a)$ und Südpol $S = (0, 0, -a)$ ferner alle Punkte ihres Äquatorkreises (Wulstkreis, $x^2 + y^2 = a^2$, $z = 0$).

Die parabolischen Punkte einer solchen Fläche können also entweder isoliert auftreten oder Kurvenstücke erfüllen; sie können aber auch ganze Flächenteile bilden, nämlich Stücke von Ebenen, Kegeln, Zylindern oder Torsen ausfüllen; man denke z. B. an einen Kreiszylinder, der oben und unten durch zwei berührende Kappen so abgeschlossen ist, daß insgesamt eine geschlossene konvexe, zweimal stetig differenzierbare Fläche Φ entsteht. Wegen dieser vielen Möglichkeiten für die Verteilung der parabolischen Punkte ist die Frage, ob umgekehrt alle zweimal stetig differenzierbaren geschlossenen Flächen mit $K \geqq 0$ stets konvex sind, keineswegs trivial. Dieses lange offene Problem haben erst im Jahre 1957 die Amerikaner S. S. Chern und R. K. Lashof gelöst, indem sie zeigten

Satz 1 (von Chern und Lashof): *Jede geschlossene, zweimal stetig differenzierbare Fläche mit $K \geqq 0$ ist konvex.*

Wir wollen weiterhin geschlossene, wenigstens zweimal stetig differenzierbare Flächen Φ, die überall positiv gekrümmt sind ($K > 0$), also nur elliptische Punkte P besitzen, mit Wilhelm Blaschke (1916) als Eiflächen bezeichnen. Die Stützebenen π einer Eifläche Φ berühren sie jeweils in genau einem Punkt P. Durch ihre (nach außen gerichteten) Flächennormalen $\mathfrak{n}$ wird jede Eifläche Φ umkehrbar eindeutig und stetig auf die volle Einheitskugel (ihr sphärisches Bild) bezogen.

Von dem Franzosen Jacques Hadamard (1865—1963) stammt die folgende Umkehrung der obigen Kennzeichnung der Eiflächen, die ein Sonderfall von Satz 1 ist:

Satz 2 (von J. Hadamard, 1903): *Jede geschlossene Fläche Φ mit stetiger und überall positiver Gaußscher Krümmung $K > 0$ ist eine Eifläche.*

Der Beweis von Hadamard bedient sich topologischer Hilfsmittel und benutzt nach sphärischer Abbildung der Fläche Φ auf die Einheitskugel die Tatsache, daß jede unbegrenzte und relativ unverzweigte Überlagerungsfläche der Kugel notwendig mit ihr identisch ist.

Wir beweisen nach diesen Vorbemerkungen nun den folgenden globalen Satz über Eiflächen, die wir nunmehr sogar als dreimal stetig differenzierbar voraussetzen müssen.

Satz 3 (Identitätssatz für Eiflächen): *Zwei längentreu (isometrisch) aufeinander abgebildete dreimal stetig differenzierbare Eiflächen sind stets zu einander entweder gleichsinnig oder gegensinnig kongruent. D. h. entsprechende Punkte zweier isometrischer Eiflächen können stets entweder durch eine Bewegung oder durch eine Umlegung des Raumes zur Deckung gebracht werden.*

Diesen für die metrische Theorie der Eiflächen grundlegenden Satz 3 hat zuerst Stephan Cohn-Vossen (1927) bewiesen, zunächst nur für stückweise analytische Eiflächen, später (1936) auch für bloß dreimal stetig ableitbare Eiflächen (stets positiver Gaußscher Krümmung $K > 0$). Der Russe

A. W. Pogorelow bewies ihn (1952) ohne solche einschränkende Regularitätsannahmen für alle Eiflächen mit beschränkter Gaußscher Krümmung. Die Gaußsche Krümmung ist dabei durch die Grenzwertformel (20. 4) erklärt. Den folgenden sehr einfachen Beweis von Satz 3 für dreimal stetig differenzierbare Eiflächen hat Gustav Herglotz (1943) angegeben. Er beruht hauptsächlich auf einer neuen, von Gustav Herglotz (1881–1953) gefundenen Integralformel.

Beweis: Es seien allgemein $\mathfrak{x} = \mathfrak{x}(u, v)$ und $\bar{\mathfrak{x}} = \bar{\mathfrak{x}}(u, v)$ zwei durch gleiche Werte der Parameter (u, v) isometrisch (längentreu) aufeinander bezogene, dreimal stetig ableitbare, reelle (einfach zusammenhängende) Flächenstücke Φ und $\bar{\Phi}$ vom gemeinsamen Bogenelementquadrat

$$(36.1)\quad I = ds^2 = E(u,v)du^2 + 2F(u,v)du\,dv + G(u,v)dv^2 = d\bar{s}^2 = \bar{I},$$

mit $\bar{E} \equiv E$, $\bar{F} \equiv F$, $\bar{G} \equiv G$, deren Flächennormalen $\mathfrak{n}, \bar{\mathfrak{n}}$ so orientiert seien, daß

$$(36.2)\quad W = [\mathfrak{x}_u \mathfrak{x}_v \mathfrak{n}] = \sqrt{EG - F^2} = [\bar{\mathfrak{x}}_u \bar{\mathfrak{x}}_v \bar{\mathfrak{n}}] = \bar{W} > 0$$

ist.

Führt man dann auf Φ statt L, M, N wie in (33. Bem. 1.) die modifizierten zweiten Fundamentalgrößen

$$(36.3)\quad \mathfrak{L} = \frac{L}{W}, \quad \mathfrak{M} = \frac{M}{W}, \quad \mathfrak{N} = \frac{N}{W},$$

ein, ebenso auf $\bar{\Phi}$ die analogen Größen $\bar{\mathfrak{L}}, \bar{\mathfrak{M}}, \bar{\mathfrak{N}}$, so findet man für die zweiten Fundamentalformen II und $\overline{II}$ der beiden Flächen wegen (2) die Darstellung

$$(36.4)\quad \begin{cases} II = W(\mathfrak{L}du^2 + 2\mathfrak{M}du\,dv + \mathfrak{N}dv^2) = \Psi(du, dv), \\ \overline{II} = W(\bar{\mathfrak{L}}du^2 + 2\bar{\mathfrak{M}}du\,dv + \bar{\mathfrak{N}}dv^2) = \bar{\Psi}(du, dv). \end{cases}$$

Die (nach dem Theorema egregium einander gleichen) Gaußschen Krümmungen und die mittleren Krümmungen der Flächen Φ und $\bar{\Phi}$ lauten nach (10. 17) und (10. 18)

$$(36.5)\quad \begin{cases} K = \mathfrak{L}\mathfrak{N} - \mathfrak{M}^2 = \bar{\mathfrak{L}}\bar{\mathfrak{N}} - \bar{\mathfrak{M}}^2 = \bar{K} \\ H = \dfrac{E\mathfrak{N} - 2F\mathfrak{M} + G\mathfrak{L}}{2W}, \quad \bar{H} = \dfrac{E\bar{\mathfrak{N}} - 2F\bar{\mathfrak{M}} + G\bar{\mathfrak{L}}}{2W}. \end{cases}$$

Bemerkung 1: Die bilineare Invariante

$$\mathfrak{J} = \mathfrak{L}\overline{\mathfrak{N}} - 2\mathfrak{M}\overline{\mathfrak{M}} + \mathfrak{N}\overline{\mathfrak{L}} \tag{36.6}$$

der beiden Formen (4) verschwindet dann und nur dann, wenn die beiden Eiflächen analytisch sind und den (konjugiert komplexen) Schmieglinien der einen Eifläche ein konjugiertes Netz der anderen entspricht (und umgekehrt).

Beziehen sich die Christoffel-Symbole auf das (gemeinsame) Bogenelementquadrat (1) der beiden isometrischen Flächenstücke Φ und $\overline{\Phi}$, so lauten die Gaußschen Ableitungsgleichungen (32. 1) der Fläche Φ

$$\left\{\begin{array}{l|c} \mathfrak{x}_{uu} - \begin{Bmatrix}11\\1\end{Bmatrix}\mathfrak{x}_u - \begin{Bmatrix}11\\2\end{Bmatrix}\mathfrak{x}_v - W\mathfrak{L}\mathfrak{n} = \mathfrak{o}, & \overline{\mathfrak{N}} \\ \mathfrak{x}_{uv} - \begin{Bmatrix}12\\1\end{Bmatrix}\mathfrak{x}_u - \begin{Bmatrix}12\\2\end{Bmatrix}\mathfrak{x}_v - W\mathfrak{M}\mathfrak{n} = \mathfrak{o}, & -2\overline{\mathfrak{M}} \\ \mathfrak{x}_{vv} - \begin{Bmatrix}22\\1\end{Bmatrix}\mathfrak{x}_u - \begin{Bmatrix}22\\2\end{Bmatrix}\mathfrak{x}_v - W\mathfrak{N}\mathfrak{n} = \mathfrak{o}, & \overline{\mathfrak{L}} \end{array}\right. \tag{36.7}$$

und die Codazzi-Mainardischen Gleichungen (33. 12) der Fläche $\overline{\Phi}$

$$\left\{\begin{array}{l|c} (\overline{\mathfrak{N}}_u - \overline{\mathfrak{M}}_v) + \begin{Bmatrix}11\\1\end{Bmatrix}\overline{\mathfrak{N}} - 2\begin{Bmatrix}12\\1\end{Bmatrix}\overline{\mathfrak{M}} + \begin{Bmatrix}22\\1\end{Bmatrix}\overline{\mathfrak{L}} = 0, & \mathfrak{x}_u \\ (\overline{\mathfrak{L}}_v - \overline{\mathfrak{M}}_u) + \begin{Bmatrix}11\\2\end{Bmatrix}\overline{\mathfrak{N}} - 2\begin{Bmatrix}12\\2\end{Bmatrix}\overline{\mathfrak{M}} + \begin{Bmatrix}22\\2\end{Bmatrix}\overline{\mathfrak{L}} = 0. & \mathfrak{x}_v \end{array}\right. \tag{36.8}$$

Multipliziert man die Gleichungen (7) der Reihe nach mit $\overline{\mathfrak{N}}$, $-2\overline{\mathfrak{M}}$, $\overline{\mathfrak{L}}$ und (8) mit $\mathfrak{x}_u, \mathfrak{x}_v$ und addiert alles, so erhält man wegen (6)

$$W\mathfrak{J}\mathfrak{n} = \frac{\partial}{\partial u}(\overline{\mathfrak{N}}\mathfrak{x}_u - \overline{\mathfrak{M}}\mathfrak{x}_v) + \frac{\partial}{\partial v}(\overline{\mathfrak{L}}\mathfrak{x}_v - \overline{\mathfrak{M}}\mathfrak{x}_u) \tag{36.9}$$

und daraus, nach innerer Multiplikation mit dem Ortsvektor $\mathfrak{x}(u, v)$ der Fläche Φ und Integration über den (gemeinsamen) Parameterbereich $\mathfrak{B}(u, v)$ der beiden isometrischen Flächenstücke Φ und $\overline{\Phi}$, die Gleichung

$$\iint \mathfrak{J}(\mathfrak{n}\mathfrak{x})W\,du\,dv =$$
$$= \iint \mathfrak{x}(\overline{\mathfrak{N}}\mathfrak{x}_u - \overline{\mathfrak{M}}\mathfrak{x}_v)_u\,du\,dv + \iint \mathfrak{x}(\overline{\mathfrak{L}}\mathfrak{x}_v - \overline{\mathfrak{M}}\mathfrak{x}_u)_v\,dv\,du.$$

Integriert man rechts mit Hilfe des Gaußschen Integralsatzes partiell nach u bzw. v, so folgt

$$\iint \mathfrak{J}(\mathfrak{n}\mathfrak{x})dO = \oint [\mathfrak{x}(\overline{\mathfrak{M}}\mathfrak{x}_u - \overline{\mathfrak{L}}\mathfrak{x}_v)du + \mathfrak{x}(\overline{\mathfrak{N}}\mathfrak{x}_u - \overline{\mathfrak{M}}\mathfrak{x}_v)dv] -$$
$$- \iint (\overline{\mathfrak{L}}\mathfrak{x}_v^2 - 2\overline{\mathfrak{M}}\mathfrak{x}_u\mathfrak{x}_v + \overline{\mathfrak{N}}\mathfrak{x}_u^2)du\,dv$$

oder endlich, wegen $\mathfrak{x}_u^2 = E = \overline{E}$, $\mathfrak{x}_u\mathfrak{x}_v = F = \overline{F}$, $\mathfrak{x}_v^2 = G = \overline{G}$ sowie $\overline{\mathfrak{L}} = \overline{L}/\overline{W}$, $\overline{\mathfrak{M}} = \overline{M}/\overline{W}$, $\overline{\mathfrak{N}} = \overline{N}/\overline{W}$, nach (5)

$$\iint_{\Phi} \mathfrak{J}(\mathfrak{n}\mathfrak{x})dO = \tag{36.10}$$
$$= \oint_R [\mathfrak{x}(\overline{\mathfrak{M}}\mathfrak{x}_u - \overline{\mathfrak{L}}\mathfrak{x}_v)du + \mathfrak{x}(\overline{\mathfrak{N}}\mathfrak{x}_u - \overline{\mathfrak{M}}\mathfrak{x}_v)dv] - 2\iint_{\overline{\Phi}} \overline{H}d\overline{O}.$$

Das Linienintegral rechts ist dabei stets im positiven Sinne über den (glatten) Rand R des Flächenstückes Φ zu erstrecken.

Es seien nun Φ und $\overline{\Phi}$ zwei Eiflächen, die durch die beiden (in der Isometrie entsprechenden) einfach geschlossenen (glatten) Linien R und $\overline{R}$ in zwei (einfach zusammenhängende) isometrische Flächenstücke $\Phi = \Phi_1 + \Phi_2$ und $\overline{\Phi} = \overline{\Phi}_1 + \overline{\Phi}_2$ zerlegt werden. Wendet man dann auf jeden dieser Teile die Formel (10) an, so heben sich in der Summe (wegen ihres verschiedenen Umlaufsinns) die Linienintegrale weg, und es bleibt schließlich die Integralformel

$$\iint_{\Phi} \mathfrak{J}(\mathfrak{n}\mathfrak{x})dO = -2\iint_{\overline{\Phi}} \overline{H}d\overline{O}. \tag{36.11}$$

Als Sonderfall steckt darin, wenn die Eifläche $\overline{\Phi}$ mit Φ identisch ist (dann wird $\mathfrak{J} = 2(\mathfrak{L}\mathfrak{N} - \mathfrak{M}^2) = 2K$, $\overline{H} = H$, $d\overline{O} = dO$), die Formel

$$2\iint_{\Phi} K(\mathfrak{n}\mathfrak{x})dO = -2\iint_{\Phi} H dO, \tag{36.12}$$

die sich nur auf die einzige Eifläche Φ bezieht.

Subtrahiert man schließlich die Gleichungen (11) und (12), so erhält man die Integralformel

$$\iint_{\Phi} (2K - \mathfrak{J})(\mathfrak{n}\mathfrak{x})dO = 2\left(\iint_{\overline{\Phi}} \overline{H}d\overline{O} - \iint_{\Phi} H dO\right), \tag{36.13}$$

die man wegen

$$2K - \mathfrak{J} = K + \overline{K} - \mathfrak{J} = (\mathfrak{L}\mathfrak{N} - \mathfrak{M}^2) + (\overline{\mathfrak{L}}\overline{\mathfrak{N}} - \overline{\mathfrak{M}}^2) \tag{36.14}$$
$$- (\mathfrak{L}\overline{\mathfrak{N}} - 2\mathfrak{M}\overline{\mathfrak{M}} + \mathfrak{N}\overline{\mathfrak{L}}) = (\overline{\mathfrak{L}} - \mathfrak{L})(\overline{\mathfrak{N}} - \mathfrak{N}) - (\overline{\mathfrak{M}} - \mathfrak{M})^2$$

schließlich noch in der Form schreiben kann:

$$\iint\limits_{\Phi} \begin{vmatrix} \bar{\mathfrak{L}}-\mathfrak{L}, & \bar{\mathfrak{M}}-\mathfrak{M} \\ \bar{\mathfrak{M}}-\mathfrak{M}, & \bar{\mathfrak{N}}-\mathfrak{N} \end{vmatrix} (\mathfrak{n}\mathfrak{x})\,dO = 2\Big(\iint\limits_{\bar{\Phi}} \bar{H}\,d\bar{O} - \iint\limits_{\Phi} H\,dO\Big). \tag{36.15}$$

Die Integralformeln (11) und (15) hat Gustav Herglotz (1943) angegeben. Die Formel (12) stammt schon von Hermann Minkowski (1900). Dabei ist

$$\iint\limits_{\Phi} H\,dO = \iint\limits_{\Phi} \frac{1}{2}\left(\frac{1}{R_1} + \frac{1}{R_2}\right) dO \tag{36.16}$$

das schon von Jacob Steiner (1840) eingeführte Integral der mittleren Krümmung der Eifläche Φ.

Bemerkung 2: Um die geometrische Bedeutung von $(\mathfrak{n}\mathfrak{x})$ einfach aussprechen zu können, wählen wir den Nullpunkt U im Inneren der Eifläche Φ und sorgen (durch geeignete Benennung der Parameter u, v und nötigenfalls durch Spiegelung einer der beiden Flächen an einer Ebene) dafür, daß die Flächennormale $\mathfrak{n}$ ins Innere der Eifläche weist. Dann stellt die Größe

$$p(u, v) = -(\mathfrak{n}\mathfrak{x}) > 0 \tag{36.17}$$

den Abstand p des Nullpunktes U von der (orientierten) Tangentenebene τ des Flächenpunktes $\mathfrak{x}(u, v)$ dar; man nennt $p = p(u, v)$ nach H. Minkowski die **Stützfunktion** der Eifläche Φ im Punkte (u, v) bezüglich des Nullpunktes U.

Die Minkowskische Formel (12) lautet dann

$$\iint\limits_{\Phi} K(u, v) \cdot p(u, v)\,dO = \iint\limits_{\Phi} H(u, v)\,dO. \tag{36.18}$$

Weil nach (20. 4) noch $K \cdot dO = dO^*$ das Flächenelement des sphärischen Bildes von Φ auf der Einheitskugel Φ^* (Flächeninhalt 4π) ist, folgt

$$\iint\limits_{\Phi} H\,dO = \iint\limits_{\Phi^*} p(u, v)\,dO^*, \tag{36.19}$$

d. h. es gilt bei sphärischer Mittelung (Mittelung über die Oberfläche der Einheitskugel Φ^*) der

Satz 4: *Das Integral der mittleren Krümmung H einer Eifläche Φ ist gleich dem 4πfachen (sphärischen) Mittelwert des Abstandes p ihrer Tangentenebenen τ vom Nullpunkt.*

In (15) treten die beiden isometrischen Eiflächen Φ und $\bar{\Phi}$ mit den Flächenelementen dO und $d\bar{O}$ noch nicht ganz gleichberechtigt auf. Wir denken uns daher (15) nochmals unter Vertauschung von Φ und $\bar{\Phi}$ aufgeschrieben und die entstehende Formel zu (15) addiert. Dann entsteht wegen (17) und $dO = d\bar{O}$ die in Φ und $\bar{\Phi}$ symmetrische **Integralformel von Herglotz**

$$(36.20) \qquad \boxed{\iint\limits_{\Phi} \begin{vmatrix} \bar{\mathfrak{L}} - \mathfrak{L}, & \bar{\mathfrak{M}} - \mathfrak{M} \\ \bar{\mathfrak{M}} - \mathfrak{M}, & \bar{\mathfrak{N}} - \mathfrak{N} \end{vmatrix} (p + \bar{p})\, dO = 0.}$$

Dabei sind $p = p(u, v) = -(\mathfrak{n}\mathfrak{x})$ und $\bar{p} = \bar{p}(u, v) = -(\bar{\mathfrak{n}}\bar{\mathfrak{x}})$ nach (17) die Stützfunktionen der Flächen Φ und $\bar{\Phi}$ bezüglich des Nullpunktes U, d. h. die Abstände des Nullpunktes U von den Tangentenebenen $\tau(u, v)$ und $\bar{\tau}(u, v)$ der beiden Eiflächen Φ und $\bar{\Phi}$ in entsprechenden Punkten $\mathfrak{x}(u, v)$ und $\bar{\mathfrak{x}}(u, v)$.

Wir beweisen nun noch (als letzte Vorbereitung zum Beweis des Identitätssatzes der Eiflächen) den

Satz 5: *Für die beiden Eiflächen Φ und $\bar{\Phi}$ ist stets*

$$(36.21) \qquad \begin{vmatrix} \bar{\mathfrak{L}} - \mathfrak{L}, & \bar{\mathfrak{M}} - \mathfrak{M} \\ \bar{\mathfrak{M}} - \mathfrak{M}, & \bar{\mathfrak{N}} - \mathfrak{N} \end{vmatrix} = 2K - \mathfrak{J} \leqq 0,$$

wobei das Gleichheitszeichen dann und nur dann gilt, wenn

$$(36.22) \qquad \bar{\mathfrak{L}} = \mathfrak{L},\ \bar{\mathfrak{M}} = \mathfrak{M},\ \bar{\mathfrak{N}} = \mathfrak{N}$$

ist.

Beweis: Wir lassen auf beiden Eiflächen Φ und $\bar{\Phi}$ die Normalen $\mathfrak{n}$ und $\bar{\mathfrak{n}}$ ins Innere der Flächen weisen; wegen $W = \bar{W} > 0$ sind dann die *zweiten Grundformen* (4) von Φ und $\bar{\Phi}$ *positiv definit*, also

$$\mathfrak{L} > 0,\ \mathfrak{N} > 0,\ K = \mathfrak{L}\mathfrak{N} - \mathfrak{M}^2 > 0;$$
$$\bar{\mathfrak{L}} > 0,\ \bar{\mathfrak{N}} > 0,\ \bar{K} = \bar{\mathfrak{L}}\bar{\mathfrak{N}} - \bar{\mathfrak{M}}^2 > 0.$$

Die aus (5) und (6) folgende Identität

$$(36.23) \qquad \begin{aligned} \mathfrak{L}^2(\mathfrak{J}^2 - 4K^2) &\equiv \mathfrak{L}^2[(\mathfrak{L}\bar{\mathfrak{N}} - 2\mathfrak{M}\bar{\mathfrak{M}} + \mathfrak{N}\bar{\mathfrak{L}})^2 - \\ &\quad - 4(\mathfrak{L}\mathfrak{N} - \mathfrak{M}^2)(\bar{\mathfrak{L}}\bar{\mathfrak{N}} - \bar{\mathfrak{M}}^2)] \equiv \\ &\equiv [\mathfrak{L}(\mathfrak{L}\bar{\mathfrak{N}} - \bar{\mathfrak{L}}\mathfrak{N}) - 2\mathfrak{M}(\mathfrak{L}\bar{\mathfrak{M}} - \bar{\mathfrak{L}}\mathfrak{M})]^2 + \\ &\quad + 4(\mathfrak{L}\mathfrak{N} - \mathfrak{M}^2)(\mathfrak{L}\bar{\mathfrak{M}} - \mathfrak{M}\bar{\mathfrak{L}})^2 \geqq 0 \end{aligned}$$

bestätigt zunächst die Ungleichung

(36. 24) $$\mathfrak{J}^2 - 4K^2 \geqq 0\,.$$

Wir bemerken weiter, daß mit $1/R = II/I > 0$ und $1/\overline{R} = \overline{II}/\overline{I} > 0$ wegen $I = \overline{I}$ auch

(36. 25) $$\frac{1}{R} + \frac{1}{\overline{R}} = \frac{II + \overline{II}}{I} > 0$$

ist. Nach (4) bedeutet dies wegen $W = \overline{W}$, daß auch die quadratische Form

(36. 26) $$(\mathfrak{L} + \overline{\mathfrak{L}})\,du^2 + 2(\mathfrak{M} + \overline{\mathfrak{M}})\,du\,dv + (\mathfrak{N} + \overline{\mathfrak{N}})\,dv^2$$

positiv definit ist. Wegen (5) und (6) ist daher

(36. 27) $$(\mathfrak{L} + \overline{\mathfrak{L}})(\mathfrak{N} + \overline{\mathfrak{N}}) - (\mathfrak{M} + \overline{\mathfrak{M}})^2 = \mathfrak{J} + 2K > 0.$$

Da aber nach (24)

(36. 28) $$\mathfrak{J}^2 - 4K^2 = (\mathfrak{J} + 2K)(\mathfrak{J} - 2K) \geqq 0$$

gilt, folgt aus (27) und (28)

(36. 29) $$\mathfrak{J} - 2K \geqq 0.$$

Damit ist zunächst die Behauptung (21) bewiesen.

Aus (29) folgt noch wegen $K > 0$ die Ungleichung

(36. 30) $$\mathfrak{J} \geqq 2K > 0.$$

Das Gleichheitszeichen gilt in (21) und (29) nur, wenn

(36. 31) $$(\overline{\mathfrak{L}} - \mathfrak{L})(\overline{\mathfrak{N}} - \mathfrak{N}) - (\overline{\mathfrak{M}} - \mathfrak{M})^2 = 0$$

ist. Mit zulässiger Vertauschung der Flächen Φ und $\overline{\Phi}$ kann man dann setzen

(36. 32) $$\begin{aligned} &\overline{\mathfrak{L}} - \mathfrak{L} = \sigma^2,\ \overline{\mathfrak{M}} - \mathfrak{M} = \sigma\tau,\ \overline{\mathfrak{N}} - \mathfrak{N} = \tau^2 \text{ oder} \\ &\overline{\mathfrak{L}} = \mathfrak{L} + \sigma^2,\ \overline{\mathfrak{M}} = \mathfrak{M} + \sigma\tau,\ \overline{\mathfrak{N}} = \mathfrak{N} + \tau^2. \end{aligned}$$

Aus $\overline{K} = K$ folgt damit

(36. 33) $$\begin{aligned} \overline{K} - K &= (\overline{\mathfrak{L}}\,\overline{\mathfrak{N}} - \overline{\mathfrak{M}}^2) - (\mathfrak{L}\mathfrak{N} - \mathfrak{M}^2) = \\ &= \mathfrak{L}\tau^2 - 2\mathfrak{M}\sigma\tau + \mathfrak{N}\sigma^2 = 0. \end{aligned}$$

Wegen des definiten Charakters dieser letzten Form ($\mathfrak{L}\mathfrak{N} - \mathfrak{M}^2 > 0$) ist diese Gleichung nur für $\sigma = \tau = 0$ möglich. Das Gleichheitszeichen in (21) und (29) gilt also nach (32) dann und nur dann, wenn

(36. 34) $$\overline{\mathfrak{L}} = \mathfrak{L},\ \overline{\mathfrak{M}} = \mathfrak{M},\ \overline{\mathfrak{N}} = \mathfrak{N}$$

ist. Man hätte diese Tatsache übrigens auch aus (23) erschließen können. Damit ist Satz 3 in allen Teilen bewiesen.

Nach diesen Vorbereitungen kann man nun den **Identitätssatz für Eiflächen** mittels der Integralformel (20) von Herglotz sehr einfach wie folgt beweisen:

Legen wir die isometrischen Eiflächen Φ und $\overline{\Phi}$ so, daß sie beide den Nullpunkt U als inneren Punkt enthalten, dann sind, weil die Flächennormalen $\mathfrak{n}$ und $\overline{\mathfrak{n}}$ nach Annahme ins Innere der Eiflächen Φ und $\overline{\Phi}$ weisen, nach (17) die Stützfunktionen

$$p = -(\mathfrak{n}\mathfrak{x}) > 0 \text{ und } \bar{p} = -(\overline{\mathfrak{n}}\overline{\mathfrak{x}}) > 0, \tag{36.35}$$

also auch $p + \bar{p} > 0$. Die Integralformel (20) kann dann nur bestehen, wenn der nie positive Determinantenfaktor (21) verschwindet. Dann gelten aber nach Satz 3 die Formeln (22).

Zwei (dreimal stetig differenzierbare) isometrische Eiflächen Φ und $\overline{\Phi}$, auf denen entsprechende Punkte zu gleichen Parametern gehören, haben somit notwendig dieselben sechs Fundamentalgrößen E, F, G und $\mathfrak{L}, \mathfrak{M}, \mathfrak{N}$ (oder L, M, N); sie sind daher nach dem Bonnetschen Fundamentalsatz der Flächentheorie zueinander kongruent, d. h. $\overline{\Phi}$ geht aus Φ entweder durch eine Bewegung oder durch eine Umlegung hervor, wobei entsprechende Punkte zur Deckung gelangen.

Damit ist der Identitätssatz für Eiflächen bewiesen. Dieser Satz verbürgt die endliche **Unverbiegbarkeit der Eiflächen.** Aus ihm folgt nämlich der im analytischen Falle schon von Heinrich Liebmann (1874–1939) stammende

Satz von Liebmann (1900): *Es ist nicht möglich, eine dreimal stetig differenzierbare Eifläche Φ anders als durch starre Bewegung stetig so umzuformen, daß dabei alle ihre inneren Maßverhältnisse ungeändert bleiben.*

Bemerkung 3: Dagegen ist eine Eifläche, in die ein beliebig kleines Loch geschnitten ist, stets stetig (in endlicher Weise) verbiegbar. Dies hatte schon H. Liebmann (1920) vermutet; einen strengen Beweis dafür hat vor kurzem für hinreichend reguläre Eiflächen und Randkurven Günter Hellwig (1955) angegeben. A. W. Pogorelow (1951) hat sogar genauer bewiesen, daß man zwei beliebige, zueinander isometrische, dreimal stetig ableitbare, gelochte Eiflächen ($K = \overline{K} > 0$) stets durch endliche stetige Biegungen ineinander überführen kann, wenn ihre glatten Randkurven überall positive oder überall negative (gleiche) geodätische Krümmungen ($\varkappa_g = \bar{\varkappa}_g$) besitzen.

Bemerkung 4: Die sogenannte infinitesimale Verbiegbarkeit einer Eifläche mit beliebig kleinem Loch haben schon früher Stefan Cohn-Vossen (1927) und Wilhelm Süß (1927) bewiesen. Unter infinitesimalen Verbiegungen versteht man dabei solche infinitesimalen Umformungen einer Fläche, bei denen die Längen aller Flächenkurven bis auf Größen zweiter und höherer Ordnung ungeändert bleiben.

Wie H. Liebmann (1900) und besonders einfach W. Blaschke (1912 und 1921) bewiesen haben, sind Eiflächen auch infinitesimal unverbiegbar. Jede infinitesimale Verbiegung einer Eifläche erweist sich nämlich notwendig als eine bloße infinitesimale Bewegung. Diese Eigenschaft der infinitesimalen Unverbiegbarkeit der Eiflächen, die man kurz als ihre **Starrheit** bezeichnet, ist übrigens keine unmittelbare Folge ihrer oben bewiesenen (endlichen) Unverbiegbarkeit. Umgekehrt ist jedoch jede im Infinitesimalen unverbiegbare (d. h. jede starre) Fläche auch im Endlichen unverbiegbar. *Eine starre Fläche ist also stets unverbiegbar, eine unverbiegbare Fläche muß aber nicht starr sein.* (Der einfachste Beleg dafür ist eine ebene Kreisscheibe, deren Randkreis festgehalten wird; diese Scheibe gestattet zwar infinitesimale Biegungen, aber keine endlichen Biegungen). Dagegen gilt der Satz, daß *jede endlich verbiegbare Fläche stets auch infinitesimal verbiegbar (d. h. unstarr) ist.*

Bemerkung 5: Der oben bewiesene Identitätssatz gilt in der angegebenen Form wirklich nur für Eiflächen. Es gibt nämlich nach Eduard Rembs (1952) Paare analytischer, geschlossener, überall regulärer und flachpunktfreier Flächen Φ, $\overline{\Phi}$ vom topologischen Typus der Kugel, die zueinander isometrisch aber weder kongruent noch symmetrisch sind.

Bemerkung 6: Wie Aurel Wintner (1952) bewiesen hat, gilt der Identitätssatz von Herglotz auch noch für isometrische Eiflächen, welche bloß zweimal stetig differenzierbar (stetig gekrümmt) sind. Ist eine der beiden isometrischen Eiflächen analytisch, so auch die andere.

E. Minimalflächen

37. Minimalflächen. Schon Joseph Louis Lagrange (1760) hat das später nach dem (blinden) belgischen Physiker Joseph Plateau (1866) benannte Problem gestellt, durch eine glatte, geschlossene und doppelpunktfreie reelle Raumkurve R jene reelle, stetig gekrümmte, einfach zusammenhängende Fläche

$$(37.1) \qquad \mathfrak{x} = \mathfrak{x}(u, v) = x(u, v)\mathfrak{e}_1 + y(u, v)\mathfrak{e}_2 + z(u, v)\mathfrak{e}_3$$

zu legen, welche die kleinste Oberfläche

$$(37.2) \qquad O = \iint\limits_{\mathfrak{P}(u,v)} W\,du\,dv = \iint\limits_{\mathfrak{P}(u,v)} dO = \text{Minimum}$$

besitzt. $\mathfrak{P}(u, v)$ bedeutet dabei den Parameterbereich des von R berandeten einfach zusammenhängenden Flächenstückes (1). Dieses **Plateausche Problem** haben (sogar in wesentlich weiterem Umfang) gleichzeitig Jesse Douglas (1932) und Tibor Radó (1932) mit Mitteln der Potentialtheorie bzw. der Theorie der konformen Abbildungen gelöst.

Wir wollen die Existenz einer Lösung des Plateauschen Problems für die glatte geschlossene Raumkurve R unterstellen und mit Lagrange (1760) und Meusnier (1776) beweisen, daß die Lösungsflächen notwendig in allen ihren Punkten verschwindende mittlere Krümmung

$$(37.3) \quad H = \frac{1}{2}\left(\frac{1}{R_1} + \frac{1}{R_2}\right) = \frac{1}{2\,W^2}(EN - 2FM + GL) \equiv 0$$

besitzen. Man bezeichnet umgekehrt alle metrisch regulären ($W \neq 0$) stetig gekrümmten Flächen mit $H \equiv 0$ als **Minimalflächen,** gleichgültig ob sie innerhalb der auf ihnen liegenden glatten geschlossenen Raumkurven R minimale Oberfläche aufweisen oder nicht.

Beweis: Wir vergleichen das durch die Randkurve R laufende Flächenstück $\mathfrak{x} = \mathfrak{x}(u, v)$ minimaler Oberfläche O mit den Vergleichsflächen

$$\bar{\mathfrak{x}} = \bar{\mathfrak{x}}(u, v) = \mathfrak{x}(u, v) + \varepsilon \cdot w(u, v)\mathfrak{n}(u, v), \tag{37.4}$$

die aus $\mathfrak{x}(u, v)$ entstehen, wenn man auf den Normalen $\mathfrak{n}(u, v)$ der Fläche (1) die Strecke $\varepsilon w(u, v)$ aufträgt, und die ebenfalls durch die Randkurve R laufen. Dabei ist $w(u, v)$ eine willkürliche (zweimal stetig ableitbare) Funktion, die auf dem Rande R verschwindet

$$w(u, v)\,|_R = 0, \tag{37.5}$$

und ε ist ein (die einzelnen Flächen der Vergleichsschar kennzeichnender) Parameter. Für $\varepsilon = 0$ ist in der Flächenschar (4) die (als existent angenommene) Fläche $\mathfrak{x} = \mathfrak{x}(u, v)$ kleinster Oberfläche O enthalten.

Aus

$$\bar{\mathfrak{x}}_u = \mathfrak{x}_u + \varepsilon(w_u \mathfrak{n} + w \mathfrak{n}_u), \qquad \bar{\mathfrak{x}}_v = \mathfrak{x}_v + \varepsilon(w_v \mathfrak{n} + w \mathfrak{n}_v)$$

folgt dann wegen $\mathfrak{n}\mathfrak{x}_u = \mathfrak{n}\mathfrak{x}_v \equiv 0$ sowie (3.16) und (III. 5. 4)

$$\begin{aligned} \bar{E} &= \bar{\mathfrak{x}}_u^2 &&= E - 2\varepsilon w L + \varepsilon^2(*), \\ \bar{F} &= \bar{\mathfrak{x}}_u \bar{\mathfrak{x}}_v &&= F - 2\varepsilon w M + \varepsilon^2(*), \\ \bar{G} &= \bar{\mathfrak{x}}_v^2 &&= G - 2\varepsilon w N + \varepsilon^2(*). \end{aligned} \tag{37.6}$$

Folglich ist

$$\overline{W}^2 = \overline{E}\overline{G} - \overline{F}^2 = (EG - F^2) - 2\varepsilon w(EN - 2FM + GL) + \varepsilon^2(*),$$

oder wegen (10. 17)

$$\overline{W}^2 = W^2(1 - 4\varepsilon w H) + \varepsilon^2(*),$$

also

$$\overline{W} = W(1 - 2\varepsilon w H + \varepsilon^2(*)). \tag{37.7}$$

Die Oberfläche $\overline{O}$ der Vergleichsfläche (4) ist daher

$$\overline{O} = \iint\limits_{\mathfrak{B}(u,v)} \overline{W}\,du\,dv = \iint\limits_{\mathfrak{B}(u,v)} W\,du\,dv - 2\varepsilon \iint\limits_{\mathfrak{B}(u,v)} wH\,dO + \varepsilon^2(*). \tag{37.8}$$

Für $\varepsilon = 0$ soll man daraus als Kleinstwert von $\overline{O}$ die nach Annahme minimale Oberfläche (2) von (1) erhalten. Dafür ist nach Leibniz notwendig, daß

$$\left.\frac{d\overline{O}}{d\varepsilon}\right|_{\varepsilon=0} = -2 \iint\limits_{\mathfrak{B}(u,v)} w(u, v) \cdot H(u, v)\,dO = 0 \tag{37.9}$$

ist, und zwar für alle (zweimal stetig ableitbaren und auf R verschwindenden) Funktionen $w(u, v)$. Nach dem Fundamentalsatz der Variationsrechnung ist daher für die Fläche $\mathfrak{x}(u, v)$ minimaler Oberfläche notwendig in $\mathfrak{B}(u, v)$

$$(37.10) \qquad H(u, v) \equiv 0, \qquad \text{w. z. b. w.}$$

Also gilt

Satz 1: *Die Lösungen des Plateauschen Problemes sind notwendig Minimalflächen, d. h. Flächen verschwindender mittlerer Krümmung* ($H \equiv 0$).

Bemerkung 1: Wegen $H \equiv 0$ ist nach (3) auf Minimalflächen $1/R_1 \equiv -1/R_2$. Daraus folgt für die Gaußsche Krümmung der Minimalflächen

$$(37.11) \qquad K = 1/R_1 R_2 = -1/R_1^2 \leqq 0.$$

Weil $K \equiv 0$ und $H \equiv 0$, d. h. $1/R_1 \equiv 0$ und $1/R_2 \equiv 0$ nach (13. Bem. 2) nur für die Ebene möglich ist, sind alle krummen Minimalflächen negativ (hyperbolisch) gekrümmt. Die Dupinschen Indikatrizen der krummen Minimalflächen ($K < 0$) sind wegen $1/R_1 = -1/R_2 \neq 0$ gleichseitige Hyperbeln. Die Asymptotenlinien der krummen Minimalflächen bilden daher ein stets reelles orthogonales Netz.

Beispiel 1: Neben der Ebene sind nach (11. Satz 2) auch die Kettenfläche $r = a \operatorname{Cos} \frac{z}{a}$ und die Wendelfläche $z = p\varphi$ Minimalflächen. Für die Ebene ist nämlich nach (3. Bem. 1)

$$L \equiv 0, \; M \equiv 0, \; N \equiv 0, \text{ also } H \equiv 0.$$

Unter den in eine geschlossene und doppelpunktfreie glatte ebene Kurve k eingespannten stetig gekrümmten Flächen hat folglich das von k begrenzte Ebenenstück die kleinste Oberfläche.

Bei den folgenden Betrachtungen ist es übrigens manchmal zweckmäßig, den Trivialfall der Ebene auszuschließen.

Bemerkung 2: Nach Plateau kann man die in die glatte geschlossene doppelpunktfreie Raumkurve R eingespannte stetig gekrümmte Minimalfläche $\mathfrak{x}(u, v)$ sehr einfach mechanisch dadurch herstellen, daß man eine Drahtschlinge in der Gestalt von R in eine Seifenlösung taucht; herausgenommen, erhält man ein in R eingespanntes dünnes Seifenhäutchen, das in seiner

Gleichgewichtslage (infolge der Oberflächenspannung) innerhalb R die kleinstmögliche Oberfläche aufweist. Von dem geringen deformierenden Einfluß der Schwerkraft soll dabei abgesehen werden.

Wir beweisen nun den grundlegenden

Satz 2: *Jede in einem einfach zusammenhängenden Bereich $\mathfrak{B}(u, v)$ zweimal stetig differenzierbare (d. h. jede stetig gekrümmte) Minimalfläche $\mathfrak{x} = \mathfrak{x}(u, v)$ ist in $\mathfrak{B}(u, v)$ analytisch.*

Beweis: Nach (32. 10) gilt nämlich für jede stetig gekrümmte Fläche $\mathfrak{x}(u, v)$, die metrisch regulär ist ($W \not\equiv 0$), die Gleichung $\triangle\mathfrak{x} = 2H\mathfrak{n}$. Für Minimalflächen (1) ist daher wegen (10)

(37. 12) $$\triangle\mathfrak{x} = \frac{1}{W}\left[\frac{\partial}{\partial u}\left(\frac{G\mathfrak{x}_u - F\mathfrak{x}_v}{W}\right) + \frac{\partial}{\partial v}\left(\frac{E\mathfrak{x}_v - F\mathfrak{x}_u}{W}\right)\right] \equiv 0.$$

Für ihre cartesischen Koordinaten $x(u, v)$, $y(u, v)$, $z(u, v)$ gelten daher, wie Eugenio Beltrami (1868) entdeckte, die Gleichungen

(37. 13) $$\triangle x = 0, \ \triangle y = 0, \ \triangle z = 0;$$

d. h. x, y und z sind auf der Minimalfläche harmonische Funktionen der Flächenparameter u und v. Umgekehrt sind die Minimalflächen durch die drei Gleichungen (13) sogar gekennzeichnet; aus (13) folgt nämlich $\Delta\mathfrak{x} = 2H\mathfrak{n} \equiv \mathfrak{o}$, also $H \equiv 0$.

Daher sind z. B. die Funktion $\varphi = z(u, v)$ und die dazu aus den Beltramischen Differentialgleichungen (III. 26. 6) nach (III. 26. 5) folgende Funktion

(37. 14) $$\psi = \psi(u, v) = \int \frac{G z_u - F z_v}{W}\, dv - \frac{E z_v - F z_u}{W}\, du$$

zwei auf der Minimalfläche konjugierte harmonische Potentialfunktionen, deren Niveaulinien (die Schichtenlinien $z = \varphi =$ const und die dazu normalen Fallinien $\psi =$ const der Fläche) somit auf ihr ein isothermes Netz bilden. Jedes andere in $\mathfrak{B}$ isotherme Parametersystem (ξ, η) der Minimalfläche hat dann die Gestalt

(37. 15) $$\xi = \Re f(\varphi + i\psi), \quad \eta = \Im f(\varphi + i\psi),$$

wobei $f(\varphi + i\psi)$ eine beliebige (nicht konstante) komplexe analytische Funktion von $\varphi + i\psi$ bedeutet.

Jede auf der Minimalfläche harmonische Funktion Φ kann dann als Realteil einer in $\mathfrak{B}$ komplexen analytischen Funktion von $(\varphi + i\psi)$ bzw. von $(\xi + i\eta)$ dargestellt werden und ist daher in $\mathfrak{B}$ eine analytische Funktion der isothermen Parameter (φ, ψ) bzw. (ξ, η).

Da nach den Formeln (13) von Beltrami alle drei Koordinaten (x, y, z) auf der (zweimal stetig ableitbaren) Minimalfläche harmonisch sind, sind sie tatsächlich in $\mathfrak{B}$ in den isothermen Parametern (φ, ψ) oder (ξ, η) analytisch, d. h. die Minimalfläche (1) ist in $\mathfrak{B}$ analytisch, w. z. b. w.

38. Minimalflächen als Schiebflächen isotroper Kurven. Formeln von Weierstraß. Weil jedes Stück $\mathfrak{B}(u, v)$ einer stetig gekrümmten reellen Minimalfläche $\mathfrak{x} = \mathfrak{x}(u, v)$ analytisch ist, kann man es analytisch ins Komplexe fortsetzen. Für die Parameter u und v sind also (in einem gewissen, den reellen Bereich $\mathfrak{B}(u, v)$ umfassenden komplexen Regularitätsbereich $\mathfrak{B}^*(u, v)$) auch komplexe Werte zugelassen. Allgemein kann dann auch jede komplexe analytische Lösungsfläche $\mathfrak{x} = \mathfrak{x}(u, v)$ der Differentialgleichung $H(u, v) = 0$, wenn sie metrisch regulär ist $(W \neq 0)$, als eine **komplexe Minimalfläche** bezeichnet werden.

Man kann dann auf der (reellen oder komplexen) analytischen Minimalfläche (gleichgültig, ob sie eben oder krumm ist) reguläre isotrope Parameter (u, v) einführen. Das ist möglich, weil nach ihrer Definition auf Minimalflächen stets $W \neq 0$ ist und es daher in jedem Flächenpunkt zwei verschiedene isotrope Richtungen gibt. (Im Gegenfalle $W \equiv 0$, also auf isotropen Torsen, isotropen Kegeln und isotropen Ebenen, versagt wegen $O = \iint W\,du\,dv \equiv 0$ die Inhaltsmetrik.)

Für isotrope Parameter ist nun nach (III. 6. Bem. 5)

$$(38.1)\qquad E = \mathfrak{x}_u^2 \equiv 0, \quad F = \mathfrak{x}_u \mathfrak{x}_v \neq 0, \quad G = \mathfrak{x}_v^2 \equiv 0.$$

Ferner ist nach (10. 17) wegen

$$(38.2)\qquad H = \frac{M}{F} \equiv 0 \quad \text{auch} \quad M = (\mathfrak{n}\mathfrak{x}_{uv}) \equiv 0.$$

Aus (2) und den nach u und v abgeleiteten Gleichungen (1) folgt

$$(38.3) \qquad \mathfrak{x}_u\mathfrak{x}_{uv} = 0, \ \mathfrak{x}_v\mathfrak{x}_{uv} = 0, \quad \mathfrak{n}\mathfrak{x}_{uv} = 0,$$

also wegen $[\mathfrak{x}_u\mathfrak{x}_v\mathfrak{n}] = W \neq 0$ schließlich $\mathfrak{x}_{uv} = \mathfrak{o}$ oder

$$(38.4) \qquad \mathfrak{x}(u, v) = \mathfrak{y}(u) + \mathfrak{z}(v).$$

Nach (IV. 9) ist die Minimalfläche daher eine Schiebfläche. Ihre zueinander parallel gestellten Schiebkurven (die u-Linien und v-Linien der Fläche) sind zu den komplexen analytischen isotropen Leitkurven

$$(38.5) \qquad \mathfrak{y} = \mathfrak{y}(u) \quad \text{bzw.} \quad \mathfrak{z} = \mathfrak{z}(v)$$

kongruente isotrope Linien.

Beweis: Aus (4) folgt nämlich wegen (1)

$$(38.6) \qquad E = \mathfrak{x}_u^2 = \mathfrak{y}'^2(u) = 0, \quad G = \mathfrak{x}_v^2 = \mathfrak{z}'^2(v) = 0,$$
$$F = (\mathfrak{x}_u\mathfrak{x}_v) = \mathfrak{y}'(u)\,\mathfrak{z}'(v) \neq 0,$$

wie schon Gaspard Monge (1814) entdeckte; aber erst Sophus Lie (1877) gab die einfache geometrische Deutung der Formeln (4) und (6).

Da umgekehrt aus (4) und (6) wieder (3) und (2) folgt, gilt allgemein der

Satz 1 (von Sophus Lie, 1877): *Komplexe Minimalflächen sind Schiebflächen, deren Schiebkurven ihre beiden Scharen (analytischer) isotroper Linien sind. Umgekehrt entsteht durch Schiebung zweier (analytischer) isotroper Linien aneinander stets eine komplexe Minimalfläche.*

Bemerkung 1: Aus (9. Satz 1) folgt noch wegen (4)

Satz 2: *Jede komplexe Minimalfläche kann auch als Sehnenmittenfläche zweier (komplexer analytischer) isotroper Raumkurven $2\mathfrak{y}(u)$ und $2\mathfrak{z}(v)$ erzeugt werden (und umgekehrt).*

Bemerkung 2: Wegen $M = 0$ sind die isotropen Richtungen $\mathfrak{x}_u$ und $\mathfrak{x}_v$ einer (nicht ebenen) Minimalfläche in jedem Flächenpunkte zueinander konjugiert; die längs einer isotropen Schiebkurve der Minimalfläche umschriebene Torse ist daher nach (IV. 9) ein isotroper Zylinder, dessen Erzeugende von den Tangenten der anderen isotropen Schiebschar gebildet werden. Die (zu den isotropen Flächentangenten $\mathfrak{x}_u$ und $\mathfrak{x}_v$ harmonischen) Schmiegrichtungen sind daher zueinander normal (die Dupinschen Indikatrizen sind gleichseitige Hyperbeln). Die Schmieglinien einer (nichtebenen) Minimalfläche bilden somit in Übereinstimmung mit (37. Bem. 1) ein Orthogonalsystem.

Weil für isotrope Linien

$$(38.\,7)\qquad ds^2 = dx^2 + dy^2 + dz^2 \equiv 0$$

ist, kann man entweder mit konstantem, komplexem τ

$$(38.\,8)\qquad dx : dy : dz = \frac{1}{2}(1 - \tau^2) : \frac{i}{2}(1 + \tau^2) : \tau$$

oder mit variablem, komplexem u

$$(38.\,9)\qquad dx : dy : dz = \frac{1}{2}(1 - u^2) : \frac{i}{2}(1 + u^2) : u$$

schreiben. Aus (8) erhält man durch Integration die isotropen Geraden

$$(38.\,10)\qquad \mathfrak{y}(u) = \frac{\mathfrak{e}_1}{2}(1 - \tau^2)(u - \xi) + \frac{i\mathfrak{e}_2}{2}(1 + \tau^2)(u - \eta) + \\ + \mathfrak{e}_3 \tau (u - \zeta).$$

Aus (9) erhält man durch Integration, wenn $U(u) \not\equiv 0$ eine beliebige komplexe analytische Funktion der komplexen Variablen u ist, die krummen isotropen Linien

$$(38.\,11)\qquad \mathfrak{y}(u) = + \frac{\mathfrak{e}_1}{2}\int (1 - u^2)\, U(u)\, du + \\ + \frac{i\mathfrak{e}_2}{2}\int (1 + u^2)\, U(u)\, du + \mathfrak{e}_3 \int u\, U(u) du$$

Verschiebt man dann 1) zwei verschiedene isotrope Geraden (10) aneinander, so erhält man eine (i. a. komplexe) nichtisotrope Ebene, die tatsächlich stets Minimalfläche ist. Verschiebt man 2) eine isotrope Gerade (10) längs einer krummen isotropen Linie (11), so entsteht ein (stets komplexer) isotroper Zylinder, der ebenfalls stets Minimalfläche ist.

Wir wollen diese beiden besonderen Fälle, die schon Siméon Denis Poisson (1781–1840) kannte, beiseite lassen und nur jene **allgemeinen Minimalflächen** (4) betrachten, die entstehen, indem man 3) zwei krumme (analytische) isotrope Linien $\mathfrak{y}(u)$ und $\mathfrak{z}(v)$ mit den Darstellungen (11) und

$$\mathfrak{z}(v) = + \frac{\mathfrak{e}_1}{2}\int(1-v^2)V(v)dv - \\ - \frac{i\mathfrak{e}_2}{2}\int(1+v^2)V(v)dv + \mathfrak{e}_3\int vV(v)dv, \tag{38.12}$$

(wobei $V(v) \not\equiv 0$ ebenfalls eine beliebige komplexe analytische Funktion der komplexen Veränderlichen v ist) aneinander verschiebt. Die Darstellung dieser allgemeinen (komplexen analytischen) Minimalfläche lautet dann nach Alfred Enneper (1864)

$$\begin{cases} x = \frac{1}{2}\int(1-u^2)U(u)du + \frac{1}{2}\int(1-v^2)V(v)dv, \\ y = \frac{i}{2}\int(1+u^2)U(u)du - \frac{i}{2}\int(1+v^2)V(v)dv, \\ z = \int uU(u)du + \int vV(v)dv. \end{cases} \tag{38.13}$$

Für diese allgemeinen komplexen Minimalflächen (13) ist nach (6)

$$E = G = 0,\ F = \mathfrak{y}'(u)\mathfrak{z}'(v) = \\ = \frac{1}{2}(uv+1)^2U(u)V(v) = \frac{W}{i}. \tag{38.14}$$

Ferner ist

$$[\mathfrak{y}'\mathfrak{z}'] = \frac{i(uv+1)UV}{2}\left((u+v)\mathfrak{e}_1 - i(u-v)\mathfrak{e}_2 + (uv-1)\mathfrak{e}_3\right).$$

Wegen $\mathfrak{x}_{uu} = \mathfrak{y}''(u)$, $\mathfrak{x}_{uv} = \mathfrak{o}$, $\mathfrak{x}_{vv} = \mathfrak{z}''(v)$ lauten die beiden Fundamentalformen der Flächen (13)

$$(38.15) \quad \begin{cases} ds^2 = I = (1 + uv)^2 U(u) V(v) du\, dv, \\ \quad\; II = -\,(U(u) du^2 + V(v) dv^2). \end{cases}$$

Der Normalenvektor $\mathfrak{n}$ der Minimalfläche (13) lautet

$$(38.16) \quad \mathfrak{n} = \frac{[\mathfrak{y}'\mathfrak{z}']}{i(\mathfrak{y}'\mathfrak{z}')} = \frac{u+v}{uv+1}\mathfrak{e}_1 - i\,\frac{u-v}{uv+1}\mathfrak{e}_2 + \frac{uv-1}{uv+1}\mathfrak{e}_3.$$

Das Parametersystem (u, v) der Minimalfläche (13) ist überall regulär ($[\mathfrak{x}_u\mathfrak{x}_v] = [\mathfrak{y}'\mathfrak{z}'] \neq \mathfrak{o}$), außer in den Punkten der Kurve $uv + 1 = 0$, welche wegen $[\mathfrak{y}'\mathfrak{z}'] = \mathfrak{o}$ als gemeinsame isotrope Hüllkurve des konjugierten Netzes der Schiebkurven eine komplexe singuläre Schmieglinie der Fläche ist, sowie in den Punkten der Schiebkurven $u_0 = \text{const}$ bzw. $v_0 = \text{const}$, für welche $U(u_0) = 0$ bzw. $V(v_0) = 0$ ist. Diese Linien sollen von der Betrachtung ausgeschlossen werden. Wir setzen also hinfort $uv + 1 \neq 0$ sowie $U(u) \neq 0$ und $V(v) \neq 0$ voraus.

Man findet dann aus (13) noch

$$(38.17) \qquad H \equiv 0, \quad K = -\frac{LN}{F^2} = -\frac{4}{(uv+1)^4 U(u) V(v)}.$$

Die Minimalfläche (13) ist **reell**, wenn die erzeugenden isotropen Schiebkurven $\mathfrak{y}(u)$ und $\mathfrak{z}(v)$ zueinander konjugiert komplex sind. Das tritt ein für

$$(38.18) \qquad v = \overline{u}, \quad V(v) = \overline{U(u)}.$$

Aus (13) entsteht dann die von Karl Weierstraß (1866) angegebene Darstellung der (von nichtisotropen Ebenen und isotropen Zylindern verschiedenen) **reellen Minimalflächen**

$$(38.19) \qquad \begin{cases} x = \Re \int (1 - u^2) U(u) du, \\ y = \Re\, i \int (1 + u^2) U(u) du, \\ z = \Re\, 2 \int u\, U(u) du. \end{cases}$$

die, wenn man noch

$$u = t = \sigma + i\tau \text{ und } U(u) = i \cdot \dddot{f}(t) \not\equiv 0 \tag{38.20}$$

setzt, die folgende integrallose Gestalt annimmt

$$\left\{\begin{aligned} x &= \Re i[(1 - t^2)\ddot{f}(t) + 2\,t\dot{f}(t) - 2f(t)], \\ y &= \Re[-(1 + t^2)\ddot{f}(t) + 2t\dot{f}(t) - 2f(t)], \\ z &= \Re 2i[t\ddot{f}(t) - \dot{f}(t)]. \end{aligned}\right. \tag{38.21}$$

Dabei ist $f(t)$ eine beliebige komplexe analytische Funktion des komplexen Parameters $t = \sigma + i\tau$, die wegen $\dddot{f}(t) \not\equiv 0$ kein quadratisches Polynom sein darf. Die reellen Größen σ und τ sind auf der reellen Minimalfläche isotherme Parameter. Die Formeln (21) stehen übrigens in Übereinstimmung mit der integrallosen Darstellung (II. 27. 9) der krummen isotropen Raumkurven.

Bemerkung 3: Nach (16) ist der Normalenvektor $\mathfrak{n}$ und damit auch das sphärische Bild der Minimalfläche (13) von der Wahl der Funktionen $U(u)$ und $V(v)$ ganz unabhängig. Die Parameter u und v können dabei als binäre Parameter der beiden isotropen Erzeugendenscharen der Bildkugel gedeutet werden. Insbesondere kann die Kugel (16) nach (18) und (II. 15. 13) als Riemannsche Zahlenkugel des komplexen Parameters u der reellen Minimalflächen (19) aufgefaßt werden.

Bemerkung 4: Nach (20. Satz 1) sind die Minimalfläche (19) und ihr sphärisches Bild konform aufeinander bezogen, wobei nach (20. 12) und (17) für die Bogenelemente ds der Fläche und ds^* des sphärischen Bildes

$$\frac{ds^{*2}}{ds^2} = -K = \frac{4}{(u\bar{u} + 1)^4\, U(u)\, U(u)} \tag{38.22}$$

gilt. Daraus folgt, daß jede gleichsinnig konforme Abbildung einer Minimalfläche auf sich selbst oder auf eine andere Minimalfläche durch eine Gleichung $u' = \mathfrak{F}(u)$ dargestellt werden kann, in der $\mathfrak{F}(u)$ eine beliebige (nicht konstante) komplexe analytische Funktion der komplexen Veränderlichen u ist.

Bemerkung 5: Den Formeln (21) kann man entnehmen, daß zu algebraischen Funktionen $f(t)$ algebraische Minimalflächen gehören. Umgekehrt sind auf einer algebraischen Minimalfläche alle umschriebenen isotropen Zylinder und ihre Berührkurven (die isotropen Flächenkurven) algebraisch, woraus wieder der algebraische Charakter von $f(t)$ folgt.

Bemerkung 6: Die Differentialgleichung der Schmieglinien der Minimalfläche (13) lautet nach (15)

$$(38.23)\qquad U(u)du^2 + V(v)dv^2 = 0 \quad\text{oder}\quad \sqrt{U(u)}du \pm i\sqrt{V(v)}dv = 0,$$

die der Krümmungslinien nach (10.7)

$$(38.24)\qquad U(u)du^2 - V(v)dv^2 = 0 \quad\text{oder}\quad \sqrt{U(u)}du \pm \sqrt{V(v)}dv = 0.$$

Ist die Minimalfläche reell und durch die Formeln (19) bzw. (21) dargestellt, so folgt aus (20) zunächst

$$(38.25)\qquad \begin{aligned} \sqrt{U(u)} &= \sqrt{i\cdot f'''(t)} = \frac{1+i}{\sqrt{2}}\sqrt{f'''(t)},\\ \sqrt{V(v)} &= \sqrt{-i\cdot \overline{f'''(t)}} = \frac{1-i}{\sqrt{2}}\sqrt{\overline{f'''(t)}} \end{aligned}$$

und damit aus (23) als Darstellung der Schmieglinien

$$(38.26)\qquad \Re\int\sqrt{f'''(t)}\,dt = \text{const},\qquad \Im\int\sqrt{f'''(t)}\,dt = \text{const}$$

und aus (24) als Darstellung der Krümmungslinien

$$(38.27)\qquad \Re\int\sqrt{i\cdot f'''(t)}\,dt = \text{const},\quad \Im\int\sqrt{i\cdot f'''(t)}\,dt = \text{const}.$$

39. Assoziierte Minimalflächen. Die reelle Minimalfläche (38.19) hat nach (38.15) und (38.18) das Bogenelementquadrat

$$(39.1)\qquad ds^2 = (1 + u\bar{u})^2 U(u)\overline{U(u)}\,du\,d\bar{u}.$$

Ersetzt man in (38.19) die analytische Funktion $U(u)$ durch $U(u)\cdot e^{-i\alpha}$, also $\overline{U(u)}$ durch $\overline{U(u)}\cdot e^{+i\alpha}$, wobei α einen reellen Parameter bezeichnet, so erhält man eine stetige Schar von ∞^1 reellen Minimalflächen, welche dasselbe Bogenelement (1) besitzen und daher stetig aufeinander abwickelbar sind; dabei entsprechen sich Punkte mit gleichen komplexen u-Werten. Nach Ossian Bonnet (1853) bezeichnet man solche, zu verschiedenen Werten α gehörige, isometrische Minimalflächen

$$(39.2)\quad \begin{cases} x = \Re e^{-i\alpha} \int (1-u^2)U(u)du, \\ y = \Re i e^{-i\alpha} \int (1+u^2)U(u)du, \\ z = \Re 2 e^{-i\alpha} \int u U(u)du \end{cases}$$

als zueinander **assoziierte Minimalflächen.** Flächen (2), deren Scharparameter α sich um $\pi/2$ unterscheiden, heißen dabei zueinander **adjungierte Minimalflächen.** Insbesondere sind so die zu $\alpha = 0$ und $\alpha = \pi/2$ gehörigen Minimalflächen

$$(39.3)\quad \begin{cases} \mathfrak{x} = \mathfrak{e}_1 \Re \int (1-u^2)U du + \mathfrak{e}_2 \Re i \int (1+u^2)U du + \\ \qquad + \mathfrak{e}_3 \Re\, 2 \int u U du, \\ \bar{\mathfrak{x}} = \mathfrak{e}_1 \Im \int (1-u^2)U du + \mathfrak{e}_2 \Im i \int (1+u^2) U du + \\ \qquad + \mathfrak{e}_3 \Im 2 \int u U du \end{cases}$$

zueinander adjungiert.

Man kann umgekehrt nach Hermann Amandus Schwarz (1843–1921) leicht den folgenden Satz beweisen.

Satz von H. A. Schwarz (1874): *Jede zu einer reellen Minimalfläche*

$$\mathfrak{x} = \mathfrak{y}(u) + \mathfrak{z}(v)$$

isometrische Minimalfläche

$$\mathfrak{x}^* = \mathfrak{y}^*(u) + \mathfrak{z}^*(v)$$

ist notwendig zu ihr assoziiert.

Dabei bedeutet $v = \bar{u}$ und $\mathfrak{z}(v) = \overline{\mathfrak{y}(u)}$ sowie $\mathfrak{z}^*(v) = \overline{\mathfrak{y}^*(u)}$. In der Isometrie entsprechende Punkte P und P^* der beiden

Minimalflächen gehören ferner zu gleichen Parameterpaaren u und $v = \bar{u}$.

Beweis: Weil nach (38. Bem. 4) jede der Minimalflächen $\mathfrak{x}$ und $\mathfrak{x}^*$ zu ihrem sphärischen Bilde $\mathfrak{n}$ bzw. $\mathfrak{n}^*$ konform ist, sind die sphärischen Bilder $\mathfrak{n}$ und $\mathfrak{n}^*$ isometrischer Minimalflächen zueinander konform. Wegen der Biegungsinvarianz der Gaußschen Krümmung ($K = K^*$) sind infolge (20. 4) die sphärischen Bilder überdies flächentreu, also kongruent, und können daher durch eine Bewegung oder Umlegung der Minimalflächen $\mathfrak{x}$ oder $\mathfrak{x}^*$ zur Deckung gebracht werden. Die isotropen Flächenrichtungen $d\mathfrak{y}$ und $d\mathfrak{z}$ von $\mathfrak{x}$ sind dann zu den isotropen Richtungen $d\mathfrak{y}^*$ und $d\mathfrak{z}^*$ von $\mathfrak{x}^*$ parallel; also gilt

(39. 4) $$d\mathfrak{y}^* = \sigma d\mathfrak{y}, \quad d\mathfrak{z}^* = \tau d\mathfrak{z}.$$

Aus der Isometrie der Flächen $\mathfrak{x}$ und $\mathfrak{x}^*$ folgt dann wegen (38. 6) die Gleichung $F^* = F$, d. h. $\sigma\tau = 1$, also im reellen Falle $\sigma = e^{-i\alpha}$, $\tau = e^{i\alpha}$ mit beliebigem reellem α. Sieht man von kongruenten Umformungen ab, so haben daher alle zu der reellen Minimalfläche $\mathfrak{x} = \mathfrak{y}(u) + \mathfrak{z}(v)$ mit $\mathfrak{z}(v) = \overline{\mathfrak{y}(u)}$ isometrischen reellen Minimalflächen die Gestalt der Bonnetschen assoziierten Flächen

(39. 5) $$\mathfrak{x}^* = e^{-i\alpha}\mathfrak{y}(u) + e^{i\alpha}\overline{\mathfrak{y}(u)},$$

d. h. die Gestalt (2), w. z. b. w.

Bemerkung 1: Wegen $\mathfrak{n} = \mathfrak{n}^*$ haben assoziierte Minimalflächen in isometrisch entsprechenden Punkten parallele Tangentenebenen. Dabei sind die Linienelemente $d\mathfrak{x}^*$ der Fläche $\mathfrak{x}^*$ in (5) gegen die ensprechenden Linienelemente $d\mathfrak{x}$ der (zu $\alpha = 0$ gehörenden) Fläche $\mathfrak{x}$ um den festen Winkel α gedreht.

Beweis: Wegen $d\mathfrak{y}^2 = d\bar{\mathfrak{y}}^2 = 0$ folgt nämlich aus

(39. 6) $$d\mathfrak{x} = d\mathfrak{y} + d\bar{\mathfrak{y}} \quad \text{und} \quad d\mathfrak{x}^* = e^{-i\alpha}d\mathfrak{y} + e^{i\alpha}d\bar{\mathfrak{y}}$$

erstens nach (38. 6)

(39. 7) $$ds^2 = d\mathfrak{x}^2 = 2\,d\mathfrak{y}\,d\bar{\mathfrak{y}} = d\mathfrak{x}^{*2} = ds^{*2}$$

und zweitens für den Winkel φ zwischen $d\mathfrak{x}$ und $d\mathfrak{x}^*$

(39. 8) $$\cos\varphi = \frac{d\mathfrak{x}\,d\mathfrak{x}^*}{|\,d\mathfrak{x}\,|\,|\,d\mathfrak{x}^*\,|} = \frac{e^{-i\alpha} + e^{i\alpha}}{2} = \cos\alpha.$$

Adjungierte Minimalflächen (3) sind daher wegen $\alpha = \pi/2$ stets durch orthogonale Linienelemente aufeinander bezogen.

Bemerkung 2: Bei dem stetigen Biegungsvorgang beschreiben die einzelnen Punkte $u =$ const der assoziierten Minimalflächen (2) Ellipsen, welche den Nullpunkt O als gemeinsamen Mittelpunkt und die Paare der adjungierten Ortsvektoren $\mathfrak{x}, \bar{\mathfrak{x}}$ in (3) als Paare konjugierter Halbmesser besitzen.

Bemerkung 3: Nach (3) entsteht aus der Minimalfläche $\mathfrak{x}$ die adjungierte $\bar{\mathfrak{x}}$, indem man in (38.19) die komplexe Funktion $U(u)$ durch $-i\,U(u)$ ersetzt. $V(v) = \overline{U(u)}$ wird dabei durch $i\,V(v)$ ersetzt. Nach (38. Bem. 6) wird dann (38.23) die Differentialgleichung der Krümmungslinien und (38.24) die der Schmieglinien der adjungierten Minimalfläche. Also gilt

Satz 1: *Geht man von einer Minimalfläche $\mathfrak{x}$ $(\alpha = 0)$ durch stetige Biegung zu der adjungierten Minimalfläche $\bar{\mathfrak{x}}$ $(\alpha = \pi/2)$ über, so entsteht aus dem Netz der Schmieglinien von $\mathfrak{x}$ das Netz der Krümmungslinien von $\bar{\mathfrak{x}}$ und aus dem Netz der Krümmungslinien von $\mathfrak{x}$ das der Schmieglinien von $\bar{\mathfrak{x}}$.*

Beispiel 1: Setzt man in (2) insbesondere

$$(39.9)\qquad u = \varrho e^{i\varphi},\quad U(u) = \frac{c}{2u^2} = \frac{c}{2\varrho^2}\, e^{-2i\varphi},\quad (c \neq 0,\ \text{reell}),$$

so erhält man die schon bei Heinrich Ferdinand Scherk (1854) vorkommende Schar von assoziierten Minimalflächen

$$(39.10)\quad \begin{cases} x = -\dfrac{c}{2}\left[\left(\varrho + \dfrac{1}{\varrho}\right)\cos\varphi\cos\alpha + \left(\varrho - \dfrac{1}{\varrho}\right)\sin\varphi\sin\alpha\right], \\ y = -\dfrac{c}{2}\left[\left(\varrho + \dfrac{1}{\varrho}\right)\sin\varphi\cos\alpha - \left(\varrho - \dfrac{1}{\varrho}\right)\cos\varphi\sin\alpha\right], \\ z = \quad c\,[\ln\varrho\cos\alpha + \varphi\sin\alpha]. \end{cases}$$

Setzt man weiter

$$(39.11)\quad c = -p,\quad \varrho + \frac{1}{\varrho} = \frac{2r}{p},\quad \varrho - \frac{1}{\varrho} = \frac{2}{p}\sqrt{r^2 - p^2},$$

so wird

$$(39.12)\quad c\ln\varrho = -p\cdot\ln\frac{r + \sqrt{r^2 - p^2}}{p} = -p\,\mathfrak{ArCos}\,\frac{r}{p}\,.$$

Die assoziierten Minimalflächen (10) lauten daher einfacher

$$(39.13)\quad \begin{cases} x = r\cos\varphi\cos\alpha + \sqrt{r^2 - p^2}\sin\varphi\sin\alpha, \\ y = r\sin\varphi\cos\alpha - \sqrt{r^2 - p^2}\cos\varphi\sin\alpha, \\ z = -p\,\mathfrak{ArCos}\,\dfrac{r}{p}\cos\alpha - p\varphi\sin\alpha. \end{cases}$$

Dies ist (bis auf das unwesentliche Vorzeichen von z) **die schon** in (III.14.4) betrachtete stetige Schar zueinander isometrischer Minimalflächen, die für $\alpha = 0$ die Kettenfläche $z = -p \operatorname{ArCos} \frac{r}{p}$ und für $\alpha = \pi/2$ als dazu adjungierte Minimalfläche die Wendelfläche $z = -p(\varphi + \pi/2)$ enthält. Beide Flächen gestatten eingliedrige stetige Bewegungsgruppen in sich, nämlich die Kettenfläche die Drehungen und die Wendelfläche die Schraubungen um eine (nicht isotrope) Achse (z-Achse).

Aus Bem. 3 folgt noch, daß dabei den Meridianen und Parallelkreisen (Krümmungslinien) der Kettenfläche die Erzeugenden und Bahnschraublinien (Schmieglinien) der Wendelfläche entsprechen; umgekehrt sind den Schmieglinien des Katenoids die Krümmungslinien der Wendelfläche zugeordnet. Diese Linien schneiden unter den Winkeln $\pm\pi/4$ die Parallelkreise (Meridiane) der Kettenfläche ($\pm\pi/4$-Loxodromen) und die Erzeugenden (Bahnschraublinien) der Wendelfläche.

40. Adjungierte Minimalflächen mit kongruenten oder symmetrischen isotropen Schiebkurven. Minimalflächen von Lie und Geiser. Ist $\mathfrak{y} = \mathfrak{y}(u)$ eine krumme isotrope Linie ($\mathfrak{y}_u^2 = 0, [\mathfrak{y}_u \mathfrak{y}_{uu}] \not\equiv \mathfrak{o}$), so entsteht durch **Verschiebung** dieser Linie **längs sich selbst** die Minimalfläche

$$\mathfrak{x} = \mathfrak{x}(u, v) = \mathfrak{y}(u) + \mathfrak{y}(v). \tag{40.1}$$

Diese Minimalfläche trägt nur eine einzige, sie doppelt überdeckende Schar von untereinander **kongruenten isotropen Schiebkurven** und wird deshalb nach Sophus Lie (1879) als eine Doppelfläche bezeichnet.

Die zu der Doppelfläche (1) assoziierten Minimalflächen lauten

$$\mathfrak{x}^* = e^{-i\alpha}\mathfrak{y}(u) + e^{+i\alpha}\mathfrak{y}(v). \tag{40.2}$$

Auf der für $\alpha = -\pi/2$ entstehenden zu (1) adjungierten Minimalfläche

$$\hat{\mathfrak{x}} = i(\mathfrak{y}(u) - \mathfrak{y}(v)), \tag{40.3}$$

die zu der für $\alpha = +\pi/2$ entstehenden Fläche $\mathfrak{x}^* = -\hat{\mathfrak{x}}$

bezüglich des Nullpunktes O zentrisch symmetrisch ist, sind die **isotropen Schiebkurven** $i\mathfrak{y}(u)$ und $-i\mathfrak{y}(v)$ zueinander bezüglich des Nullpunktes O **zentrisch symmetrisch.** Der für $u = v$ entstehende Nullpunkt O liegt dabei auf allen Schiebkurven, d. h. die zu (1) adjungierte Minimalfläche (3) wird von den isotropen Kurven $i\mathfrak{y}(u)$ oder $-i\mathfrak{y}(v)$ erzeugt, wenn diese (unter Beibehaltung ihrer Stellung) durch den Nullpunkt O schleifen. Der Nullpunkt O ist daher ein Symmetriezentrum der Fläche (3), und zwar ein konischer Knotenpunkt mit dem (von den isotropen Tangenten der Schiebkurven erzeugten) isotropen Kegel von O als Tangentenkegel.

Umgekehrt ist zu einer Minimalfläche mit Knotenpunkt (3) stets eine Minimaldoppelfläche (1) adjungiert.

Beispiel 1: Liesche Minimalfläche. Durch Verschiebung der isotropen Kubik

$$\mathfrak{y}(u) = \left(\frac{u^3}{6} - \frac{u}{2}\right)\mathfrak{e}_1 + i\left(\frac{u^3}{6} + \frac{u}{2}\right)\mathfrak{e}_2 + \frac{u^2}{2}\mathfrak{e}_3 \tag{40. 4}$$

längs sich selbst entsteht eine von Sophus Lie (1879) entdeckte Minimalfläche

$$\mathfrak{x} = \left(\frac{u^3+v^3}{6} - \frac{u+v}{2}\right)\mathfrak{e}_1 + i\left(\frac{u^3+v^3}{6} + \frac{u+v}{2}\right)\mathfrak{e}_2 + \frac{u^2+v^2}{2}\mathfrak{e}_3, \tag{40. 5}$$

die mit der (komplexen) Cayleyschen Regelfläche 3. Ordnung der cartesischen Gleichung

$$(x+iy)^3 - 6(x+iy)z - 6(x-iy) = 0 \tag{40. 6}$$

identisch ist, der wir schon in (9. Bem. 2) begegnet sind.

Die isotrope Kubik (4) ist nach (II. 27. Beisp. 3) Bahnkurve einer schon in (II. 11. Bem. 5) betrachteten algebraischen (kubischen) Schraubung, deren Schraubachse (Ferngerade der isotropen Ebene $x + iy = 0$) eine Tangente des absoluten Kegelschnittes ist. Die Liesche Minimalfläche (6) ist dabei nach (9. Bem. 2) eine Wendelfläche dieser kubischen Schraubung. Aus der in

(II. 27. Beisp. 3) bewiesenen Kongruenz aller isotropen Kubiken folgt, daß auch alle Lieschen Minimalflächen untereinander kongruent sind. Die geradlinigen Erzeugenden der Lieschen Minimalfläche (6) liegen in den isotropen Ebenen $x + iy = -\alpha = \text{const}$; für sie ist $u + v = \alpha = \text{const}$. Die kubischen Bahnschraublinien liegen auf den isotropen parabolischen Zylindern

$$4z = (x + iy)^2 + \beta^2; \tag{40. 7}$$

für sie ist $\beta = u - v = \text{const}$.

Wie bei der gemeinen Wendelfläche sind diese kubischen Schraublinien zugleich die krummen Schmieglinien der Fläche. Die Erzeugenden der Fläche sind dabei mit den Hauptnormalen dieser Bahnkubiken identisch. Wegen

$$ds^2 = -(u - v)^2 du dv = -\frac{\beta^2}{4}(d\alpha^2 - d\beta^2) \tag{40. 8}$$

kommt in der Schar der Bahnkubiken $\beta = \text{const}$ nur eine einzige isotrope ($\beta = 0$) vor; sie ist die Hüllkurve der isotropen kubischen Schiebkurven der Lieschen Minimalfläche.

Bemerkung 1: Soll eine (krumme) Minimalfläche gleichzeitig Regelfläche sein, so muß sie, wie sich in (IV. 42) zeigen wird, entweder eine gemeine (transzendente) Wendelfläche sein (E. Ch. Catalan, 1842), oder sie ist eine (algebraische) Liesche Minimalfläche (S. Lie, 1878).

Beispiel 2: Geisersche Minimalfläche. Zu der Lieschen Minimalfläche (5) adjungiert ist nach (3) die Minimalfläche

$$\begin{aligned} \mathfrak{x} = i\left(\frac{u^3 - v^3}{6} - \frac{u - v}{2}\right)\mathfrak{e}_1 - \left(\frac{u^3 - v^3}{6} + \frac{u - v}{2}\right)\mathfrak{e}_2 + \\ + i\,\frac{u^2 - v^2}{2}\,\mathfrak{e}_3 \end{aligned} \tag{40. 9}$$

mit der cartesischen Gleichung

$$(x + iy)^4 - 12(x^2 + y^2 + z^2) = 0. \tag{40. 10}$$

Diese zuerst von C. F. Geiser (1904) gefundene (komplexe) algebraische Minimalfläche vierter Ordnung entsteht durch Schiebung einer isotropen Kubik längs ihres Spiegelbildes bezüglich eines Zentrums O. Alle Geiserschen Minimalflächen (10) sind daher untereinander kongruent.

Ebenso wie die Liesche Minimalfläche gestattet auch die Geisersche Minimalfläche eine eingliedrige stetige Bewegungsgruppe in sich, nämlich die in (27. 2) beschriebenen Drehungen um die isotrope Achse

$$x + iy = 0, \quad z = 0, \tag{40.11}$$

die bei der Drehungsgruppe punktweise festbleibt. Wir haben solche Drehungen schon in (II. 11. Bem. 4) kennengelernt. Übrigens liegt die Drehungsachse (11) sogar als eine ausgezeichnete Gerade auf der Geiserschen Fläche (10).

Die Hauptmeridianebene $z = 0$ schneidet aus der Geiserschen Minimalfläche (10) außer der Drehachse (11) als Hauptmeridiankurve noch eine ebene kubische Parabel mit den Gleichungen

$$(x + iy)^3 - 12(x - iy) = 0, \quad z = 0 \tag{40.12}$$

aus, welche den Nullpunkt O als Wendepunkt (mit der Geraden $x - iy = 0$ als Wendetangente) und den Fernpunkt der Drehachse $x + iy = 0$ als Spitze (mit der Ferngeraden als Spitzentangente) besitzt. Dreht man diese kubische Meridianparabel (12) um die isotrope Drehachse (11), so entsteht die Geisersche Minimalfläche (10). Die Drehachse (11) selbst erweist sich dabei als eine Grenzlage der durch die Drehung aus (12) entstehenden kubischen Meridianparabeln, wenn man die Meridianebenen

$$z - \lambda(x + iy) = 0 \tag{40.13}$$

durch den Grenzübergang $\lambda \to \infty$ gegen die isotrope Ebene $x + iy = 0$ streben läßt. Alle nichtisotropen Meridianebenen (13) sind dabei Symmetrieebenen der Fläche.

Die (nicht auf der Drehachse liegenden) Flächenpunkte beschreiben bei der Drehungsgruppe nach (II. 11. Bem. 4) parabolische Kreise, welche als „Parallelkreise" in den parallelen isotropen Ebenen $x + iy = \text{const}$ liegen. Als Grenzlage tritt zu ihnen noch in der Fernebene die (doppeltgezählte) Ferngerade der isotropen Ebene $x + iy = 0$ hinzu.

Der Nullpunkt $O(0, 0, 0)$ ist nach (10) ein konischer Knotenpunkt der Fläche mit dem isotropen Kegel $x^2 + y^2 + z^2 = 0$ als Tangentenkegel.

Bemerkung 2: Wir wollen uns noch davon überzeugen, daß die Geisersche Fläche (10) die einzige Minimalfläche ist, welche zugleich Drehfläche mit isotroper Drehachse (11) ist.

Beweis: Ist

(40. 14) $$x = x(s),\ y = y(s),\ z = 0$$

der (in der Ebene $z = 0$) liegende und auf seinen Bogen s bezogene Hauptmeridian einer solchen Minimaldrehfläche, so bestehen nach (27. 3) und (27. 13) für alle s die Gleichungen

(40. 15) $$x'^2 + y'^2 = 1,\ 2iH = \frac{x'' + iy''}{x' + iy'} + \frac{x' + iy'}{x + iy} = 0,$$

wobei wegen der ersten Gleichung für alle s

(40. 16) $$(x' + iy') \neq 0 \text{ und } (x + iy) \neq 0$$

ist. Aus der zweiten Gleichung (15) folgt für alle s

$$(x + iy)(x'' + iy'') + (x' + iy')^2 = [(x + iy)(x' + iy')]' = 0,$$

also

$$(x + iy)(x' + iy') = a = \text{const, d. h. } (x + iy)^2 = 2as + b.$$

Wegen des willkürlichen Anfangspunktes der Bogenzählung kann man $b = 0$ setzen und erhält schließlich

(40. 17) $$x + iy = \sqrt{2as}.$$

Wegen $x' + iy' = a/\sqrt{2as}$ ist dann nach der ersten Gleichung in (15)

$$x' - iy' = \frac{1}{x' + iy'} = \frac{\sqrt{2as}}{a},\ \text{also } x - iy = \frac{4s\sqrt{s}}{3\sqrt{2a}} + c.$$

Hier kann man durch Parallelverschiebung der Ebene $z = 0$ in Richtung der isotropen Drehachse $x + iy = 0$ die Konstante $c = 0$ machen; dann bleibt

(40. 18) $$x - iy = \frac{4s\sqrt{s}}{3\sqrt{2a}}.$$

Der durch (17) und (18) mit Hilfe des Parameters s dargestellte Hauptmeridian der allgemeinsten Minimaldrehfläche mit der isotropen Drehachse (11) hat daher die cartesischen Gleichungen

(40. 19) $$(x + iy)^3 - 3a^2(x - iy) = 0,\ z = 0$$

und ist eine zu (12) ähnliche kubische Parabel der oben geschilderten Art, die für $a = 2$ mit (12) identisch wird.

Bei Drehung des Hauptmeridians (19) um die isotrope Achse (11) entsteht die Minimalfläche

$$(x + iy)^4 - 3a^2(x^2 + y^2 + z^2) = 0, \tag{40. 20}$$

die zu der Geiserschen Fläche (10), für die $a = 2$ ist, nicht bloß ähnlich, sondern sogar kongruent ist. Die Drehungen

$$x + iy = \alpha(X + iY),\ x - iy = \frac{1}{\alpha}(X - iY),\ z = Z \tag{40. 21}$$

führen nämlich, wenn man $\alpha^2 = a/2$ setzt, die Fläche (20) in (10) über.

Bemerkung 3: Zusammen mit (11. Satz 2) ergibt Bemerkung 2 den

Satz 1: *Die einzigen (nichtebenen) Drehflächen, welche zugleich Minimalflächen sind, sind* 1) *die Kettenfläche (mit nichtisotroper Drehachse) und* 2) *die Geisersche Minimalfläche (mit isotroper Drehachse).*

41. Die Formeln von H. A. Schwarz. Das Problem von E. G. Björling. $\mathfrak{B}(u, v)$ sei auf der stetig gekrümmten (also analytischen) Minimalfläche $\mathfrak{x} = \mathfrak{x}(u, v)$ ein einfach zusammenhängender singularitätenfreier Bereich. Ist dann $\mathfrak{x} = \mathfrak{x}(u(t), v(t)) = \mathfrak{x}(t)$ eine beliebige glatte Flächenkurve in $\mathfrak{B}(u, v)$ und $\mathfrak{n} = \mathfrak{n}(u(t), v(t)) = \mathfrak{n}(t)$ die Flächennormale längs $\mathfrak{x}(t)$, so gilt der

Satz von H. A. Schwarz (1874): *Das Linienintegral $\int[\mathfrak{n}\,d\mathfrak{x}]$ ist auf der Fläche $\mathfrak{x} = \mathfrak{x}(u, v)$ dann und nur dann wegunabhängig, d. h. für alle geschlossenen Wege ist dann und nur dann*

$$\oint [\mathfrak{n}, d\mathfrak{x}] = \mathfrak{o}, \tag{41. 1}$$

wenn die Fläche eine Minimalfläche ($H \equiv 0$) ist.

Weil gewiß $\oint d[\mathfrak{n}, \mathfrak{x}] = \oint [d\mathfrak{n}, \mathfrak{x}] + \oint [\mathfrak{n}, d\mathfrak{x}] = \mathfrak{o}$ ist, folgt daraus noch

$$\oint [\mathfrak{x}, d\mathfrak{n}] = \mathfrak{o}. \tag{41. 2}$$

Mit $[\mathfrak{n}, d\mathfrak{x}]$ ist also auf Minimalflächen auch $[\mathfrak{x}, d\mathfrak{n}]$ ein vollständiges Vektordifferential.

Beweis: Wegen $d\mathfrak{x} = \mathfrak{x}_u du + \mathfrak{x}_v dv$ ist

$$\int [\mathfrak{n}, d\mathfrak{x}] = \int [\mathfrak{n}\mathfrak{x}_u] du + \int [\mathfrak{n}\mathfrak{x}_v] dv,$$

und es bleibt zum Beweise von (1) zu zeigen, daß die letzte Integralsumme auf Minimalflächen ($H \equiv 0$) ein totales Vektordifferential ist, d. h. die Integrabilitätsbedingung

$$(41.3) \qquad \frac{\partial}{\partial v}[\mathfrak{n}\mathfrak{x}_u] \equiv \frac{\partial}{\partial u}[\mathfrak{n}\mathfrak{x}_v] \text{ oder } [\mathfrak{n}_v\mathfrak{x}_u] \equiv [\mathfrak{n}_u\mathfrak{x}_v]$$

besteht. Drückt man darin $\mathfrak{n}_u$ und $\mathfrak{n}_v$ nach den Formeln von Weingarten (19. 8) durch $\mathfrak{x}_u$ und $\mathfrak{x}_v$ aus, so bleibt wegen $W \neq 0$ und $\mathfrak{n} \neq \mathfrak{o}$ als (notwendige und hinreichende) Integrabilitätsbedingung mit Rücksicht auf (10. 17)

$$(41.4) \qquad EN - FM \equiv FM - GL \text{ oder } H \equiv 0, \text{ w. z. b. w.}$$

Bemerkung 1: Nach Wilhelm Blaschke (1912) folgt daraus für die Minimalfläche $\mathfrak{x}(u, v)$ und die Bildkugel $\mathfrak{n}(u, v)$ ihres sphärischen Bildes eine sehr einfache mechanische Beziehung. Ist $\mathfrak{x}(s)$ der Rand eines beliebigen Stückes der Minimalfläche und $\mathfrak{n}(s)$ der Rand seines sphärischen Bildes, so bestehen wegen der Geschlossenheit der Ränder $\mathfrak{x}$ und $\mathfrak{n}$ sowie wegen (1) und (2) die Formeln

$$(41.5) \qquad \oint d\mathfrak{n} = \mathfrak{o}, \quad \oint [\mathfrak{x} d\mathfrak{n}] = \mathfrak{o}$$

und

$$(41.6) \qquad \oint d\mathfrak{x} = \mathfrak{o}, \quad \oint [\mathfrak{n} d\mathfrak{x}] = \mathfrak{o}.$$

Die Formeln (5) besagen: läßt man in den Elementen $d\mathfrak{x}$ einer (beliebigen) geschlossenen Kurve $\mathfrak{x}$ der Minimalflächen $\mathfrak{x}(u, v)$ die Kräfte (Spannungen) $d\mathfrak{n}$ wirken, so halten sie sich das Gleichgewicht (weil die Summe der Kräfte und die Summe ihrer Momente im Nullpunkt verschwindet). Ebenso besteht nach (6) Gleichgewicht, wenn in den Linienelementen $d\mathfrak{n}$ der zugehörigen Kugellinie $\mathfrak{n}$ die Spannungen $d\mathfrak{x}$ wirken. Die Minimalfläche $\mathfrak{x}(u, v)$ mit den Kräften $d\mathfrak{n}$ (in den Richtungen $d\mathfrak{x}$) und die Kugel $\mathfrak{n}(u, v)$ mit den Kräften $d\mathfrak{x}$ (in den Richtungen $d\mathfrak{n}$) sind daher in der Ausdrucksweise, die E. Beltrami in die Statik eingeführt hat, reziproke Kräftepläne voneinander.

Man kann den Satz von Schwarz auch direkt aus der Darstellung

$$(41.7) \qquad \mathfrak{x} = \mathfrak{x}(u, v) = \mathfrak{y}(u) + \mathfrak{z}(v)$$

der Minimalfläche als Schiebfläche isotroper Kurven $\mathfrak{y}(u)$

und $\mathfrak{z}(v)$ gewinnen. Nach (38. 6) und (38. 16) ist dann (bei geeigneter Wahl der Orientierung der Flächennormalen $\mathfrak{n}$)

$$(41.8)\quad E = \mathfrak{y}'^2 = G = \mathfrak{z}'^2 = 0,\ F = (\mathfrak{y}'\mathfrak{z}')\ \text{und}\ \mathfrak{n} = i\frac{[\mathfrak{y}'\mathfrak{z}']}{(\mathfrak{y}'\mathfrak{z}')}.$$

Also wird wegen

$$(41.9)\qquad d\mathfrak{x} = \mathfrak{y}'du + \mathfrak{z}'dv = d\mathfrak{y} + d\mathfrak{z}$$

nach dem Graßmannschen Entwicklungssatz (II. 1. 35)

$$(41.10)\qquad \begin{aligned}[\mathfrak{n}, d\mathfrak{x}] &= \frac{i}{(\mathfrak{y}'\mathfrak{z}')}[[\mathfrak{y}'\mathfrak{z}'], \mathfrak{y}'du + \mathfrak{z}'dv] \\ &= i(\mathfrak{z}'(v)dv - \mathfrak{y}'(u)du) = i(d\mathfrak{z} - d\mathfrak{y}),\end{aligned}$$

und das ist tatsächlich ein vollständiges Vektordifferential.

Aus den Formeln (9) und (10), d. h. aus

$$(41.11)\qquad d\mathfrak{y} + d\mathfrak{z} = d\mathfrak{x}\ \text{und}\ d\mathfrak{y} - d\mathfrak{z} = i[\mathfrak{n}, d\mathfrak{x}]$$

folgt weiter

$$(41.12)\quad d\mathfrak{y} = \tfrac{1}{2}(d\mathfrak{x} + i[\mathfrak{n}, d\mathfrak{x}]),\ d\mathfrak{z} = \tfrac{1}{2}(d\mathfrak{x} - i[\mathfrak{n}, d\mathfrak{x}])$$

oder

$$(41.13)\quad \mathfrak{y} = \tfrac{1}{2}(\mathfrak{x} + i\textstyle\int[\mathfrak{n}, d\mathfrak{x}]),\quad \mathfrak{z} = \tfrac{1}{2}(\mathfrak{x} - i\textstyle\int[\mathfrak{n}, d\mathfrak{x}]).$$

Diese ebenfalls von Hermann Amandus Schwarz (1874) stammenden Formeln lösen explizit die zuerst von dem Schweden E. G. Björling (1844) gestellte Aufgabe, jene Minimalflächen zu bestimmen, welche einen vorgegebenen (offenen) Streifen enthalten, d. h., welche 1) das (analytische) Kurvenstück $\mathfrak{x} = \mathfrak{x}(t)$ als Leitkurve enthalten und 2) in dessen Punkten t die vorgegebenen Tangentenebenen τ mit den (analytischen) Normalenvektoren $\mathfrak{n}(t)$ berühren. Dabei muß

$$(41.14)\qquad \mathfrak{n}^2(t) = 1\ \text{und}\ \mathfrak{n}(t)d\mathfrak{x}(t) = 0$$

sein. Die Schwarzschen Formeln (13) liefern zu diesem analytischen Streifen $\{\mathfrak{x}(t), \mathfrak{n}(t)\}$ zwei (eindeutig bestimmte)

Kurven $\mathfrak{y} = \mathfrak{y}(t)$ und $\mathfrak{z} = \mathfrak{z}(t)$, die nach (12) und (14) wegen

$$4d\mathfrak{y}^2 = 4d\mathfrak{z}^2 = d\mathfrak{x}^2 - [\mathfrak{n}\,d\mathfrak{x}]^2 = d\mathfrak{x}^2 - \mathfrak{n}^2 d\mathfrak{x}^2 + (\mathfrak{n}\,d\mathfrak{x})^2 \equiv 0$$

isotrop sind, und welche, aneinander verschoben, die gesuchte Minimalfläche durch den vorgegebenen analytischen Streifen $\{\mathfrak{x}(t), \mathfrak{n}(t)\}$ erzeugen. Nennt man die (voneinander unabhängigen) Parameter der beiden isotropen Schiebkurven u und v, so lautet diese Minimalfläche

$$(41.15)\qquad \begin{aligned} \mathfrak{x}(u, v) &= \frac{1}{2}\,(\mathfrak{x}(u) + \mathfrak{x}(v)) + \\ &+ \frac{i}{2}\,\left(\int [\mathfrak{n}(u), \dot{\mathfrak{x}}(u)]\,du - \int [\mathfrak{n}(v), \dot{\mathfrak{x}}(v)]\,dv\right). \end{aligned}$$

Die Minimalfläche (15) enthält für $u = v = t$ tatsächlich den gegebenen Streifen $\{\mathfrak{x}(t), \mathfrak{n}(t)\}$ und ist durch ihn eindeutig bestimmt.

Ist der Streifen $\{\mathfrak{x}(t), \mathfrak{n}(t)\}$ reell und analytisch, so kann er ins Komplexe fortgesetzt werden; d. h. man kann dem Parameter t komplexe Werte erteilen und $t = \sigma + i\tau$ setzen. Die beiden isotropen Schiebkurven (13) werden dann zueinander konjugiert komplex und erzeugen die durch den reellen analytischen Streifen $\{\mathfrak{x}(t), \mathfrak{n}(t)\}$ eindeutig bestimmte reelle Minimalfläche

$$(41.16)\qquad \mathfrak{x}(\sigma, \tau) = \Re\left\{\mathfrak{x}(t) + i \int [\mathfrak{n}(t), \dot{\mathfrak{x}}(t)]\,dt\right\}.$$

Bemerkung 2: Die obige Anwendung der Formeln (13) versagt, wenn einer der Vektoren $\mathfrak{y}(t)$ oder $\mathfrak{z}(t)$ konstant ist, d. h. wenn

$$(41.17)\qquad \dot{\mathfrak{x}} + i[\mathfrak{n}\,\dot{\mathfrak{x}}] = \mathfrak{o} \quad\text{oder}\quad \dot{\mathfrak{x}} - i[\mathfrak{n}\,\dot{\mathfrak{x}}] = \mathfrak{o}$$

ist. In beiden Fällen folgt durch innere Multiplikation mit $\dot{\mathfrak{x}} \neq \mathfrak{o}$

$$(41.18)\qquad \dot{\mathfrak{x}}^2 = 0 \qquad (\dot{\mathfrak{x}} \neq \mathfrak{o}).$$

Die Leitlinie $\mathfrak{x}(t)$ des Streifens ist dann notwendig eine isotrope Linie.

Hat umgekehrt der Streifen $\{\mathfrak{x}(t), \mathfrak{n}(t)\}$ eine isotrope Leitlinie

$$(41.19) \qquad \dot{\mathfrak{x}}^2 \equiv 0,\ \mathfrak{n}\dot{\mathfrak{x}} \equiv 0 \qquad (\dot{\mathfrak{x}} \neq \mathfrak{o},\ \mathfrak{n} \neq \mathfrak{o}),$$

so sind wegen $[\dot{\mathfrak{x}}[\mathfrak{n}\dot{\mathfrak{x}}]] = (\dot{\mathfrak{x}}^2)\mathfrak{n} - (\mathfrak{n}\dot{\mathfrak{x}})\dot{\mathfrak{x}} \equiv \mathfrak{o}$ und $\dot{\mathfrak{x}} \neq \mathfrak{o}$ **zwei Fälle** möglich:

$$1)\ [\mathfrak{n}\dot{\mathfrak{x}}] \equiv \mathfrak{o} \quad \text{und} \quad 2)\ [\mathfrak{n}\dot{\mathfrak{x}}] \not\equiv \mathfrak{o}.$$

Im **Fall 1)** folgt $\mathfrak{n} = \lambda\dot{\mathfrak{x}}$ mit $\lambda(t) \neq 0$; mit $\dot{\mathfrak{x}}$ ist daher auch die Streifennormale $\mathfrak{n}$ isotrop: $\mathfrak{n}^2 = \lambda^2\dot{\mathfrak{x}}^2 \equiv 0$. Je nachdem dann α) $[\dot{\mathfrak{x}}\ddot{\mathfrak{x}}] \equiv \mathfrak{o}$ oder β) $[\dot{\mathfrak{x}}\ddot{\mathfrak{x}}] \not\equiv \mathfrak{o}$ ist, hat der Streifen α) eine gerade oder β) eine krumme isotrope Leitlinie $\mathfrak{x}(t)$.

Im Falle 1α) hat $\dot{\mathfrak{x}}$ eine feste isotrope Richtung, also auch die Streifennormale $\mathfrak{n} = \lambda\dot{\mathfrak{x}}$; der Streifen besitzt somit als Leitlinie $\mathfrak{x}(t)$ eine isotrope Gerade und seine Tangentenebenen stimmen mit der zugehörigen (festen) isotropen Ebene überein. Ein solcher Streifen bestimmt nicht eindeutig eine Minimalfläche, er gehört vielmehr z. B. allen isotropen Zylindern an, welche diesen Streifen enthalten.

Im Falle 1β) mit $[\dot{\mathfrak{x}}\ddot{\mathfrak{x}}] \not\equiv \mathfrak{o}$ liegt wegen $[\mathfrak{n}\dot{\mathfrak{x}}] \equiv \mathfrak{o}$, also $[\mathfrak{n}\dot{\mathfrak{x}}]\ddot{\mathfrak{x}} = [\mathfrak{n}\dot{\mathfrak{x}}\ddot{\mathfrak{x}}] \equiv 0$, die isotrope Streifennormale $\mathfrak{n}$ in der (isotropen) Schmiegebene der krummen isotropen Leitlinie; es liegt ein Schmiegstreifen einer krummen isotropen Linie vor. Ein solcher Streifen bestimmt eindeutig eine Minimalfläche, nämlich die Sehnenmittenfläche

$$(41.20) \qquad \mathfrak{x}(u, v) = \tfrac{1}{2}\,(\mathfrak{x}(u) + \mathfrak{x}(v))$$

seiner krummen isotropen Leitlinie $\mathfrak{x}(t)$, die auf ihr Schmieglinie ist und von der Doppelschar der isotropen Schiebkurven $\mathfrak{y} = \frac{1}{2}\mathfrak{x}(u)$ und $\mathfrak{z} = \frac{1}{2}\mathfrak{x}(v)$ eingehüllt wird.

Im **Fall 2)** mit $[\mathfrak{n}\dot{\mathfrak{x}}] \not\equiv \mathfrak{o}$ folgt aus $[\dot{\mathfrak{x}}[\mathfrak{n}\dot{\mathfrak{x}}]] \equiv \mathfrak{o}$ eine Abhängigkeit $\dot{\mathfrak{x}} = \nu(t)\,[\mathfrak{n}\dot{\mathfrak{x}}]$ mit $\nu(t) \not\equiv 0$, und daraus weiter, wenn man für $\dot{\mathfrak{x}}$ nochmals $\nu[\mathfrak{n}\dot{\mathfrak{x}}]$ einträgt,

$$\dot{\mathfrak{x}} = \nu^2[\mathfrak{n}[\mathfrak{n}\dot{\mathfrak{x}}]] = \nu^2((\mathfrak{n}\dot{\mathfrak{x}})\,\mathfrak{n} - \mathfrak{n}^2\dot{\mathfrak{x}}) = -\,\nu^2\mathfrak{n}^2\dot{\mathfrak{x}}$$

oder $(1 + \nu^2\mathfrak{n}^2) \equiv 0$, also $\mathfrak{n}^2 = -\,1/\nu^2 \not\equiv 0$, so daß man $\mathfrak{n}^2 \equiv 1$ wählen kann, woraus dann $\nu^2 \equiv -\,1$, also $\nu = -\,i$ oder $\nu = +\,i$ folgt.

Im Fall 2) sind also die Normalenvektoren $\mathfrak{n}$ und die Tangentenebenen τ des Streifens nicht isotrop; wie in (17) gilt eine der beiden Gleichungen

$$(41.21) \qquad \dot{\mathfrak{x}} \pm i[\mathfrak{n}\dot{\mathfrak{x}}] \equiv \mathfrak{o} \quad \text{bzw.} \quad \dot{\mathfrak{x}} = \mp\, i[\mathfrak{n}\dot{\mathfrak{x}}].$$

Je nachdem dann α) $[\dot{\mathfrak{x}}\ddot{\mathfrak{x}}] \equiv \mathfrak{o}$ oder β) $[\dot{\mathfrak{x}}\ddot{\mathfrak{x}}] \not\equiv \mathfrak{o}$ ist, hat der Streifen α) eine gerade oder β) eine krumme Leitlinie $\mathfrak{x}(t)$.

Aus (21) folgt dann noch $\ddot{\mathfrak{x}} = \mp i([\dot{\mathfrak{n}}\dot{\mathfrak{x}}] + [\mathfrak{n}\dot{\mathfrak{x}}])$ und damit

$$(41.22) \qquad [\dot{\mathfrak{x}}\ddot{\mathfrak{x}}] = \pm i[[\dot{\mathfrak{n}}\dot{\mathfrak{x}}] + [\mathfrak{n}\ddot{\mathfrak{x}}], \dot{\mathfrak{x}}] = \pm i(\mathfrak{n}\dot{\mathfrak{x}})\dot{\mathfrak{x}},$$

so daß man die beiden Fälle auch durch α) $(\dot{\mathfrak{n}}\dot{\mathfrak{x}}) = 0$ und β) $(\dot{\mathfrak{n}}\dot{\mathfrak{x}}) \not\equiv 0$ kennzeichnen kann.

Im Falle 2α) kann dabei wegen $(\dot{\mathfrak{n}}\dot{\mathfrak{x}}) \equiv 0$ entweder α') $\dot{\mathfrak{n}} \equiv \mathfrak{o}$, also $\mathfrak{n} =$ const oder α'') $\dot{\mathfrak{n}} \not\equiv \mathfrak{o}$, also $\mathfrak{n} \neq$ const sein.

Im Falle 2α') gehört zu der geraden isotropen Leitlinie $\mathfrak{x}(t)$ eine feste (wegen $\mathfrak{n}^2 \equiv 1$ *nicht isotrope*) Tangentenebene τ, im Falle 2α'') eine variable Tangentenebene $\tau(t)$.

Im Falle 2β) liegt ein Streifen mit krummer isotroper Leitlinie $\mathfrak{x}(t)$ vor, der keine isotropen Tangentenebenen τ besitzt, d. h. kein isotroper Schmiegstreifen ist.

In keinem der Fälle 2) *bestimmt der Streifen wegen* (21) *eindeutig eine Minimalfläche.* Wenn man überhaupt durch diese Streifen eine Minimalfläche legen kann, dann sogar unendlich viele, wie für den Fall 2α') eines Streifens mit fester nicht isotroper Tangentenebene längs einer isotropen Leitgerade das Beispiel eines beliebigen berührenden isotropen Zylinders zeigt, und für den Fall 2β) die nachstehende Bemerkung 3 erweist.

Bemerkung 3: Auf der Minimalfläche $\mathfrak{x}(u, v) = \mathfrak{y}(u) + \mathfrak{z}(v)$ bilden nach der Theorie der Schiebflächen die beiden Systeme der Schiebkurven $u =$ const, $v =$ const ein konjugiertes Netz, wobei die den Schiebkurven umschriebenen Torsen Zylinder der isotropen Erzeugendenrichtung $\mathfrak{y}'(u)$ bzw. $\mathfrak{z}'(v)$ sind. Längs jeder ihrer isotropen Schiebkurven berührt die Minimalfläche einen zylindrischen Streifen mit isotroper Erzeugendenrichtung.

Sind daher neben der isotropen Kurve $\mathfrak{y} = \mathfrak{y}(u)$ noch zwei weitere isotrope Linien $\mathfrak{z} = \mathfrak{z}(v)$ und $\mathfrak{z}_1 = \mathfrak{z}_1(v)$ gegeben, die einander in dem gemeinsamen Punkte $v = 0$ berühren, für die also $\mathfrak{z}(0) = \mathfrak{z}_1(0)$ und $\mathfrak{z}'(0) = \mathfrak{z}_1'(0)$ ist, so entstehen durch deren Verschiebung aneinander zwei Minimalflächen

$$\mathfrak{x}(u, v) = \mathfrak{y}(u) + \mathfrak{z}(v) \text{ und } \mathfrak{x}_1(u, v) = \mathfrak{y}(u) + \mathfrak{z}_1(v),$$

welche längs der isotropen Linie $v = 0$ denselben isotropen zylindrischen Streifen (der isotropen Erzeugendenrichtung $\mathfrak{z}'(0) = \mathfrak{z}_1'(0)$) berühren. Man bezeichnet solche (verschiedenen Minimalflächen gemeinsame) Streifen als charakteristische Streifen der Minimalfläche. Es gilt somit

Satz 1: *Ein charakteristischer Streifen, d. h. ein zylindrischer Streifen mit isotroper Leitkurve und isotroper Erzeugendenrichtung legt eine Minimalfläche nicht eindeutig fest; es gibt vielmehr durch*

einen solchen Streifen unendlich viele sich längs ihm berührende Minimalflächen. Z. B. ist auch der isotrope Zylinder des Streifens selbst eine dieser Minimalflächen.

Die notwendigen und hinreichenden Bedingungen dafür, daß der Streifen $\{\mathfrak{x}(t), \mathfrak{n}(t)\}$ mit $\mathfrak{n}\dot{\mathfrak{x}} \equiv 0$ (Streifenbedingung) charakteristischer Streifen einer Minimalfläche ist, lauten dabei:

$$(41.23)\quad \begin{cases} 1.\ \dot{\mathfrak{x}}^2(t) \equiv 0, \text{ aber } \dot{\mathfrak{x}}(t) \not\equiv \mathfrak{o} \text{ (isotrope Leitkurve),} \\ 2.\ [\mathfrak{n}\dot{\mathfrak{n}}\ddot{\mathfrak{n}}] \equiv 0 \text{ (zylindrischer Streifen) und} \\ 3.\ [\mathfrak{n}\dot{\mathfrak{n}}]^2 \equiv 0 \text{ (isotrope Erzeugendenrichtung).} \end{cases}$$

Aus diesen Betrachtungen folgt schließlich

Satz 2: *Jeder analytische Streifen* $\{\mathfrak{x}(t), \mathfrak{n}(t)\}$ *mit nichtisotroper Leitkurve* $\mathfrak{x}(t)$ (*also insbesondere jeder reelle analytische Streifen*) *bestimmt eindeutig eine ihn enthaltende Minimalfläche* $\mathfrak{x}(u, v)$, *die durch die Formeln* (15) *oder* (16) *dargestellt wird.*

Bemerkung 4: Daraus folgt insbesondere, daß auch jeder analytische Schmiegstreifen und jeder analytische geodätische Streifen eindeutig eine Minimalfläche festlegt.

Bemerkung 5: Ist die Leitkurve $\mathfrak{x}(t)$ eine (nichtisotrope) Gerade, so gestattet der (analytische) Streifen $\{\mathfrak{x}(t), \mathfrak{n}(t)\}$ die Umwendung um seine gerade Achse $\mathfrak{x}(t)$. Dasselbe gilt dann auch (wegen ihrer Eindeutigkeit) für die durch den geraden Streifen nach Satz 2 bestimmte Minimalfläche $\mathfrak{x}(u, v)$. Ist nämlich $\bar{\mathfrak{x}}(u, v)$ die durch Umwendung aus $\mathfrak{x}(u, v)$ entstehende Minimalfläche, so haben beide Flächen den (nichtisotropen) geradlinigen Streifen $\{\mathfrak{x}(t), \mathfrak{n}(t)\}$ gemeinsam und fallen daher nach Satz 2 zusammen. Somit gilt

Satz 3 (von H. A. Schwarz, 1874): *Jede auf einer Minimalfläche liegende nichtisotrope (eigentliche) Gerade ist eine Symmetrieachse der Fläche.*

Ebenso beweist man den

Satz 4 (von H. A. Schwarz, 1874): *Schneidet eine (nichtisotrope) Ebene* ε *eine Minimalfläche längs einer Linie (die keine isotrope Gerade ist) orthogonal, so ist sie eine Symmetrieebene der Fläche.*

Beweis: Die Minimalfläche $\mathfrak{x}(u, v)$ und ihr Spiegelbild $\bar{\mathfrak{x}}(u, v)$ an ε berühren sich dann nämlich längs eines zur Ebene ε normalen zylindrischen Streifens; ist dabei die (in ε liegende) Streifenkurve keine isotrope Gerade, so sind die beiden Flächen nach Satz 2 identisch.

42. Beispiele. Mit Hilfe der Formel (41.15) von H. A. Schwarz kann man leicht die Sätze von Eugène Charles Catalan (1842) und Sophus Marius Lie (1879) beweisen, daß die einzigen windschiefen Regelflächen, welche zugleich Minimalflächen sind, mit der Wendelfläche oder der Lieschen Minimalfläche identisch sind.

Zunächst stellt man fest, daß man windschiefe Regelflächen mit lauter isotropen Erzeugenden beiseite lassen kann, weil solche Mongesche Flächen nach (17. 9) niemals Minimalflächen sind. Man kann also auf der gesuchten windschiefen Regelfläche $\mathfrak{x} = \mathfrak{x}(u, v)$ einen geradlinigen Streifen $\{\mathfrak{x}(t), \mathfrak{n}(t)\}$ mit nichtisotroper Leitgeraden $\mathfrak{x}^2(t) \neq 0$ auswählen. Längs dieser Erzeugenden $\mathfrak{x}(t)$ stehen dann nach (III. 20. 35) die Tangentenebenen $\tau(t)$ der Regelfläche zu den Berührpunkten $\mathfrak{x}(t)$ in korrelativer Beziehung (Chaslessche Berührungskorrelation).

Weil die gerade Leitlinie $\mathfrak{x}(t)$ des Streifens (Streifenachse) nicht isotrop ist, kann man jedenfalls

$$\mathfrak{x}(t) = t e_1 \tag{42. 1}$$

setzen.

Ist dann im **Falle 1)** dem Fernpunkt $P_u (t = \infty)$ der Streifenachse (x-Achse) in der Chaslesschen Berührungskorrelation eine nichtisotrope Ebene π_u zugeordnet, so kann man sie mit der Ebene $z = 0$ identifizieren. Der zu π_u normalen Streifenebene $\pi_0 (y = 0)$ entspricht dann in der Berührungskorrelation ein eigentlicher Punkt P_0, den wir als Nullpunkt $U(0, 0, 0)$ des Koordinatensystems wählen und durch den Parameter $t = 0$ kennzeichnen können. Entspricht dann noch dem zu $t = r \neq 0$ gehörigen Punkt $P(r, 0, 0)$ der Streifenachse (1) die von π_0 und π_u verschiedene reelle Ebene π_r mit der Gleichung $z = \frac{p}{r} y$ und $p \neq 0$, so ist dadurch (nach dem Fundamentalsatz der projektiven Geometrie) die Berührungskorrelation längs der Streifenachse eindeutig festgelegt. Zu den Punkten (1) der Streifenachse gehört dabei der Normalenvektor

$$\mathfrak{n}(t) = \frac{p e_2 - t e_3}{\sqrt{p^2 + t^2}}. \tag{42. 2}$$

Der durch die Formeln (1) und (2) bestimmte reelle geradlinige Streifen ist analytisch und bestimmt daher nach der Schwarzschen Formel (41. 15) eindeutig die gesuchte reelle Minimalfläche.

Zur Vereinfachung der Rechnung setzen wir $t = p \operatorname{tg} \sigma$. Wir erhalten so die folgende Darstellung des Streifens

$$\mathfrak{x}(t) = p \operatorname{tg} \sigma \cdot \mathfrak{e}_1, \quad \mathfrak{n}(t) = \cos \sigma \cdot \mathfrak{e}_2 - \sin \sigma \cdot \mathfrak{e}_3. \tag{42.3}$$

Wenn dann Punkte Ableitung nach σ bedeuten, folgt

$$\begin{aligned} [\mathfrak{n}(t), \dot{\mathfrak{x}}(t)] &= \left[\cos \sigma \mathfrak{e}_2 - \sin \sigma \mathfrak{e}_3, \frac{p \mathfrak{e}_1}{\cos^2 \sigma}\right] \\ &= -p \left(\frac{\sin \sigma}{\cos^2 \sigma} \mathfrak{e}_2 + \frac{1}{\cos \sigma} \mathfrak{e}_3\right), \end{aligned} \tag{42.4}$$

und daraus nach (41. 16), wenn man noch σ durch $\sigma + i\tau$ ersetzt, die reelle Minimalfläche

$$\begin{aligned} \mathfrak{x} = \Re \Big\{ & p \operatorname{tg}(\sigma + i\tau) \mathfrak{e}_1 - \\ & - pi \int \left(\frac{\sin(\sigma + i\tau)}{\cos^2(\sigma + i\tau)} \mathfrak{e}_2 + \frac{1}{\cos(\sigma + i\tau)} \mathfrak{e}_3\right) d(\sigma + i\tau)\Big\}. \end{aligned} \tag{42.5}$$

In cartesischen Koordinaten $\mathfrak{x} = (x, y, z)$ geschrieben lautet diese Minimalfläche somit

$$\begin{cases} x = + p \Re \operatorname{tg}(\sigma + i\tau), \\ y = - p \Re i \displaystyle\int \frac{\sin(\sigma + i\tau)}{\cos^2(\sigma + i\tau)} d(\sigma + i\tau), \\ z = - p \Re i \displaystyle\int \frac{d(\sigma + i\tau)}{\cos(\sigma + i\tau)}. \end{cases} \tag{42.6}$$

Die Auswertung dieser einfachen Integrale liefert wegen

$$\operatorname{tg}(\sigma + i\tau) = \frac{\sin \sigma \cos \sigma + i \operatorname{Sin} \tau \operatorname{Cof} \tau}{\cos^2 \sigma + \operatorname{Sin}^2 \tau} = \frac{\sin 2\sigma + i \operatorname{Sin} 2\tau}{\cos 2\sigma + \operatorname{Cof} 2\tau}$$

die Minimalfläche mit der reellen Parameterdarstellung

$$x = \frac{p \sin \sigma \cos \sigma}{\cos^2 \sigma + \operatorname{Sin}^2 \tau}, \quad y = \frac{p \sin \sigma \operatorname{Sin} \tau}{\cos^2 \sigma + \operatorname{Sin}^2 \tau}, \quad z = p \operatorname{arc\,tg} \frac{\operatorname{Sin} \tau}{\cos \sigma},$$

d. h. die reelle Wendelfläche

$$z = p \operatorname{arc\,tg} \frac{y}{x}. \tag{42.7}$$

Ist dagegen im **Fall 2)** dem Fernpunkte $P_u (t = \infty)$ der geradlinigen Streifenachse (1) in der Chaslesschen Berührungskorrelation eine der beiden isotropen Ebenen durch (1) z. B. die Ebene $\pi_u (z + iy = 0)$ zugeordnet, so fällt die dazu normale Streifenebene mit π_u zusammen.

Wählt man dann den Berührpunkt P_0 der zweiten isotropen Ebene $z - iy = 0$ durch (1) als Nullpunkt $P_0(0, 0, 0)$ und den Berührpunkt der Ebene $z = 0$ als Einheitspunkt $E(1, 0, 0)$ der x-Achse, so ist dem beliebigen Punkte P der x-Achse mit dem Ortsvektor

$$\mathfrak{x} = t\mathfrak{e}_1 \tag{42.8}$$

in der Chaslesschen Berührungskorrelation die Streifenebene

$$z = i\frac{t-1}{t+1}y \tag{42.9}$$

mit dem Normalenvektor

$$\mathfrak{n} = \frac{i}{2\sqrt{t}}(t-1)\,\mathfrak{e}_2 - \frac{1}{2\sqrt{t}}(t+1)\,\mathfrak{e}_3 \tag{42.10}$$

zugeordnet. Wegen

$$[\mathfrak{n}\dot{\mathfrak{x}}] = -\frac{1}{2\sqrt{t}}(t+1)\,\mathfrak{e}_2 - \frac{i}{2\sqrt{t}}(t-1)\,\mathfrak{e}_3 \tag{42.11}$$

findet man dann aus den Schwarzschen Formeln (41. 15) für die Minimalregelfläche durch den Streifen $\{\mathfrak{x}(t), \mathfrak{n}(t)\}$ die Parameterdarstellung

$$\begin{cases} x = \frac{1}{2}(u+v), \\ y = \frac{i}{2}\left[\left(\frac{u}{3}+1\right)\sqrt{u} - \left(\frac{v}{3}+1\right)\sqrt{v}\right], \\ z = \frac{1}{2}\left[\left(\frac{u}{3}-1\right)\sqrt{u} - \left(\frac{v}{3}-1\right)\sqrt{v}\right]. \end{cases} \tag{42.12}$$

Die daraus folgende cartesische Gleichung

$$(z+iy)^3 - 6x(z+iy) - 6(z-iy) = 0 \tag{42.13}$$

zeigt durch Vergleich mit (40. 6), daß eine Liesche Minimalfläche, nämlich eine Cayleysche Regelfläche 3. Ordnung vorliegt.

Insgesamt ist damit bewiesen:

Satz 1 (von E. Catalan und S. Lie): *Es gibt nur zwei Arten von windschiefen Regelflächen, die zugleich Minimalflächen sind, nämlich 1) die (reellen oder komplexen) Wendelflächen, und 2) die Lieschen Minimalflächen, d. h. die (stets komplexen) Cayleyschen Regelflächen 3. Ordnung, welche eine Tangente des Ponceletschen absoluten Kegelschnittes als Leitgerade und ihren Berührpunkt als Kuspidalpunkt sowie die Fernebene als Torsalebene besitzen.*

Namen- und Sachverzeichnis

FSC
www.fsc.org
MIX
Papier | Fördert
gute Waldnutzung
FSC® C083411

Zeitfracht Medien GmbH
Ferdinand-Jühlke-Straße 7
99095 Erfurt, Deutschland
produktsicherheit@kolibri360.de